35
ANOS

INTELIGÊNCIA ARTIFICIAL A NOSSO FAVOR

STUART RUSSELL

Inteligência artificial a nosso favor

Como manter o controle sobre a tecnologia

Tradução
Berilo Vargas

COMPANHIA DAS LETRAS

Grafia atualizada segundo o Acordo Ortográfico da Língua Portuguesa de 1990, que entrou em vigor no Brasil em 2009.

Título original
Human Compatible: Artificial Intelligence and the Problem of Control

Capa e ilustração
Mateus Valadares

Preparação
Fernanda Alvares

Revisão técnica
Glauber de Bona

Índice remissivo
Julio Haddad

Revisão
Clara Diament
Luciane H. Gomide

Dados Internacionais de Catalogação na Publicação (CIP)
(Câmara Brasileira do Livro, SP, Brasil)

Russell, Stuart
  Inteligência artificial a nosso favor : Como manter o controle sobre a tecnologia / Stuart Russell; tradução Berilo Vargas — 1ª ed. — São Paulo : Companhia das Letras, 2021.

  Título original: Human Compatible: Artificial Intelligence and the Problem of Control.
  ISBN 978-65-5921-308-5

  1. Automação – Aspectos econômicos 2. Inteligência artificial – Aspectos sociais I. Título.

21-78087   CDD-006.3

Índice para catálogo sistemático:
1. Inteligência artificial   006.3

Cibele Maria Dias — Bibliotecária — CRB-8/9427

[2021]
Todos os direitos desta edição reservados à
EDITORA SCHWARCZ S.A.
Rua Bandeira Paulista, 702, cj. 32
04532-002 — São Paulo — SP
Telefone: (11) 3707-3500
www.companhiadasletras.com.br
www.blogdacompanhia.com.br
facebook.com/companhiadasletras
instagram.com/companhiadasletras
twitter.com/cialetras

Para Loy, Gordon, Lucy, George e Isaac

Sumário

Prefácio 9

1. Se conseguirmos 11
2. Inteligência em humanos e em máquinas 22
3. Como a IA poderá evoluir no futuro? 66
4. Mau uso da IA 103
5. IA inteligente demais 130
6. Um debate não muito bom 142
7. IA: Uma abordagem diferente 165
8. IA comprovadamente benéfica 177
9. Complicações: nós 202
10. Problema resolvido? 233
Apêndice A: Em busca de soluções 243
Apêndice B: Conhecimento e lógica 252
Apêndice C: Incerteza e probabilidade 258
Apêndice D: Lições da experiência 269

Agradecimentos 279
Notas 281
Créditos das imagens 315
Índice remissivo 317

Prefácio

POR QUE ESTE LIVRO? POR QUE AGORA?

Este livro é sobre o passado, o presente e o futuro de nossa tentativa de compreender e criar inteligência. Isso é importante, não porque a IA tem cada vez mais se tornado um aspecto predominante do presente, mas porque será a tecnologia dominante do futuro. As grandes potências do mundo estão tomando consciência desse fato, e as maiores corporações já convivem com ele há algum tempo. Não é possível prever com exatidão como a tecnologia se desenvolverá, ou qual será sua cronologia. Mesmo assim, precisamos nos preparar para a possibilidade de que as máquinas superem — e muito — a capacidade humana de tomar decisões no mundo real. E se isso acontecer?

Tudo que a civilização nos oferece é produto de nossa inteligência; ter acesso a uma inteligência consideravelmente maior será o acontecimento crucial da história humana. O objetivo do livro é explicar por que esse poderá ser o último grande acontecimento da história humana, e como impedir que venha a sê-lo.

O livro tem três partes. A primeira (capítulos 1 a 3) explora a ideia da inteligência em humanos e em máquinas. O material não exige conhecimento técnico, mas, para quem tiver interesse, quatro apêndices explicam alguns dos conceitos principais nos quais se baseiam os sistemas de IA atuais. A segunda parte (capítulos 4 a 6) discute problemas oriundos ao integrar inteligência às máquinas. Dou atenção especial ao problema do controle: como continuar tendo poder absoluto sobre máquinas mais potentes do que nós. A terceira parte (capítulos 7 a 10) sugere uma nova maneira de entender a IA e de garantir que as máquinas sejam hoje e sempre benéficas para os seres humanos. O livro destina-se ao público em geral, mas espero que ajude a incentivar especialistas em inteligência artificial a repensarem seus conceitos fundamentais.

1. Se conseguirmos

Muito tempo atrás, meus pais moraram em Birmingham, Inglaterra, numa casa perto da universidade. Quando resolveram sair da cidade, venderam a casa para David Lodge, professor de literatura inglesa. Naquela época, Lodge já era um autor conhecido. Não cheguei a encontrá-lo, mas decidi ler alguns de seus livros: *A troca* e *O mundo é pequeno*. Entre os personagens principais havia professores fictícios mudando-se de uma versão fictícia de Birmingham para uma versão fictícia de Berkeley, Califórnia. Como eu era um professor de verdade da Birmingham de verdade, e havia acabado de me mudar para a Berkeley de verdade, era como se alguém do Departamento de Coincidências me dissesse para prestar atenção.

Uma cena específica de *O mundo é pequeno* me chamou a atenção: o protagonista, um aspirante a teórico de literatura, assiste a uma importante conferência internacional e pergunta a um grupo de figuras notáveis: "O que acontece se todo mundo concordar com vocês?". A pergunta causa comoção, porque os palestrantes estavam mais preocupados com a disputa intelectual do que com estabelecer a verdade ou buscar compreensão. Ocorreu-me, então, que uma pergunta similar poderia ser feita às principais figuras do campo da IA: "E se vocês forem bem-sucedidos?". O objetivo desse campo sempre foi criar IA de nível humano ou super-humano, mas não se pensava, ou quase não se pensava, no que aconteceria se conseguíssemos.

Poucos anos depois, Peter Norvig e eu começamos a trabalhar num compêndio de IA, cuja primeira edição apareceu em 1995.[1] A última seção do livro, intitulada "E se não conseguirmos?", sugere a possibilidade de bons e maus resultados, mas não chega a nenhuma conclusão sólida. À época da terceira edição, em 2010, muita gente finalmente já considerava a possibilidade de que uma inteligência artificial super-humana talvez não fosse grande coisa — mas essas pessoas eram, na maioria, leigas, e não pesquisadores do assunto. Em 2013, me convenci de que a questão não só deveria ser amplamente discutida, mas também poderia ser o desafio mais importante que a humanidade tinha pela frente.

Em novembro de 2013, dei uma palestra na Dulwich Picture Gallery, importante museu de arte no sul de Londres. A plateia era composta basicamente de aposentados — não cientistas com interesse geral por questões intelectuais —, por isso tive que fazer uma apresentação absolutamente não técnica. Parecia um bom lugar para tentar expor minhas ideias em público pela primeira vez. Depois de explicar o que era IA, citei cinco candidatos a "acontecimento crucial no futuro da humanidade":

1. Todos nós morreremos (impacto de asteroide, catástrofe climática, pandemia etc.).
2. Todos nós viveremos para sempre (solução médica para o envelhecimento).
3. Inventaremos um jeito de viajar mais rápido do que a luz e conquistaremos o universo.
4. Seremos visitados por uma civilização alienígena superior.
5. Inventaremos a inteligência artificial superinteligente.

Sugeri que o quinto candidato, a IA superinteligente, seria o vencedor, porque nos ajudaria a evitar a catástrofe física, alcançar a vida eterna e o jeito de viajar mais rápido do que a luz, se essas coisas fossem de fato possíveis. A chegada da IA superinteligente é, em muitos sentidos, análoga à chegada de uma civilização alienígena superior, mas muito mais provável. Talvez mais importante, a IA, ao contrário dos alienígenas, é algo sobre o qual temos algum controle.

Então pedi ao público que imaginasse o que aconteceria se uma civilização alienígena superior nos informasse que chegaria à Terra dentro de trinta ou cinquenta anos. A palavra "caos" não dá conta nem de começar a descrever essa hipótese. Já nossa resposta para a chegada anunciada da IA superinteligente tem sido... digamos que "decepcionante" seja um bom ponto de partida. (Numa palestra posterior, ilustrei esse argumento na forma da troca de e-mails mostrada na figura 1.) Finalmente, expliquei o significado de IA superinteligente desta maneira: "O sucesso será o maior acontecimento da história humana... e talvez o último acontecimento da história humana".

De: **Civilização Alienígena Superior** <sac12@sirius.canismajor.u>
Para: **humanidade@UN.org**
Assunto: **Contato**
Atenção: chegaremos em 30-50 anos

De: **humanidade@UN.org**
Para: **Civilização Alienígena Superior** <sac12@sirius.canismajor.u>
Assunto: **Aviso de ausência Res: Contato**
A humanidade está fora do escritório no momento. Responderemos a sua mensagem quando voltarmos. ☺

Figura 1: *Provavelmente não seria essa a troca de e-mails depois do primeiro contato de uma civilização alienígena superior.*

Poucos meses depois, em abril de 2014, quando participava de uma conferência na Islândia, recebi uma ligação da National Public Radio perguntando se eles poderiam fazer uma entrevista comigo sobre o filme *Transcendence — A revolução*, então recém-lançado nos Estados Unidos. Apesar de ter lido resumos da história e críticas, eu não havia assistido ao filme, porque na época estava morando em Paris, onde só seria lançado em junho. Na minha volta da Islândia, porém, eu tinha incluído uma esticada até Boston, para participar de uma reunião do Departamento de Defesa. Assim, depois de chegar ao Aeroporto de Logan, em Boston, peguei um táxi para o cinema mais próximo onde o filme estava em cartaz. Sentei-me na segunda fila e vi um professor de IA de Berkeley, interpretado por Johnny Depp, ser baleado por militantes anti-IA preocupados, pois é, com a IA superinteligente. Involuntariamente, encolhi-me na poltrona. (Outro aviso do Departamento de Coincidências?) Antes de o personagem de Johnny Depp morrer, sua consciência é transferida para um supercomputador quântico e logo supera as capacidades humanas, ameaçando tomar conta do mundo.

Em 19 de abril de 2014, uma resenha de *Transcendence*, escrita pelos físicos Max Tegmark, Frank Wilczek e Stephen Hawking, apareceu no *Huffington Post*. Incluía a frase de minha palestra de Dulwich sobre o maior acontecimento da história humana. A partir de então, eu estava publicamente comprometido com a opinião de que minha área de pesquisa representava uma ameaça potencial à minha espécie.

COMO VIEMOS PARAR AQUI?

As origens da IA remontam à Antiguidade, mas seu começo "oficial" foi em 1956. Dois jovens matemáticos, John McCarthy e Marvin Minsky, tinham convencido Claude Shannon, que já era famoso como inventor da teoria da informação, e Nathaniel Rochester, o designer do primeiro computador comercial da IBM, a montarem um curso conjunto de verão em Dartmouth College. Assim o objetivo do curso foi anunciado:

> O estudo baseia-se na hipótese de que em princípio é possível descrever tão precisamente todos os aspectos da aprendizagem, ou quaisquer outras características de inteligência, que uma máquina seja capaz de simulá-los. Haverá um esforço para descobrir como fazer máquinas usarem linguagem, formar abstrações e conceitos, resolver tipos de problema até então reservados a seres humanos, e evoluírem. Acreditamos que é possível conquistar um avanço significativo em um ou mais desses problemas, se um grupo cuidadosamente selecionado de cientistas se dedicar a isso durante um verão.

Nem é preciso dizer que um verão foi insuficiente: ainda continuamos trabalhando para resolver todos esses problemas.

Na primeira década, mais ou menos, depois da reunião em Dartmouth, a IA alcançou grandes êxitos, incluindo o algoritmo de Alan Robinson para raciocínio lógico de uso geral[2] e o programa de jogo de xadrez que aprendeu a vencer seu criador, Arthur Samuel.[3] A primeira bolha de IA estourou no fim dos anos 1960, quando esforços iniciais de aprendizado automático e tradução automática frustraram as expectativas. Um relatório encomendado pelo governo do Reino Unido em 1973 concluiu: "Em parte alguma dessa área as descobertas feitas até agora produziram o grande impacto prometido".[4] Em outras palavras, as máquinas não eram inteligentes o bastante.

Meu eu de onze anos, felizmente, não ficou sabendo desse relatório. Dois anos depois, quando ganhei uma calculadora programável Sinclair Cambridge, tudo que eu queria era torná-la inteligente. Com uma capacidade máxima de programação de 36 pressionamentos de tecla, porém, a Sinclair não era grande o suficiente para IA de nível humano. Sem desanimar, consegui acesso a um supercomputador CDC 6600 gigante[5] no Imperial College de Londres e escrevi um programa de xadrez — uma pilha de cartões perfurados de sessenta centímetros de altura. Não era muito bom, mas paciência. Eu sabia o que queria fazer.

Em meados dos anos 1980, eu era professor em Berkeley, e a IA recebeu um vigoroso impulso, graças ao potencial comercial dos chamados sistemas especialistas. A segunda bolha de IA explodiu quando esses sistemas se revelaram inadequados para muitas das tarefas às quais eram aplicados. A história se repetiu: as máquinas não eram inteligentes o bastante. Seguiu-se um tempo ocioso para a IA. Meu próprio curso de IA em Berkeley, atualmente apinhado com mais de novecentos alunos, teve apenas 25 em 1990.

A comunidade de IA aprendia suas lições: quanto mais inteligente, melhor, obviamente, mas teríamos que fazer nossa lição de casa para que isso acontecesse. O campo tornou-se muito mais matemático, tendo sido feitas conexões com as disciplinas, já bem estabelecidas, de probabilidade, estatística e teoria de controle. As sementes do progresso de hoje foram lançadas durante aquele inverno de IA, incluindo trabalhos iniciais sobre sistemas de raciocínio probabilístico de larga escala e o que se tornaria conhecido como *aprendizado profundo*.

A partir de 2011, técnicas de aprendizado profundo começaram a produzir avanços consideráveis em reconhecimento de fala, reconhecimento visual de objetos e tradução automática — três dos grandes problemas em aberto nesse campo. Levando em conta alguns critérios, naquele momento as máquinas se igualavam a capacidades humanas nessas áreas, quando não as superavam. Em 2016 e 2017, AlphaGo, da DeepMind, derrotou Lee Sedol, ex-campeão mundial no jogo de go, e Ke Jie, o campeão, o que, segundo previsões de especialistas, só aconteceria em 2097, se acontecesse.[6]

Agora quase todos os dias a IA é assunto nas primeiras páginas de coberturas jornalísticas. Milhares de startups apareceram, impulsionadas por um dilúvio de capital de risco. Milhões de estudantes fizeram cursos de IA e aprendizado automático, e especialistas nessa área ganham salários de milhões de dólares. Os aportes oriundos de investimentos de risco, de governos nacionais e de grandes corporações alcançam dezenas de bilhões de dólares por ano — mais dinheiro nos últimos cinco anos do que em toda a história anterior desse campo. Inovações já em fase de desenvolvimento, como carros sem motorista e assistentes pessoais inteligentes, devem ter impacto substancial no mundo ao longo dos próximos dez anos. O potencial econômico e os benefícios sociais da IA são vastos, impulsionando o trabalho de pesquisa no campo.

O QUE VIRÁ EM SEGUIDA?

Será que esse progresso rápido significa que logo seremos ultrapassados pelas máquinas? Não. Vários avanços precisam ocorrer antes de podermos contar com máquinas dotadas de inteligência sobre-humana.

O progresso científico é notoriamente difícil de prever. Para termos ideia disso, basta examinarmos a história de outro campo com potencial para acabar com a civilização: a física nuclear.

Nos primeiros anos do século XX, talvez nenhum físico nuclear fosse mais notório do que Ernest Rutherford, o descobridor do próton e "o homem que dividiu o átomo" (figura 2[a]). Como seus colegas, Rutherford sabia muito bem que os núcleos atômicos armazenavam quantidades imensas de energia; mas predominava a opinião de que era impossível explorar essa fonte de energia.

Em 11 de setembro de 1933, a Associação Britânica para o Avanço da Ciência realizou sua reunião anual em Leicester. Lorde Rutherford falou na sessão da noite. Como fizera muitas vezes antes, jogou um balde de água fria na perspectiva da energia atômica: "Qualquer pessoa que busque uma fonte de energia na transformação dos átomos está falando bobagem". O discurso de Rutherford foi noticiado pelo *Times* de Londres na manhã seguinte (figura 2[b]).

TRANSFORMATION OF ELEMENTS

FROM OUR SPECIAL CORRESPONDENTS

LEICESTER, SEPT. 11

What, Lord Rutherford asked in conclusion, were the prospects 20 or 30 years ahead?

in this way. It was a very poor and inefficient way of producing energy, and anyone who looked for a source of power in the transformation of the atoms was talking moonshine. But

Figura 2: (a) *Lorde Rutherford, físico nuclear.* (b) *Trechos de uma notícia do* Times *de 12 de setembro de 1933 a respeito de um discurso feito por Rutherford na noite anterior.* (c) *Leo Szilard, físico nuclear.*

Leo Szilard (figura 2[c]), físico húngaro que tinha acabado de fugir da Alemanha nazista, estava hospedado no Imperial Hotel, na Russell Square, em Londres. Leu a notícia do *Times* no café da manhã. Enquanto refletia sobre o que tinha lido, saiu para uma caminhada e inventou a reação em cadeia induzida por nêutrons.[7] O problema de liberar energia nuclear passou da condição de impossível para a de basicamente resolvido em menos de 24 horas. Szilard requereu uma patente secreta para um reator nuclear no ano seguinte. A primeira patente para arma nuclear foi concedida na França em 1939.

A moral dessa história é que apostar contra a criatividade humana é temerário, em especial quando nosso futuro está em jogo. Dentro da comunidade que estuda o tema, uma espécie de negacionismo vem surgindo, a ponto de negar a possibilidade de êxito dos objetivos de longo prazo da IA. É como se um motorista de ônibus, transportando toda a humanidade, dissesse: "Sim, estou avançando o mais rápido que posso em direção a um penhasco, mas, confiem em mim, a gasolina vai acabar antes de chegarmos lá".

Não estou dizendo que o êxito em IA *está* garantido, e acho bastante improvável que ocorra nos próximos anos. Parece prudente, no entanto, nos prepararmos para essa eventualidade. Se tudo der certo, esse feito anunciará a chegada de uma Idade de Ouro para a humanidade, mas precisamos levar em conta que estamos planejando construir entidades muito mais poderosas do que os seres humanos. Como garantir que elas jamais tenham o poder de nos controlar?

Para termos uma ideia geral do fogo com que estamos brincando, examinemos como os algoritmos de seleção de conteúdo funcionam nas redes sociais. Não são especialmente inteligentes, mas têm condição de afetar o mundo inteiro, porque foram projetados para maximizar o *click-through*, ou seja, a probabilidade de que o usuário clique em itens que são oferecidos a ele. A solução é simplesmente apresentar itens em que o usuário goste de clicar, certo? Errado. A solução é alterar as preferências do usuário a fim de torná-las mais previsíveis. Um usuário mais previsível pode ser abastecido com itens nos quais provavelmente clicará, gerando, com isso, mais receita. Pessoas com opiniões políticas radicais costumam ser mais previsíveis no que diz respeito aos itens em que vão acabar clicando. (É possível que haja uma categoria de artigos nos quais centristas empedernidos tendem a clicar, mas não é fácil imaginar em que consiste essa categoria.) Como qualquer entidade racional, o algoritmo aprende a modificar as condições de seu ambiente — nesse caso, a mente do usuário — a fim de maximizar a própria recompensa.[8] Entre as consequências disso estão o ressurgimento do fascismo, a dissolução do contrato social que sustenta as democracias no mundo todo e potencialmente o fim da União Europeia e da Otan. Nada mau para algumas poucas linhas de código, mesmo que elas recebam uma mãozinha humana. Imagine-se então o que um algoritmo realmente inteligente seria capaz de fazer.

O QUE DEU ERRADO?

A história da IA tem sido impulsionada por um único mantra: "Quanto mais inteligente, melhor". Estou convicto de que isso é um erro — não devido a um leve temor de ser substituído, e sim ao entendimento que temos da própria inteligência.

O conceito de inteligência é essencial para o ser que somos — é por isso que nos chamamos de *Homo sapiens*, ou "homem sábio". Depois de mais de 2 mil anos de autoanálise, chegamos a uma definição de inteligência que pode ser resumida assim:

> *Seres humanos são inteligentes na medida em que suas ações sejam capazes de atingir seus objetivos.*

Todos os outros aspectos de inteligência — percepção, pensamento, aprendizado, invenção e assim por diante — podem ser avaliados por sua contribuição à nossa capacidade de atuar com êxito. Desde o início da IA, a inteligência nas máquinas tem sido definida da mesma maneira:

Máquinas são inteligentes na medida em que suas ações sejam capazes de atingir seus objetivos.

Como as máquinas, diferentemente dos humanos, não têm objetivos próprios, nós lhes damos objetivos para atingir. Em outras palavras, construímos máquinas otimizadas, incutimos-lhes objetivos, e lá se vão elas.

Essa abordagem geral não é exclusiva da IA e ocorre em todos os fundamentos tecnológicos e matemáticos de nossa sociedade. No campo da teoria de controle, que projeta sistemas de controle para tudo, de jumbo-jatos a bombas de insulina, o trabalho do sistema é minimizar uma *função custo* que costuma medir algum desvio de um comportamento desejado. No campo da economia, mecanismos e políticas são projetados para maximizar a *utilidade* de indivíduos, o *bem-estar* de grupos e o *lucro* de corporações.[9] Em pesquisa operacional, que resolve complexos problemas logísticos e de fabricação, uma solução maximiza uma esperada *quantia de recompensas* ao longo do tempo. Finalmente, em estatística, algoritmos de aprendizado são projetados para minimizar uma esperada *perda de função* que define o custo de cometer erros de predição.

É óbvio que esse plano geral — que chamarei de *modelo-padrão* — é muito difundido e extremamente poderoso. Infelizmente, *não queremos máquinas que sejam inteligentes nesse sentido.*

A desvantagem do modelo-padrão foi assinalada em 1960 por Norbert Wiener, lendário professor do MIT e um dos maiores matemáticos de meados do século XX. Wiener tinha acabado de testemunhar o programa de jogo de xadrez de Arthur Samuel superar seu criador. Essa experiência o levou a escrever um artigo profético, mas pouco conhecido, "Algumas consequências morais e técnicas da automação".[10] Aqui está o argumento principal, tal como ele o apresenta:

Se usarmos, para atingir nosso objetivo, um agente mecânico em cuja operação não pudermos interferir efetivamente... melhor será termos absoluta certeza de que o objetivo incutido na máquina é o objetivo que de fato desejamos.

"O objetivo incutido na máquina" é exatamente o objetivo que as máquinas estão otimizando no modelo-padrão. Se pusermos o objetivo errado numa máquina mais inteligente do que nós, ela alcançará o objetivo, e nós perdemos. A catástrofe das redes sociais que descrevi antes é apenas uma amostra disso, resultando da otimização de um objetivo errado em escala global com algoritmos bem pouco inteligentes. No capítulo 5, explicarei em detalhes resultados muito piores.

Nada disso deveria ser uma grande surpresa. Por milhares de anos, soubemos dos perigos de conseguir exatamente o que queremos. Em toda fábula em que alguém tem o direito de realizar três desejos, o terceiro desejo é sempre o de desfazer os outros dois.

Em resumo, parece que a marcha rumo à inteligência super-humana é implacável, mas seu sucesso pode significar a destruição da raça humana. Nem tudo, porém, está perdido. Precisamos entender onde foi que erramos e corrigir.

DÁ PARA CORRIGIR?

O problema está na definição básica de IA. Dizemos que as máquinas são inteligentes na medida em que se possa esperar que suas ações atinjam *seus* objetivos, mas não temos nenhuma forma confiável de garantir que os objetivos delas sejam os mesmos que os *nossos*.

E se, em vez de permitir que máquinas busquem atingir seus objetivos, insistirmos em que elas busquem atingir os nossos? Uma máquina como essa, se pudesse ser projetada, seria não apenas *inteligente*, mas também *benéfica* para os seres humanos. Tentemos isto, portanto:

> *Máquinas são* benéficas *na medida em que* suas *ações sejam capazes de atingir* nossos *objetivos.*

Isso é, provavelmente, o que deveríamos ter feito desde o início.

A parte difícil, claro, é que nossos objetivos estão em nós (nos 8 bilhões de nós, em nossa gloriosa diversidade), e não nas máquinas. É possível, apesar disso, construir máquinas que sejam benéficas exatamente nesse sentido. É evidente que, em determinado momento, essas máquinas terão dúvidas sobre nossos objetivos — afinal, nós mesmos temos dúvidas a esse respeito —, mas a verdade é que isso é uma característica, e não um defeito (ou seja, é uma coisa boa, não ruim). A incerteza sobre nossos objetivos implica que as máquinas necessariamente se submeterão aos humanos: pedirão permissão, aceitarão correções e se deixarão desligar.

Deixar de lado a ideia de que as máquinas devem ter um objetivo definido significa que precisaremos arrancar e substituir parte dos alicerces da inteligência artificial — as definições básicas do que estamos tentando fazer. Também significa reconstruir grande parte da superestrutura — a acumulação de ideias e métodos — para de fato produzir IA. O resultado será uma nova relação entre seres humanos e máquinas, uma relação que, espero, nos possibilite atravessar com êxito as próximas décadas.

2. Inteligência em humanos e em máquinas

Quando você chega a um beco sem saída, uma boa ideia é refazer seus passos e descobrir onde errou o caminho. Tenho defendido que o modelo-padrão de IA, segundo o qual máquinas otimizam um objetivo fixo fornecido por humanos, é um beco sem saída. O problema não é fazermos um trabalho *ruim* ao construir sistemas de IA; é acabar nos saindo *bem* demais. A própria definição de êxito, quando se trata de IA, está errada.

Refaçamos, portanto, nossos passos, até o começo dessa jornada. Tentemos entender como nosso conceito de inteligência se formou e como passou a ser aplicado a máquinas. Assim, teremos a chance de chegar a uma definição melhor do que achamos que seja um bom sistema de IA.

INTELIGÊNCIA

Como funciona o universo? Como a vida começou? Cadê minhas chaves? São perguntas fundamentais que valem o esforço de pensar. Mas quem faz essas perguntas? Como respondo a elas? Como é que um punhado de matéria — pouco mais de um quilo de manjar cinza meio rosado que chamamos cérebro — percebe, compreende, prevê e manipula um mundo de vastidão inimaginável? Não demora muito a mente passa a examinar a si mesma.

Há milhares de anos tentamos compreender como nossa mente funciona. De início, os motivos incluíam curiosidade, autogestão, persuasão, e o objetivo bastante pragmático de analisar argumentos matemáticos. Mas cada passo na direção de uma explicação para o funcionamento da mente é também um passo rumo à criação das capacidades humanas num artefato — ou seja, um passo rumo à inteligência artificial.

Antes de conseguirmos entender como criar inteligência, é de grande ajuda entender qual é sua definição. A resposta não está em testes de QI, ou mesmo nos testes de Turing, mas numa simples relação entre o que percebemos, o que queremos e o que fazemos. Em linhas gerais, uma entidade é inteligente à medida que faz o que provavelmente serve para atingir o que ela quer, levando em conta o que ela percebeu.

Origens evolutivas

Pensemos numa bactéria modesta, como *E. coli*. Ela está equipada com meia dúzia de flagelos — longos tentáculos, parecidos com fios de cabelo, que giram na base no sentido horário ou anti-horário. (O motor rotativo é um negócio incrível, mas essa é outra história.) Enquanto flutua em sua casa líquida — nosso intestino —, a *E. coli* alterna entre girar os flagelos no sentido horário, o que a faz "tombar", e no sentido anti-horário, com os flagelos se entrelaçando numa espécie de hélice, para que a bactéria possa nadar em linha reta. Assim, a *E. coli* faz uma espécie de caminhada aleatória — nada, tomba, nada, tomba — que lhe permite encontrar e consumir glicose, em vez de ficar parada e morrer de fome.

Se a história acabasse aí, não diríamos que a *E. coli* é particularmente inteligente, porque suas ações não dependeriam, de forma alguma, do seu ambiente. Ela não estaria tomando decisão alguma, apenas executando um comportamento fixo que a evolução incorporou a seus genes. Mas não é só isso. Quando sente uma concentração maior de glicose, a *E. coli* nada mais e tomba menos, e faz o oposto quando sente um decréscimo na concentração de glicose. Portanto, é provável que o que ela faz (nadar rumo à glicose) resulte no que ela quer (mais glicose, vamos supor), levando em conta o que ela percebeu (uma concentração maior de glicose).

Talvez vocês estejam pensando: "Mas a evolução incorporou esse mecanismo nos genes dela também. Como é que isso a torna inteligente?". Essa é uma linha de raciocínio capciosa, porque a evolução incorporou o desenho básico do nosso cérebro em nossos genes também, e em tese não vamos querer negar nossa própria inteligência com base nisso. A questão é que a evolução incorporou nos genes da *E. coli*, como nos nossos, um mecanismo que faz o comportamento da bactéria variar de acordo com o que ela percebe em seu ambiente. A evolução não sabe de antemão onde a glicose vai estar, ou onde estão nossas chaves, portanto instalar no organismo a capacidade de encontrá--las é a melhor opção que lhe resta.

A *E. coli* não é nenhum gigante intelectual. Pelo que sabemos, ela não lembra onde esteve, portanto, se vai de A para B e não encontra glicose, pode muito bem voltar para A. Se construirmos um ambiente onde cada gradiente de glicose atraente leva apenas a um lugar de fenol (um veneno para *E. coli*), a bactéria continuará seguindo esse gradiente. Ela nunca aprende. Não tem cérebro, apenas umas poucas e simples reações químicas para fazer o que precisa fazer.

Um avanço significativo ocorreu com *potenciais de ação*, que são uma forma de sinalização elétrica que surgiu, primeiro, em organismos unicelulares há cerca de 1 bilhão de anos. Organismos multicelulares que vieram depois desenvolveram células especializadas chamadas *neurônios*, que usam potenciais de ação elétricos para transmitir sinais rapidamente — até 120 metros por segundo, ou 432 quilômetros por hora — dentro do organismo. As conexões entre neurônios são chamadas de *sinapses*. A força da conexão sináptica determina quanta excitação elétrica passa de um neurônio para outro. Mudando a força das conexões sinápticas, os animais aprendem.[1] Aprender garante uma imensa vantagem evolutiva, porque permite ao animal adaptar-se a uma série de circunstâncias. Aprender também acelera o ritmo da própria evolução.

Inicialmente, os neurônios foram organizados em redes nervosas, que são distribuídas por todo o organismo e servem para coordenar atividades como comer e digerir, ou a contração sincronizada de células musculares numa área ampla. A graciosa propulsão de águas-vivas é resultado de uma rede nervosa. Águas-vivas são desprovidas de cérebro.

Cérebros vieram depois, junto com órgãos sensoriais complexos, como olhos e ouvidos. Centenas de milhões de anos depois que as águas-vivas surgiram com suas redes nervosas, nós, humanos, chegamos com nossos grandes cérebros — 100 bilhões de neurônios (10^{11}) e 1 quatrilhão (10^{15}) de sinapses. Apesar de lento em comparação com circuitos eletrônicos, o "tempo de ciclo" de alguns milissegundos por mudança de situação é rápido em relação à maioria dos processos biológicos. O cérebro humano costuma ser descrito por seus donos como "o objeto mais complexo do universo", o que provavelmente não é verdade, mas serve como boa desculpa para o fato de que ainda conhecemos pouco seu funcionamento. Apesar de sabermos bastante sobre a bioquímica dos neurônios e das sinapses, e sobre a estrutura anatômica do cérebro, a execução neural do nível *cognitivo* — aprender, saber, lembrar, raciocinar, planejar, decidir e assim por diante — ainda é, basicamente, palpite.[2] (Talvez isso venha a mudar quando soubermos mais a respeito de IA, ou à medida que desenvolvermos ferramentas mais precisas para medir a atividade cerebral.) Portanto, quando se lê na mídia que determinada técnica de IA "funciona exatamente como o cérebro humano", é bom suspeitar que se trata apenas de palpite de alguém ou de pura ficção.

Na área da *consciência*, não sabemos de fato coisa alguma, por isso não direi nada. Ninguém da área de IA está trabalhando para tornar as máquinas conscientes, tampouco saberia por onde começar, e nenhum comportamento tem a consciência como pré-requisito. Suponhamos que eu lhe dê um programa de IA e pergunte: "Isso representa uma ameaça para a humanidade?". Você analisa o código e, de fato, quando executado, o código forma e executa um plano cujo resultado será a destruição da espécie humana, do mesmo jeito que um programa de xadrez forma e executa um plano cujo resultado é a derrota de qualquer ser humano que o enfrente. Suponhamos, agora, que eu lhe diga que o código, quando executado, também cria uma forma de consciência de máquina. Será que isso vai alterar sua previsão? De forma alguma. Isso não faz *a menor diferença*.[3] Sua previsão a respeito do comportamento dele é exatamente a mesma, porque a previsão é baseada no código. Todos esses enredos de Hollywood sobre máquinas que se tornam misteriosamente conscientes e odeiam os seres humanos na verdade cometem um erro: o que importa é competência, e não consciência.

Há um importante aspecto cognitivo do cérebro que estamos começando a compreender — o *sistema de recompensa*. Trata-se de um sistema de sinalização, mediado por dopamina, que conecta estímulos positivos e negativos ao comportamento. Seu funcionamento foi descoberto pelo neurocientista sueco

Nils-Åke Hillarp e sua equipe no fim dos anos 1950. Ele nos leva a buscar estímulos positivos, como alimentos de sabor doce, que aumentam os níveis de dopamina; e a evitar estímulos negativos, como fome e dor, que reduzem os níveis de dopamina. Em certo sentido, é muito parecido com o mecanismo de busca de glicose da *E. coli*, mas muito mais complexo. Incorpora métodos de aprendizagem, e por isso, com o tempo, nosso comportamento vai ficando mais eficiente na obtenção de recompensa. Também nos permite retardar a gratificação, e por isso aprendemos a desejar coisas como dinheiro, que acabarão nos trazendo recompensa uma hora ou outra, e não imediatamente. Uma das razões que nos permitem compreender o sistema de recompensa cerebral é que ele é muito parecido com o método de *aprendizado por reforço* desenvolvido na IA, sobre o qual temos uma teoria muito sólida.[4]

Do ponto de vista evolutivo, podemos pensar no sistema de recompensa cerebral, assim como o mecanismo de busca de glicose da *E. coli*, como uma forma de aperfeiçoar nossa aptidão evolutiva. Organismos mais eficazes na busca de recompensa — ou seja, mais capazes de encontrar comidas gostosas, de evitar a dor, de envolver-se em atividade sexual, e assim por diante — têm maior probabilidade de propagar seus genes. É extremamente difícil para um organismo decidir que ações têm maior probabilidade, a longo prazo, de resultar na propagação bem-sucedida de seus genes, portanto a evolução nos ajudou nessa dinâmica, fornecendo placas de sinalização inatas.

No entanto, essas placas de sinalização não são perfeitas. Há formas de obter recompensa que provavelmente *reduzem* a probabilidade de propagação de genes. Por exemplo, consumir drogas, beber quantidades exageradas de bebidas doces gaseificadas e jogar video game dezoito horas por dia — tudo isso parece contraproducente no jogo da reprodução. Além do mais, se tivesse acesso elétrico direto a seu sistema de recompensas, você provavelmente se estimularia sem parar até morrer.[5]

O desalinhamento dos sinais de recompensa e da aptidão evolutiva não afeta apenas indivíduos isolados. Numa pequena ilha ao largo da costa do Panamá vive a preguiça-anã-de-três-dedos, que parece ser viciada numa substância tipo calmante encontrada em sua dieta de folhas de mangue-vermelho e talvez esteja condenada à extinção.[6] Parece, portanto, que uma espécie inteira pode desaparecer se encontrar um nicho ecológico onde possa satisfazer seu sistema de recompensa de forma desadaptativa.

À exceção desse tipo de falha acidental, porém, aprender a maximizar recompensas em ambientes naturais geralmente aumenta as chances de propagação de genes e de sobrevivência a mudanças ambientais.

Acelerador evolutivo

Aprender serve não apenas para sobreviver e prosperar. Também *acelera a evolução*. Como é possível? Afinal, aprender não muda o DNA de ninguém, e evolução diz respeito a mudar o DNA ao longo de gerações. A conexão entre aprendizado e evolução foi proposta em 1896 pelo psicólogo americano James Baldwin[7] e, separadamente, pelo etólogo Conwy Lloyd Morgan,[8] mas não foi aceita por todos na época.

O efeito Baldwin, como é conhecido, pode ser compreendido imaginando-se que a evolução pode escolher entre criar um organismo *instintivo*, cujas respostas estão todas predeterminadas, e criar um organismo *adaptativo*, que aprende que ações deve executar. Suponha-se, agora, a título de ilustração, que o melhor organismo instintivo pode ser codificado como um número de seis dígitos, por exemplo 472116, embora, no caso do organismo adaptativo, a evolução especifique apenas 472*** e deixe por conta do organismo preencher os três últimos dígitos por aprendizagem durante a vida. Obviamente, se a evolução tiver que se preocupar apenas em escolher os três primeiros dígitos, sua tarefa fica bem mais fácil; o organismo adaptativo, aprendendo os três últimos dígitos, faz numa vida o que a evolução levaria gerações para fazer. Portanto, desde que os organismos adaptativos consigam sobreviver enquanto aprendem, tudo indica que a capacidade de aprender constitui um atalho evolutivo. Simulações de computador sugerem que o efeito Baldwin é real.[9] Os efeitos da cultura aceleram o processo, porque uma civilização organizada protege o organismo individual enquanto ele aprende e passa adiante informações que, se não fosse isso, teria de aprender por conta própria.

A história do efeito Baldwin é fascinante, mas incompleta; ela parte do princípio de que aprendizagem e evolução necessariamente apontam para a mesma direção. Ou seja, ela pressupõe que seja o que for que o sinal de feedback interno defina como a direção da aprendizagem dentro do organismo estará perfeitamente em consonância com a aptidão evolutiva. Como vimos no caso da preguiça-anã-de-três-dedos, não parece ser o que acontece. Na melhor hipótese, mecanismos inatos de aprendizagem oferecem apenas uma vaga sugestão sobre as consequências de longo prazo de qualquer ação para a aptidão evolutiva. Além disso, é preciso perguntar: "Para começo de conversa, como foi que o sistema de recompensa apareceu?". A resposta, claro, é que ele resultou de um processo evolucionário, que incorporou um mecanismo de feedback com algum grau de sintonia com a aptidão evolutiva.[10] É óbvio que um mecanismo de aprendizagem que fizesse com que organismos se afastassem de parceiros potenciais e se aproximassem de predadores não duraria muito.

Dessa forma, temos que agradecer ao efeito Baldwin o fato de os neurônios, com sua capacidade de aprender e de resolver problemas, estarem tão difundidos no reino animal. Ao mesmo tempo, é importante compreender que a evolução na verdade não quer saber se você tem um cérebro ou se pensa coisas interessantes. Para a evolução, você é apenas um *agente*, ou seja, uma coisa que age. Características intelectuais valiosas, como raciocínio lógico, planejamento deliberado, sabedoria, agudeza, imaginação e criatividade, podem — ou não — ser essenciais para tornar um agente inteligente. Em parte, a inteligência artificial nos fascina porque tem potencial de oferecer uma rota para entendermos essas questões: um dia talvez venhamos a saber por que essas características intelectuais possibilitam o comportamento inteligente e por que sem elas é impossível produzir comportamento que é de fato inteligente.

Racionalidade para um

Desde o início da filosofia grega antiga, o conceito de inteligência está ligado à capacidade de perceber, de raciocinar e de atuar *com êxito*.[11] Ao longo dos séculos, o conceito passou a ser aplicado de forma mais ampla e sua definição ficou mais precisa.

Aristóteles, entre outros, estudou a noção de raciocínio eficiente — métodos de dedução lógica que levariam a conclusões verdadeiras, a partir de premissas verdadeiras. Também estudou o processo de decidir como agir — às vezes chamado de *raciocínio prático* — e sugeriu que envolvia a dedução de que certo curso de ação atingiria o objetivo desejado:

> Deliberamos não sobre fins, mas sobre meios. O médico não delibera se vai curar, nem o orador se vai convencer... Dão o fim por resolvido e investigam a

forma e os meios de alcançá-lo, e qual é o meio mais fácil e eficaz de alcançá-lo; e, se só for possível atingi-lo por um meio, examinam como será alcançado por ele, e por que outros meios chegar a esse primeiro, até encontrarem a causa primordial... e o último na ordem de análise parece ser o primeiro na ordem de realização. E se deparamos com uma impossibilidade, desistimos de pesquisar, como, por exemplo, se precisamos de dinheiro e isso não pode ser obtido; mas se parece possível nós tentamos.[12]

Esse trecho, pode-se afirmar, deu o tom do pensamento ocidental sobre racionalidade nos 2 mil anos seguintes. Diz que o "fim" — o que a pessoa quer — é estabelecido e dado; e diz que a ação racional é aquela que, de acordo com a dedução lógica através de uma sequência de ações, produz o fim do jeito "mais fácil e eficaz".

A proposta de Aristóteles parece razoável, mas não é um guia completo de comportamento racional. Em particular, omite a questão da incerteza. No mundo real, a realidade tem uma tendência a intervir, e poucas ações ou sequências de ações nos dão a certeza de alcançar o fim pretendido. Por exemplo, escrevo esta frase num domingo chuvoso em Paris, e na terça-feira às 14h15 meu voo para Roma parte do Aeroporto Charles de Gaulle, que fica a cerca de 45 minutos de casa. Estou pensando em sair para o aeroporto por volta das 11h30, o que me dará tempo de sobra, mas significa ficar pelo menos uma hora sentado na área de embarque. Tenho certeza de que vou pegar o avião? Nenhuma. Pode ser que haja gigantescos engarrafamentos, que os motoristas de táxi entrem em greve, que meu táxi quebre ou que o motorista seja preso depois de uma perseguição em alta velocidade, e assim por diante. Eu poderia, em vez disso, ir para o aeroporto na segunda-feira, um dia inteiro antes. Isso reduziria enormemente a chance de perder meu voo, mas a perspectiva de passar uma noite na área de embarque não me parece nada agradável. Em outras palavras, meu plano envolve um *trade-off* entre a certeza de êxito e o custo de assegurar esse grau de certeza. Eis aqui um plano para comprar uma casa que envolve um *trade-off* semelhante: comprar um bilhete de loteria, ganhar 1 milhão de dólares, e então comprar a casa. É o plano que produz o fim do jeito mais "fácil e eficaz", mas tem pouca probabilidade de dar certo. Mas a diferença entre esse plano ridículo de comprar uma casa e meu plano sóbrio e sensato de ir para o aeroporto é apenas de grau. Os dois são jogos de aposta, mas um parece mais racional do que o outro.

Como se vê, o elemento de jogo desempenha papel central na generalização da proposta de Aristóteles para explicar a incerteza de forma satisfatória. Nos anos 1560, o matemático italiano Gerolamo Cardano desenvolveu a primeira teoria da probabilidade matematicamente precisa — usando jogos de dados como exemplo principal. (Infelizmente, sua obra só foi publicada em 1663.)[13] No século XVII, pensadores franceses como Antoine Arnauld e Blaise Pascal começaram — por razões indubitavelmente matemáticas — a estudar a questão das decisões racionais no jogo.[14] Pensemos nestas duas apostas:

A: 20% de chance de ganhar 10 dólares
B: 5% de chance de ganhar 100 dólares

A proposta apresentada pelos matemáticos é, provavelmente, a mesma que qualquer um de nós apresentaria: comparar o *valor esperado* das apostas, o que significa o montante médio que se esperaria ganhar com cada aposta. Na aposta A, o valor esperado é 20% de 10 dólares, ou 2 dólares. Na aposta B, o valor esperado é 5% de 100 dólares, ou 5 dólares. Portanto, a aposta B é melhor, segundo essa teoria. A teoria faz sentido porque, se as mesmas apostas forem oferecidas várias vezes, o apostador que observa a regra acaba com mais dinheiro do que o que não observa.

No século XVIII, o matemático suíço Daniel Bernoulli notou que essa regra não parecia funcionar bem com quantias maiores.[15] Pensemos, por exemplo, nestas duas apostas:

A: 100% de chance de ganhar 10 000 000 de dólares (valor esperado 10 000 000 de dólares)
B: 1% de chance de ganhar 1 000 000 100 dólares (valor esperado 10 000 001 dólares)

A maioria dos leitores deste livro, incluindo o autor, preferiria a aposta A à aposta B, embora a regra do valor esperado diga o oposto! Bernoulli postulou que apostas são avaliadas não segundo o valor monetário esperado, mas segundo a utilidade esperada. Utilidade — a propriedade de ser útil ou proveitoso para alguém — era, sugeriu ele, uma quantia interna, subjetiva, relacionada ao valor monetário, mas diferente dele. Em particular, a utilidade apresenta *rendimentos cada vez menores com relação a dinheiro.* Isso significa que a utilidade de determinada quantia não é rigorosamente proporcional à própria quantia, mas aumenta de forma mais lenta. Por exemplo, a utilidade de ter 1 000 000 100 de dólares é bem menos de cem vezes maior do que a utilidade de ter 10 000 000 de dólares. Menos, quanto? Pergunte a você mesmo! Quais seriam as chances de ganhar 1 bilhão de dólares que o levariam a desistir de ficar com 10 milhões já garantidos? Fiz essa pergunta aos alunos de pós-graduação do meu curso e a resposta foi em torno de 50%, significando que a aposta B precisaria ter um valor esperado de 500 milhões de dólares para se igualar à desejabilidade da aposta A. Repito: a aposta B teria um valor esperado em dólares cinquenta vezes maior do que a aposta A, mas as duas apostas teriam a mesma utilidade.

A introdução por Bernoulli da utilidade — que é uma propriedade invisível — para explicar o comportamento humano através de uma teoria matemática foi uma proposta notabilíssima para a época. Foi mais notável ainda quando se leva em conta que, diferentemente de valores monetários, os valores da utilidade de várias apostas e prêmios não são observáveis de forma explícita; a utilidade teria que ser *deduzida* das *preferências* demonstradas pelo indivíduo. Dois séculos se passariam para que as implicações da ideia fossem compreendidas em sua totalidade, e ela fosse amplamente aceita por estatísticos e economistas.

Na metade do século xx, John von Neumann (grande matemático que deu nome à "arquitetura de Von Neumann" padrão para computadores)[16] e Oskar Morgenstern publicaram uma base *axiomática* para a teoria da utilidade.[17] Isso quer dizer o seguinte: enquanto as preferências demonstradas por um indivíduo satisfizerem certos axiomas básicos que qualquer agente racional deve satisfazer, então *necessariamente* as escolhas feitas por esse indivíduo podem ser descritas como maximizações do valor esperado de uma função utilidade. Em resumo, *um agente racional age para maximizar a utilidade esperada.*

É difícil exagerar a importância dessa conclusão. Em muitos sentidos, inteligência artificial tem sido, basicamente, resolver os detalhes da construção de máquinas racionais.

Examinemos mais de perto os axiomas que entidades racionais devem satisfazer. Aqui está um deles, chamado *transitividade*: se você prefere A a B e prefere B a C, então você prefere A a C. Parece bastante razoável! (Se prefere pizza calabresa a pizza sem recheio, e prefere pizza sem recheio a pizza de abacaxi, então é razoável supor que você vai escolher a pizza calabresa e não a de abacaxi.) Aqui vai outro, chamado *monotonicidade*: se você prefere o prêmio A ao prêmio B, e tem a chance de escolher loterias em que A e B são os únicos resultados possíveis, vai preferir a loteria com maior probabilidade de dar A do que de dar B. Mais uma vez, bastante razoável.

Preferências não se limitam a pizzas e loterias com prêmios em dinheiro. Podem ser sobre qualquer coisa; em particular, podem ser sobre vidas futuras inteiras e vidas alheias. Quando se lida com preferências que envolvem sequências de acontecimentos ao longo do tempo, há uma suposição adicional que costuma ser feita, chamada *estacionariedade*: se dois diferentes futuros A e B começam com o mesmo acontecimento, e você prefere A a B, você ainda vai preferir A a B mesmo depois do acontecimento. Parece razoável, mas tem uma consequência surpreendentemente forte: a utilidade de qualquer sequência de acontecimentos é a soma de recompensas associadas a cada acontecimento (possivelmente descontada ao longo do tempo, por uma espécie de taxa de juros mental).[18] Embora essa suposição de "utilidade como soma de recompensas" seja muito difundida — remontando pelo menos ao "cálculo hedonístico" do século XVIII de autoria de Jeremy Bentham, o fundador do utilitarismo —, a suposição de estacionariedade na qual se baseia não é propriedade necessária de agentes racionais. A estacionariedade também exclui a possibilidade de que as preferências de alguém mudem no decorrer do tempo, enquanto nossa experiência indica o contrário.

Apesar da razoabilidade dos axiomas e da importância das conclusões que se seguem deles, a teoria da utilidade tem sido submetida a uma série de objeções desde que ficou conhecida. Há quem a despreze por supostamente reduzir tudo que existe a dinheiro e egoísmo. (A teoria foi escarnecida como "americana" por alguns autores franceses,[19] ainda que suas origens estejam na França.) Na verdade, é perfeitamente racional querer viver uma vida de abnegação, desejando apenas reduzir o sofrimento alheio. Altruísmo significa simplesmente conferir peso substancial ao bem-estar de outros na avaliação de qualquer futuro.

Outra série de objeções tem a ver com a dificuldade de obter as probabilidades e os valores de utilidade necessários e multiplicá-los para calcular utilidades esperadas. Essas objeções na verdade confundem duas coisas distintas:

escolher a ação racional e escolhê-la *calculando utilidades esperadas*. Por exemplo, se você tenta enfiar o dedo no olho, as pálpebras se fecham para protegê-lo; isso é racional, mas não envolve nenhum cálculo de utilidades esperadas. Ou suponhamos que você está descendo um morro numa bicicleta sem freios e precisa escolher entre bater numa parede de concreto a quinze quilômetros por hora ou em outra, mais abaixo, a trinta quilômetros por hora; qual das duas opções escolheria? Se escolhesse quinze quilômetros por hora, parabéns! Você calculou as utilidades esperadas? Provavelmente não. Mas ainda assim a escolha de quinze quilômetros por hora é racional. Isso resulta de duas suposições básicas: a primeira é que você prefere ferimentos menos graves a ferimentos mais graves, e a segunda é que seja qual for a gravidade dos ferimentos o aumento da velocidade de colisão aumenta a probabilidade de ultrapassar esse nível. Dessas duas suposições, segue-se matematicamente — sem levar em conta quaisquer números — que bater a quinze quilômetros por hora tem uma utilidade esperada mais alta do que bater a trinta.[20] Em suma, maximizar a utilidade esperada pode não envolver nenhuma expectativa ou nenhuma utilidade. É a descrição puramente *externa* de uma entidade racional.

Outra crítica à teoria da racionalidade está na identificação do lugar onde as decisões são tomadas. Ou seja, quais são as coisas que contam como agentes? Pode parecer óbvio que humanos são agentes, mas que dizer de famílias, tribos, corporações, culturas e estados-nações? Se examinarmos insetos sociais, como formigas, faz sentido considerar uma única formiga um agente inteligente, ou a inteligência está de fato em toda a colônia, com uma espécie de cérebro composto de múltiplos cérebros e corpos de formiga interconectados por sinalizações de feromônios e não por sinalizações elétricas? Do ponto de vista evolutivo, essa pode ser uma forma mais produtiva de pensar sobre formigas, uma vez que as formigas de determinada colônia costumam ser estreitamente aparentadas. Como indivíduos, formigas e outros insetos sociais parecem não ter um instinto de autopreservação distinto da preservação da colônia: sempre se lançam na batalha contra invasores, mesmo que seja numa disputa suicida. Apesar disso, seres humanos às vezes fazem o mesmo, até para defender seres humanos com os quais não têm parentesco algum; é como se a espécie se beneficiasse da presença de uma fração de indivíduos disposta a se sacrificar na batalha, a partir em viagens de exploração insanas, especulativas, ou a alimentar a prole de outros. Nesses casos, uma análise de racionalidade que se concentre inteiramente no indivíduo está deixando de levar em conta o essencial.

As outras importantes objeções à teoria da utilidade são empíricas — ou seja, baseiam-se em provas experimentais que sugerem que humanos são irracionais. Deixamos de seguir os axiomas de maneira sistemática.[21] Não pretendo defender aqui a teoria da utilidade como modelo formal de comportamento humano. Na verdade, humanos se comportarem racionalmente é uma impossibilidade. Nossas preferências dizem respeito a toda a nossa vida futura, à vida de nossos filhos e netos, e à vida de outros que vivem agora e viverão no futuro. Apesar disso, não conseguimos sequer fazer as jogadas certas no tabuleiro de xadrez, um lugar simples, minúsculo, com regras bem definidas e um horizonte bem curto. Isso não é assim porque nossas *preferências* são irracionais, mas por causa da *complexidade* do processo decisório. Boa parte da nossa estrutura cognitiva existe para compensar a discrepância entre nosso cérebro pequeno e lento e a complexidade incompreensivelmente imensa do processo decisório que enfrentamos o tempo todo.

Assim, embora seja pouco razoável basear uma teoria de IA desejável na premissa de que seres humanos são racionais, é bastante razoável supor que um humano adulto tem preferências mais ou menos consistentes sobre sua vida futura. Ou seja, *se você fosse capaz de assistir a dois filmes, cada qual descrevendo com detalhes e amplitude suficientes uma vida futura que pudesse ser a sua, de maneira que cada uma constituísse uma experiência virtual, você poderia dizer qual delas prefere ou manifestar indiferença.*[22]

Essa afirmação talvez seja mais forte do que o necessário, se nosso único objetivo é ter certeza de que máquinas inteligentes o bastante não são catastróficas para a raça humana. A própria noção de *catástrofe* implica uma vida definitivamente não preferível. Para evitar catástrofe, portanto, precisamos apenas alegar que humanos adultos são capazes de reconhecer uma catástrofe futura quando ela é explicada minuciosamente. Claro, as preferências humanas têm uma estrutura muito mais refinada e, supostamente, comprovável do que apenas "não catástrofes são melhores do que catástrofes".

Uma teoria de IA desejável pode, na verdade, assimilar inconsistências nas preferências humanas, mas a parte inconsistente de nossas preferências nunca poderá ser satisfeita, e não há nada que a IA possa fazer para ajudar. Suponhamos, por exemplo, que minha preferência por pizza viole o axioma de transitividade:

ROBÔ: Seja bem-vindo! Quer uma pizza de abacaxi?

EU: Não, a verdade é que prefiro pizza sem recheio a pizza de abacaxi.

ROBÔ: Tudo bem, saindo uma pizza sem recheio!

EU: Não, obrigado. Gosto mais com calabresa.

ROBÔ: Desculpe, uma calabresa.

EU: Na verdade, prefiro abacaxi a calabresa.

ROBÔ: O erro foi meu, é abacaxi!

EU: Eu já disse que gosto mais de pizza sem recheio do que de pizza de abacaxi.

Não há pizza que o robô possa servir para me deixar satisfeito, porque sempre vou preferir outra pizza. Um robô só pode satisfazer a parte consistente de nossas preferências — por exemplo, digamos que eu prefira os três tipos de pizza a pizza nenhuma. Nesse caso, um robô prestativo poderia me dar qualquer uma das três pizzas, satisfazendo com isso minha preferência por evitar "pizza nenhuma" e ao mesmo tempo me permitindo refletir à vontade sobre minhas preferências irritantemente inconsistentes por recheio de pizza.

Racionalidade para dois

A ideia básica de que um agente racional age para maximizar a utilidade esperada é bem simples, ainda que fazê-lo seja impossivelmente complexo. A teoria só se aplica, no entanto, quando um único agente atua sozinho. Com mais de um agente, a noção de que é possível — pelo menos em princípio — atribuir probabilidades a diferentes resultados das ações de alguém passa a ser problemática. A razão disso é que agora há uma parte do mundo — o outro agente — que está tentando adivinhar que ações você vai empreender, e vice-versa, de modo que não é óbvio atribuir probabilidades a como essa parte do mundo se comportará. E sem probabilidades a definição de ação racional como maximização da utilidade esperada não se aplica.

Logo que aparece mais alguém, portanto, o agente precisará de outra forma de tomar decisões racionais. É onde entra a teoria dos jogos. Apesar do nome, a teoria dos jogos não é necessariamente sobre jogos no sentido comum; é uma tentativa geral de estender a noção de racionalidade a situações com múltiplos agentes. Isso é obviamente importante para nosso propósito, porque não estamos planejando (ainda) construir robôs que vivam em planetas desabitados em outros sistemas solares; vamos colocar os robôs em nosso mundo, que é habitado por nós.

Para que fique claro por que vamos precisar da teoria dos jogos, basta um exemplo simples: Alice e Bob estão jogando futebol no quintal (figura 3). Alice está prestes a cobrar um pênalti, e Bob é o goleiro. Alice vai chutar à esquerda ou à direita de Bob. Como chuta com o pé direito, é um pouco mais fácil e mais preciso para Alice chutar à direita de Bob. Como Alice tem um chute violento, Bob sabe que precisa se jogar para um lado ou para o outro no ato — não terá tempo de esperar e ver para onde a bola vai. Bob pode raciocinar assim: "Alice tem mais chance de marcar se chutar à minha direita, porque chuta com o pé direito; portanto vai escolher isso. Então eu devo me jogar para a direita". Mas Alice não é boba, e pode imaginar que Bob está pensando assim e chutar à esquerda dele. Mas Bob não é bobo, e pode imaginar que Alice está pensando assim, e se jogar para a esquerda. Mas Alice não é boba, e pode imaginar que Bob está pensando assim... O.k., deu para entender. Dito de outra maneira: se há uma escolha racional para Alice, Bob pode adivinhar, prever e impedir que Alice marque, portanto, para começo de conversa, a escolha não poderia ser racional.

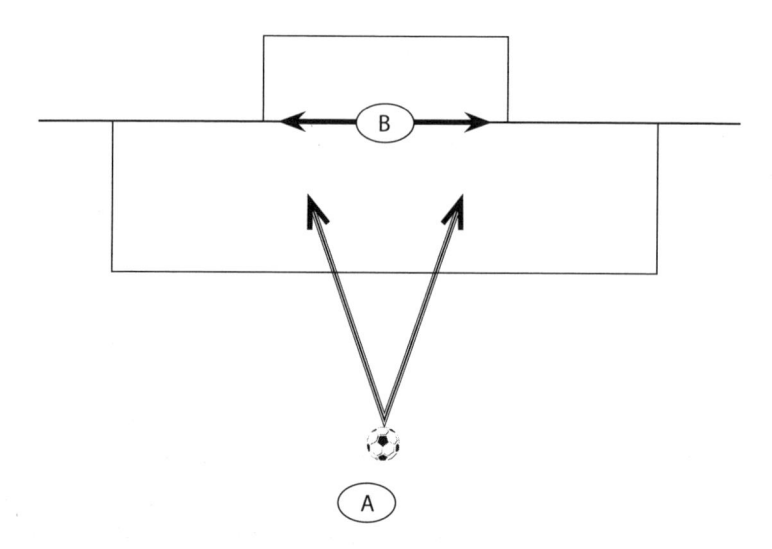

Figura 3: *Alice se prepara para cobrar um pênalti contra Bob.*

Já em 1713 — mais uma vez, na análise de jogos de aposta — uma solução foi encontrada para esse enigma.[23] O truque não é escolher uma das ações, mas optar por uma *estratégia randomizada*. Por exemplo, Alice pode escolher a estratégia de "chutar à direita de Bob com probabilidade de 55% e chutar à sua esquerda com probabilidade de 45%". Bob pode escolher "jogar-se para a direita com probabilidade de 60% e para a esquerda com probabilidade de 40%". Cada um deles atira mentalmente uma moeda devidamente tendenciosa pouco antes de agir, para não revelar suas intenções. Ao agir *de forma imprevisível*, Alice e Bob evitam as contradições do parágrafo anterior. Ainda que Bob descubra a estratégia randomizada de Alice, não há muita coisa que possa fazer a esse respeito sem ter uma bola de cristal.

As próximas perguntas são "Qual *deveria ser* a probabilidade? A escolha de Alice de 55%-45% é racional?". Os valores específicos dependem do grau de precisão de Alice ao chutar à direita de Bob, do grau de eficiência de Bob para defender o chute quando se jogar para a direita e assim por diante. (Ver as notas para a análise completa.)[24] Mas o critério geral é bem simples:

1. A estratégia de Alice é a melhor que ela pode conceber, supondo que a de Bob está decidida.
2. A estratégia de Bob é a melhor que ele pode conceber, supondo que a de Alice está decidida.

Se as duas condições forem atendidas, dizemos que as estratégias estão em equilíbrio. Esse tipo de equilíbrio é chamado de *equilíbrio de Nash* em homenagem a John Nash, que, em 1950, aos 22 anos, provou que esse equilíbrio existe para qualquer número de agentes com quaisquer preferências racionais e independentemente das regras do jogo. Após décadas de luta contra a esquizofrenia, Nash acabou se recuperando, e foi agraciado, em 1994, com o Prêmio de Ciências Econômicas em Memória de Alfred Nobel por sua obra.

Para o jogo de futebol de Alice e Bob há apenas um equilíbrio. Em outros casos, pode haver vários, portanto o conceito de equilíbrios de Nash, ao contrário das decisões de utilidade esperada, nem sempre leva a uma recomendação única sobre como agir.

Pior ainda, há situações em que o equilíbrio de Nash parece levar a resultados altamente indesejáveis. Um desses casos é o famoso *dilema do prisioneiro*, assim chamado pelo orientador do curso de doutorado de Nash, Albert Tucker, em 1950.[25] O jogo é um modelo abstrato dessas situações bastante comuns no mundo real em que a cooperação mútua seria melhor para todos os envolvidos, mas apesar disso as pessoas acabam preferindo a destruição mútua.

O dilema do prisioneiro funciona assim: Alice e Bob são suspeitos de ter cometido um crime e estão sendo interrogados separadamente. Cada um tem duas opções: confessar à polícia e delatar seu cúmplice, ou recusar-se a falar.[26] Se ambos se recusarem, serão condenados a dois anos de prisão por um crime menor; se ambos confessarem, serão condenados a dez anos por um crime mais grave; se um confessar e o outro não, o que confessar será absolvido e o cúmplice será condenado a vinte anos.

Alice raciocina assim: "Se Bob confessar, eu também devo confessar (dez anos é melhor do que vinte); se ele se recusar a falar, eu devo confessar (ser solta é melhor do que passar dois anos na cadeia); sendo assim, é melhor confessar". Bob raciocina da mesma maneira. Portanto, os dois acabam confessando os crimes e cumprindo dez anos, ainda que, se ambos tivessem recusado, teriam cumprido apenas dois anos. O problema é que a recusa conjunta não é um equilíbrio de Nash, porque cada um tem um incentivo para desertar e ser solto se confessar.

Note-se que Alice poderia ter raciocinado assim: "O que quer que eu pense, Bob também vai pensar. Portanto, vamos acabar escolhendo a mesma coisa. Como a recusa conjunta é melhor do que a confissão conjunta, é melhor recusarmos". Esse jeito de raciocinar reconhece que, como agentes racionais, Alice e Bob farão escolhas inter-relacionadas, em vez de escolhas independentes. Essa é apenas uma das muitas abordagens que os estudiosos da teoria dos jogos tentaram, em seus esforços para alcançar soluções menos deprimentes para o dilema do prisioneiro.[27]

Outro exemplo famoso de equilíbrio indesejável é a *tragédia dos bens comuns*, analisada pela primeira vez em 1833 pelo economista inglês William Lloyd,[28] mas batizada e ficando conhecida no mundo inteiro graças ao ecologista Garrett Hardin em 1968.[29] A tragédia ocorre quando várias pessoas podem consumir um recurso compartilhado — como uma pastagem ou uma reserva de peixes — que se reabastece lentamente. Na ausência de restrições sociais ou legais, o único equilíbrio de Nash entre agentes egoístas (não altruístas) é cada um consumir o máximo possível, levando ao rápido colapso dos recursos. A solução ideal, em que todos compartilhem os recursos de maneira que o consumo total seja sustentável, não é um equilíbrio, porque cada indivíduo tem um incentivo para enganar e tirar mais do que sua justa porção — impondo os custos aos demais. Na prática, é claro, seres humanos às vezes evitam essa tragédia criando mecanismos como cotas e punições, ou programas de precificação. Podem fazer isso porque não estão limitados a decidir quanto consumir; podem também decidir *comunicar-se*. Ao ampliar o processo decisório dessa maneira, encontramos soluções melhores para todos.

Esses exemplos, e muitos outros, ilustram o fato de que estender a teoria de decisões racionais a múltiplos agentes produz muitos comportamentos interessantes e complexos. Isso é extremamente importante também, porque, como deveria ser óbvio, há mais de um ser humano. E logo haverá máquinas inteligentes também. Nem é preciso dizer que precisamos alcançar a cooperação mútua, resultando em benefício para os humanos, em vez de destruição mútua.

COMPUTADORES

Ter uma definição razoável de inteligência é o primeiro ingrediente para a criação de máquinas inteligentes. O segundo é uma máquina na qual essa definição possa ser aplicada. Por razões que logo ficarão óbvias, essa máquina é o computador. *Poderia* ter sido uma coisa diferente — por exemplo, poderíamos ter tentado fazer máquinas inteligentes a partir de complexas reações químicas ou sequestrando células biológicas[30] —, mas dispositivos construídos para computação, desde as primeiríssimas calculadoras mecânicas, sempre pareceram, para seus inventores, o lugar natural da inteligência.

Estamos tão acostumados aos computadores que mal nos damos conta do seu poder absolutamente incrível. Se você tem um laptop, um desktop ou um smartphone, dê uma olhada nele: uma pequena caixa onde se podem digitar caracteres. Digitando apenas cria-se um programa capaz de transformar a caixa numa coisa nova, talvez uma coisa que sintetize magicamente imagens de navios batendo em icebergs ou planetas alienígenas com uma gente alta e azul; digite um pouco mais, e ela traduz do inglês para o chinês; mais um pouco e escuta e fala; mais ainda, ela derrota o campeão mundial de xadrez.

Essa capacidade de uma única caixa realizar qualquer processo que você possa imaginar chama-se *universalidade*, conceito apresentado pela primeira vez por Alan Turing em 1936.[31] Universalidade significa que não precisamos separar máquinas para aritmética, tradução automática, xadrez, compreensão de fala ou animação: a mesma máquina faz tudo. Seu laptop é no fundo idêntico às vastas torres de servidores mantidas pelas maiores empresas de tecnologia do mundo — mesmo aquelas equipadas com sofisticadas unidades de processamento de tensor com finalidades específicas para aprendizado de máquina. É no fundo idêntico a todos os futuros dispositivos de computação a serem inventados. O laptop pode fazer exatamente as mesmas tarefas, desde que tenha memória suficiente: só demora bem mais.

O artigo de Turing apresentando a universalidade foi um dos mais importantes já escritos. Nesse artigo, ele descreve um dispositivo simples de computação capaz de aceitar como entrada a descrição de qualquer outro dispositivo de computação, junto com a entrada desse segundo dispositivo, e, simulando a operação do segundo dispositivo sobre sua entrada, produz o mesmo resultado que o segundo dispositivo teria produzido. Agora chamamos esse primeiro dispositivo de *máquina de Turing universal*. Para provar sua universalidade, Turing apresentou definições precisas para dois novos tipos de objeto matemático: máquinas e programas. Juntos, a máquina e o programa definem uma sequência de eventos — especificamente, uma sequência de mudanças de situação na máquina e em sua memória.

Na história da matemática, novos tipos de objeto ocorrem muito raramente. A matemática começou com números no alvorecer da história. Por volta de 2000 a.C., antigos egípcios e babilônios trabalhavam com objetos métricos (pontos, linhas, ângulos, áreas etc.). Matemáticos chineses introduziram matrizes no primeiro milênio a.C., enquanto os conjuntos, como objetos matemáticos, só surgiram no século XIX. Os novos objetos de Turing — máquinas e programas — são talvez os objetos matemáticos mais poderosos já inventados. É irônico que o campo da matemática em grande parte tenha deixado de reconhecer isso, e, a partir dos anos 1940, computadores e computação têm sido território dos departamentos de engenharia na maior parte das grandes universidades.

O campo emergente — ciência da computação — explodiu nos setenta anos seguintes, produzindo uma grande variedade de conceitos, projetos, métodos e aplicativos, bem como as sete ou oito empresas mais valiosas do mundo.

O conceito central na ciência da computação é o de *algoritmo*, que é um método especificado com exatidão para computar alguma coisa. Algoritmos agora fazem parte da vida diária: um algoritmo de raiz quadrada numa calculadora de bolso recebe um número como entrada e devolve a raiz quadrada desse número como saída; um algoritmo que joga xadrez pega uma posição de xadrez e devolve um movimento; um algoritmo de busca de caminho pega um local de partida, um local de chegada e um mapa de ruas e devolve a rota mais rápida entre a partida e a chegada. Algoritmos podem ser descritos em português ou em notação matemática, mas para serem implementados precisam ser codificados como programas numa *linguagem de programação*. Algoritmos mais complexos podem ser construídos usando-se algoritmos mais simples como unidades chamadas sub-rotinas — por exemplo, um carro sem motorista pode usar um algoritmo de busca de caminho como sub-rotina para saber aonde ir. Dessa maneira, sistemas de software de imensa complexidade são construídos camada a camada.

O hardware de computador é importante porque computadores mais rápidos e com mais memória permitem que algoritmos rodem mais rapidamente e administrem mais informações. O progresso nessa área é bem conhecido, mas ainda assim espantoso. O primeiro computador eletrônico comercial programável, o Ferranti Mark I, podia executar cerca de mil (10^3) instruções por segundo e tinha cerca de mil bytes de memória principal. O computador mais rápido no começo de 2019, a máquina Summit no Oak Ridge National Laboratory, Tennessee, executa cerca de 10^{18} instruções por segundo (um quatrilhão de vezes mais rápido) e tem $2,5 \times 10^{17}$ bytes de memória (250 trilhões de vezes mais). Esse progresso é resultado de avanços em dispositivos eletrônicos e também na física subjacente, permitindo um grau inacreditável de miniaturização.

Embora as comparações entre computadores e cérebros não sejam muito significativas, os números relativos à Summit excedem ligeiramente a capacidade bruta do cérebro humano, que, como já observado, tem cerca de 10^{15} sinapses e um "tempo de ciclo" de cerca de um centésimo de segundo, para um máximo teórico de cerca de 10^{17} operações por segundo. A maior diferença é o consumo de energia: a Summit usa cerca de 1 milhão de vezes mais energia.

Espera-se que a lei de Moore, a observação empírica de que o número de componentes eletrônicos num chip dobra a cada dois anos, continue até 2025, mais ou menos, embora num ritmo um pouco mais lento. Durante anos, a velocidade tem sido limitada pela grande quantidade de calor gerada pela comutação rápida de transístores de silício; além disso, o tamanho dos circuitos não pode diminuir muito, porque os fios e os conectores não têm (em 2019) mais do que 25 átomos de largura e de cinco a dez átomos de espessura. Depois de 2025, precisaremos usar fenômenos físicos mais exóticos — como dispositivos de capacitância negativa,[32] transístores de um átomo, nanotubos de grafeno e fotônica — para manter a lei de Moore (ou sua sucessora) em vigor.

Em vez de simplesmente aumentar a velocidade de computadores de uso geral, pode-se construir dispositivos de uso específico modificados para realizar apenas um tipo de computação. Por exemplo, as unidades de processamento de tensor (TPUs) do Google são projetadas para fazer os cálculos necessários a certos algoritmos de aprendizado de máquina. Um pod TPU realiza 10^{17} cálculos por segundo — quase tanto quanto a máquina Summit —, mas usa cerca de um centésimo da energia e tem um centésimo do tamanho. Ainda que a tecnologia de chip subjacente permaneça mais ou menos constante, basta aumentar de tamanho esses tipos de máquina para que possam fornecer vastas quantidades de poder bruto de processamento a sistemas de IA.

A computação quântica é outra questão. Ela usa as estranhas propriedades das funções de onda da mecânica quântica para realizar uma coisa notável: com duas vezes a quantidade de hardware quântico, pode-se obter *mais de duas vezes* a quantidade de computação. Grosso modo, funciona assim:[33] suponha que você tem um dispositivo físico minúsculo que armazena um bit quântico, ou qubit. Um qubit tem duas situações possíveis, 0 e 1. Enquanto na física clássica o dispositivo de qubit tem que estar em uma de duas situações, na física quântica a função de onda que leva informações sobre o qubit diz que ele está nas duas situações simultaneamente. Se você tiver dois qubits, há quatro situações possíveis: 00, 01, 10 e 11. Se a função de onda for entrelaçada com coerência nos dois qubits, a fim de que não haja outros processos físicos presentes para estragar tudo, então os dois qubits estão nas quatro situações simultaneamente. Além disso, se os dois qubits estiverem conectados num circuito quântico que executa alguns cálculos, os cálculos serão realizados nas quatro situações simultaneamente. Com três qubits você tem oito situações processadas simultaneamente, e assim por diante. Mas há algumas limitações físicas, de maneira que a quantidade de trabalho executada é menor do que exponencial no número de qubits,[34] mas sabemos que há problemas importantes para os quais a computação quântica é comprovadamente mais eficiente do que qualquer computador clássico.

Em 2019, existem em operação protótipos experimentais de pequenos processadores quânticos com algumas dezenas de qubits, mas não há tarefas de computação interessantes para as quais um processador quântico seja mais rápido do que um computador clássico. A grande dificuldade é a decoerência — processos como ruído térmico que bagunçam a coerência da função de onda multiqubit. Cientistas quânticos esperam resolver o problema da decoerência introduzindo circuitos de correção de erros, para que qualquer erro que ocorra na computação seja logo detectado e corrigido por uma espécie de processo de votação. Infelizmente, sistemas de correção de erros exigem muito mais qubits para executar a mesma tarefa: embora uma máquina quântica com algumas centenas de qubits perfeitos fosse muito poderosa em comparação com os computadores clássicos, provavelmente precisaríamos de alguns milhões de qubits de correção de erros para realizar, de fato, essas computações. Passar de algumas dezenas para alguns milhões de qubits vai levar alguns anos. Se acabarmos chegando lá, isso altera completamente o quadro geral do que podemos fazer com a pura força bruta de computação.[35] Em vez de ficar aguardando avanços conceptuais reais em IA, talvez pudéssemos usar o poder bruto da computação quântica para superar algumas barreiras enfrentadas por atuais algoritmos "pouco inteligentes".

Os limites da computação

Já nos anos 1950 a imprensa descrevia os computadores como "supercérebros", que eram "mais rápidos do que Einstein". Mas será que podemos dizer, finalmente, que computadores são mais potentes do que o cérebro humano? Não. Levar em conta apenas o poder bruto de computação é não entender direito o problema. A velocidade, por si só, não nos dará IA. Rodar um algoritmo mal projetado num computador mais rápido não melhora esse algoritmo; significa apenas que receberemos mais depressa a resposta errada. (E, com mais dados, aumentam as oportunidades de respostas erradas!) O principal efeito das máquinas mais rápidas tem sido reduzir o tempo de experimentação, e com isso acelerar o avanço das pesquisas. O que impede o progresso de IA não é hardware; é software. Ainda não sabemos construir uma máquina realmente inteligente — mesmo que ela tivesse o tamanho do universo.

Suponha, no entanto, que consigamos desenvolver o software de IA correto. A física impõe algum limite à potência de um computador? Esse limite nos impedirá de adquirir poder computacional para criar IA de verdade? A resposta a essas perguntas parece ser sim, há limites, e não, não há a menor chance de esses limites nos impedirem de criar IA de verdade. O físico do MIT Seth Lloyd calculou os limites para um computador tamanho laptop, com base em considerações de física quântica e entropia.[36] Os números fariam até mesmo Carl Sagan arquear as sobrancelhas: 10^{51} operações por segundo e 10^{30} bytes de memória, ou aproximadamente 1 bilhão de trilhões de trilhões de vezes mais rápido e 4 trilhões de vezes mais memória do que a Summit — que, como já dissemos, tem mais poder bruto do que o cérebro humano. Por isso, quando alguém sugerir que a mente humana representa um limite máximo para o que é fisicamente factível em nosso universo,[37] devemos pelo menos pedir mais explicações.

Além dos limites impostos pela física, há limites às capacidades dos computadores que têm origem no trabalho de cientistas da computação. O próprio Turing provou que alguns problemas são *indecidíveis* por qualquer computador: o problema é bem definido, há uma resposta, mas não pode existir algoritmo que sempre encontre essa resposta. Turing citou como exemplo o que ficou conhecido como o *problema da parada*: um algoritmo é capaz de decidir se dado programa tem um "loop infinito" que o impede de concluir?[38]

A prova de Turing, de que nenhum algoritmo é capaz de resolver o problema da parada,[39] é incrivelmente importante para as fundações da matemática, mas parece não ter nenhuma relevância na questão de saber se computadores podem ser inteligentes. Uma razão para isso é que a mesma limitação básica parece aplicar-se ao cérebro humano. Se começarmos a pedir ao cérebro humano para realizar uma simulação exata de si mesmo simulando a si mesmo, e assim por diante, com certeza encontraremos dificuldades. Eu, por exemplo, nunca me preocupei com minha incapacidade de fazer isso.

Concentrar-se em problemas decidíveis, portanto, parece não impor restrições reais à IA. Acontece, porém, que decidível não significa fácil. Cientistas da computação passam muito tempo refletindo sobre a *complexidade* dos problemas, ou seja, sobre quanta computação é necessária para resolver um problema pelo método mais eficiente. Cito agora um problema fácil: encontrar o número mais alto numa lista de mil números. Se checar cada número leva um segundo, resolver esse problema levará mil segundos, pelo método óbvio de checar cada número e guardar o mais alto. Existe método mais rápido? Não, porque, se um método *não* checar algum número da lista, esse número pode ser justamente o mais alto, e o método falhará. Assim, o tempo para encontrar o maior elemento é proporcional ao tamanho da lista. Um cientista da computação diria que o problema tem complexidade linear, querendo dizer que é muito fácil; e buscaria coisa mais interessante para resolver.

O que estimula teóricos da computação é o fato de que muitos problemas parecem ter complexidade *exponencial* no pior caso.[40] Isso significa duas coisas: a primeira é que todos os algoritmos conhecidos exigem tempo exponencial — ou seja, uma quantidade de tempo exponencial no tamanho da entrada — para resolver pelo menos algumas instâncias do problema; a segunda é que teóricos da computação estão muito certos de que algoritmos mais eficientes não existem.

Crescimento exponencial de dificuldade significa que problemas podem ser solúveis em teoria (ou seja, são certamente decidíveis), mas às vezes insolúveis na prática; podemos chamar esses problemas de *intratáveis*. Um bom exemplo é decidir se determinado mapa pode ser colorido com apenas três cores, de modo que duas regiões adjacentes nunca tenham a mesma cor. (Sabe-se que colorir com quatro cores diferentes sempre é possível.) Com 1 milhão de regiões, pode ser que em alguns casos (não todos, mas alguns) a resposta exija alguma coisa em torno de 2^{1000} passos computacionais, o que significa cerca de 10^{275} anos no supercomputador Summit ou meros 10^{242} anos no laptop de máxima capacidade física de Seth Lloyd. Comparada a isso, a idade do universo, de cerca de 10^{10}, é um leve bipe.

A existência de problemas intratáveis é motivo para acharmos que os computadores não podem ser tão inteligentes quanto os humanos? De jeito nenhum. Não há razão para supor que os humanos possam resolver problemas intratáveis. A computação quântica ajuda um pouco (em máquinas ou em cérebros), mas não o suficiente para alterar a conclusão básica.

Complexidade significa que o problema decisório no mundo real — o problema de decidir o que fazer já, a cada instante de nossa vida — é tão difícil que nem humanos nem computadores nunca chegarão perto de encontrar as soluções perfeitas.

Isso acarreta duas consequências: a primeira é que esperamos que, na maioria das vezes, as decisões no mundo real sejam na melhor das hipóteses quase decentes, e certamente longe de ótimas; a segunda é que esperamos que uma boa dose da *arquitetura mental* de humanos e computadores — a maneira como seus processos de decisão de fato operam — seja projetada para superar a complexidade na medida do possível — quer dizer, tornar possível encontrar respostas pelo menos quase decentes, apesar da esmagadora complexidade do mundo. Enfim, esperamos que as duas primeiras consequências continuem valendo, independentemente de quanto alguma máquina futura venha a ser inteligente e poderosa. A máquina pode ser muito mais capaz do que nós, mas ainda assim estará longe de ser perfeitamente racional.

COMPUTADORES INTELIGENTES

O desenvolvimento da lógica por Aristóteles e outros disponibilizou regras precisas para o pensamento racional, mas não sabemos se Aristóteles chegou a pensar na possibilidade de máquinas que executassem essas regras. No século XIII, o influente filósofo, sedutor e místico catalão Ramon Llull chegou muito mais perto: na verdade, fez rodas de papel inscritas com símbolos, com as quais podia gerar combinações lógicas de afirmações. O grande matemático francês do século XVII Blaise Pascal foi o primeiro a desenvolver uma calculadora mecânica real e prática. Embora só pudesse somar e subtrair, e fosse usada basicamente no escritório de cobrança de impostos do pai, ela levou Pascal a escrever: "A máquina aritmética produz efeitos mais próximos do pensamento do que tudo que os animais fazem".

A tecnologia deu um salto considerável no século XIX, quando o matemático e inventor britânico Charles Babbage projetou a Máquina Analítica, uma máquina universal programável no sentido posteriormente definido por Turing. Foi ajudado em seu trabalho por Ada, condessa de Lovelace, filha do poeta romântico e aventureiro Lorde Byron. Enquanto Babbage esperava usar a Máquina Analítica para computar tabelas matemáticas e astronômicas precisas, Lovelace compreendeu seu verdadeiro potencial,[41] descrevendo-a em 1842 como "uma máquina pensante ou… raciocinante" capaz de raciocinar sobre "todos os assuntos do universo". Dessa maneira, os elementos conceptuais básicos para criar IA existiam! A partir desse ponto, sem a menor dúvida, IA seria apenas uma questão de tempo…

Muito tempo, infelizmente — a Máquina Analítica não chegou a ser construída, e as ideias de Lovelace foram, em grande parte, esquecidas. Com o trabalho teórico de Turing em 1936 e o ímpeto subsequente da Segunda Guerra Mundial, máquinas de computação universal foram finalmente materializadas nos anos 1940. Ideias sobre a criação de inteligência vieram logo depois. O artigo escrito por Turing em 1950, "Máquinas de computação e inteligência",[42] é o mais conhecido dos muitos trabalhos iniciais sobre a possibilidade de máquinas inteligentes. Os céticos já afirmavam que máquinas nunca seriam capazes de fazer X, para quase qualquer X que se pudesse imaginar, e Turing refutou essas afirmações. Além disso, ele propôs um teste operacional para inteligência, chamado de *jogo da imitação*, que mais tarde (numa forma simplificada) ficaria conhecido como *teste de Turing*. O teste avalia o *comportamento* da máquina — especificamente, sua capacidade de enganar um interrogador humano e levá-lo a acreditar que ela é humana.

O jogo da imitação desempenha um papel específico no artigo de Turing — como uma experiência de pensamento para rebater céticos que supunham que máquinas não poderiam pensar da maneira correta, pelas razões corretas, com o tipo correto de compreensão. Turing esperava redirecionar a discussão para a questão de saber se uma máquina poderia se comportar de determinada maneira; e, em caso positivo — se fosse capaz, por exemplo, de discursar razoavelmente sobre os sonetos de Shakespeare e seu significado —, o ceticismo sobre a IA se tornaria insustentável. Contrariando interpretações mais conhecidas, eu duvido que o teste tivesse a pretensão de ser uma verdadeira definição de inteligência, no sentido de que uma máquina só é inteligente se e quando passa no teste de Turing. Na verdade, Turing escreveu: "Não poderiam as máquinas executar coisas descritas como pensamento, mas muito diferente do que um ser humano faz?". Outro motivo para não ver o teste como uma definição de IA é que é terrível trabalhar com essa definição, e é por isso que os mais importantes pesquisadores de IA quase não se esforçam para passar no teste de Turing.

O teste de Turing não tem utilidade para a IA porque é uma definição simples e altamente condicional: depende das características imensamente complicadas e basicamente desconhecidas da mente humana, que nascem tanto da biologia como da cultura. Não há como "desfazer" a definição e trabalhar de trás para a frente a partir dela para criar máquinas que passem infalivelmente no teste. Em vez disso, a IA tem se concentrado no comportamento racional, como descrito anteriormente: uma máquina é inteligente na medida em que o que ela faz tem probabilidade de alcançar o que pretende, a partir do que percebeu.

De início, como Aristóteles, pesquisadores de IA identificaram "o que ela pretende" com um objetivo que é ou não é atingido. Os objetivos podem ser no mundo dos brinquedos, como o Jogo do 15, em que o objetivo é alinhar todas as peças numeradas na ordem de 1 a 15 numa pequena bandeja quadrada (simulada); ou podem ser em ambientes reais, físicos: no começo dos anos 1970, o robô Shakey no SRI na Califórnia empurrava grandes blocos para colocá-los em determinadas configurações, e Freddy, na Universidade de Edimburgo, montava as peças de um barco de madeira. Todo esse trabalho era feito com a utilização de solucionadores de problemas lógicos e de sistemas de planejamento para construir e executar planos que garantiam alcançar objetivos.[43]

Nos anos 1980, estava claro que o raciocínio lógico por si não bastava, porque, como já notamos, não há plano que nos *garanta* que chegaremos ao aeroporto. Lógica exige certeza, e o mundo real simplesmente não dá essa certeza. Enquanto isso, o cientista da computação israelense-americano Judea Pearl, que receberia o prêmio Turing de 2011, vinha desenvolvendo métodos de raciocínio incerto baseados na teoria da probabilidade.[44] Pesquisadores de IA aos poucos aceitaram as ideias de Pearl; adotaram as ferramentas da teoria da probabilidade e da teoria da utilidade e conectaram IA a outros campos, como estatística, teoria de controle, economia e pesquisa de operações. Essa mudança foi o começo do que alguns observadores chamam de IA *moderna*.

Agentes e ambientes

O conceito central da IA moderna é o de *agente inteligente* — algo que percebe e age. O agente é um processo que ocorre ao longo do tempo, no sentido de que um fluxo de inputs perceptivos é convertido em fluxo de ações. Por exemplo, suponha-se que o agente em questão é um táxi sem condutor que me leva para o aeroporto. Seus inputs podem incluir oito câmeras RGB funcionando a trinta fotogramas por segundo; cada fotograma consiste em 7,5 milhões de pixels, cada um com um valor de intensidade de imagem em cada um dos três canais de cor, num total de mais de cinco gigabytes por segundo. (O fluxo de dados dos 200 milhões de fotorreceptores na retina é ainda maior, o que explica em parte por que a visão ocupa uma fração tão grande do cérebro humano.) O táxi também recebe dados de um acelerômetro cem vezes por segundo, além de dados de GPS. Essa incrível enxurrada de dados brutos é transformada apenas pelo gigantesco poder computacional de bilhões de transístores (ou neurônios) num comportamento suave e competente na direção do veículo. As ações do táxi incluem os sinais eletrônicos enviados ao volante, aos freios e ao acelerador, vinte vezes por segundo. (Num motorista humano experiente, a maior parte desse turbilhão de atividades é inconsciente: você talvez só tenha consciência de tomar decisões como "ultrapassar esse caminhão vagaroso" ou "parar num posto para abastecer", mas os olhos, o cérebro, os nervos e os músculos continuam fazendo todo o resto.) Para um programa de xadrez, os inputs são basicamente o tique-taque do relógio, com a eventual notificação do movimento do adversário e da nova situação do tabuleiro, embora as ações praticamente não façam nada enquanto o programa pensa, e de vez em quando escolhe uma jogada e notifica o adversário. Para um assistente pessoal digital, ou PDA, como Siri ou Cortana, os inputs incluem não só os sinais acústicos do microfone (amostrados 48 mil vezes por segundo) e inputs do toque de tela, mas também o conteúdo de cada página da web que acessa, enquanto as ações incluem tanto o material de fala como o exibido na tela.

A forma de construirmos agentes inteligentes depende da natureza do problema que temos diante de nós. Isso, por sua vez, depende de três coisas: a primeira é a natureza do ambiente em que o agente vai operar, um tabuleiro de xadrez é um lugar bem diferente de uma movimentada rodovia ou de um celular; a segunda são as observações e as ações que conectam o agente ao ambiente, por exemplo, Siri pode ou não ter acesso à câmera do telefone para conseguir ver; e a terceira é que o objetivo do agente, ensinar o adversário a jogar xadrez melhor, é uma tarefa muito diferente de vencer o jogo.

Para citar apenas um exemplo de como o projeto do agente depende dessas coisas: se o objetivo for ganhar o jogo, um programa de xadrez tem que examinar apenas a situação atual do tabuleiro e não precisa de nenhuma lembrança de acontecimentos passados.[45] O professor de xadrez, por outro lado, deveria atualizar continuamente seu modelo nos aspectos do xadrez que seu aluno compreende ou não compreende, para poder dar conselhos úteis. Em outras palavras, para o professor de xadrez, a mente do aluno é parte relevante do ambiente. Além do mais, ao contrário do tabuleiro, é uma parte do ambiente não diretamente observável.

As características dos problemas que influenciam o projeto dos agentes incluem pelo menos o seguinte:[46]

- se o ambiente é completamente observável (como no xadrez, em que os inputs conferem acesso direto a todos os aspectos relevantes da situação atual do ambiente) ou parcialmente observável (como ao dirigir, quando nosso campo de visão é limitado, veículos são opacos, e as intenções de outros motoristas são misteriosas);
- se o ambiente e as ações são discretos (como no xadrez) ou efetivamente contínuos (como ao dirigir);
- se o ambiente contém outros agentes (como no xadrez e ao dirigir) ou não (como em encontrar o caminho mais curto num mapa);
- se os resultados das ações, como especificado pelas "regras" ou pela "física" do ambiente, são previsíveis (como no xadrez) ou imprevisíveis (como no trânsito ou no clima), e se essas regras são conhecidas ou desconhecidas;
- se o ambiente muda dinamicamente, tornando o momento de tomar decisões rigorosamente restrito (como ao dirigir) ou não (como na otimização da estratégia tributária);
- a extensão do horizonte contra o qual a qualidade das decisões é avaliada de acordo com o objetivo — pode ser muito curta (como numa freada de emergência), de duração intermediária (como no xadrez, em que uma partida dura até cerca de cem jogadas) ou muito longa (como me levar de carro ao aeroporto, o que pode envolver centenas de milhares de ciclos decisórios se o táxi estiver decidindo cem vezes por segundo).

Como se pode imaginar, essas características dão origem a uma variedade desconcertante de tipos de problema. O simples ato de multiplicar as escolhas relacionadas acima origina 192 tipos. Encontramos exemplos de problemas no mundo real para todos os tipos. Alguns tipos são em geral estudados em áreas fora da IA — projetar um piloto automático que mantenha voos nivelados, para citar um exemplo, é um problema contínuo, dinâmico, de horizonte curto, que costuma ser estudado no campo da teoria de controle.

É evidente que alguns tipos de problema são mais fáceis do que outros. A IA fez muito progresso em problemas como jogos de tabuleiro e quebra-cabeças que são observáveis, discretos, determinísticos e têm regras conhecidas. Para os problemas de tipo mais fácil, pesquisadores de IA desenvolveram algoritmos bastante genéricos e efetivos e uma sólida compreensão teórica; com frequência, as máquinas superam o desempenho humano em problema desse tipo. Pode-se dizer que um algoritmo é geral porque temos provas matemáticas de que fornece resultados ótimos, ou quase ótimos, com razoável complexidade computacional numa categoria inteira de problemas, e porque funciona bem na prática em diversos tipos de problema sem precisar de quaisquer modificações para problemas específicos.

Jogos de video game como StarCraft são bem mais difíceis do que jogos de tabuleiro: envolvem centenas de partes móveis e horizontes de tempo de milhares de passos, e o tabuleiro é parcialmente visível o tempo todo. A cada ponto, o jogador pode ter uma opção de pelo menos 10^{50} jogadas, em comparação com 10^2 no go.[47] Por outro lado, as regras são conhecidas e o mundo é discreto com apenas poucos tipos de objeto. Até o começo de 2019, as máquinas se igualavam a alguns jogadores profissionais de StarCraft, mas ainda não estavam prontas para desafiar os melhores.[48] Mais importante, foi preciso um razoável esforço com problemas específicos para chegar a esse ponto; métodos de uso geral não estão totalmente prontos para StarCraft.

Problemas como administrar um governo ou ensinar biologia molecular são *muito* mais difíceis. Têm ambientes complexos, geralmente não observáveis (a situação de um país inteiro ou as condições mentais de um aluno), muito mais objetos e tipos de objeto, nenhuma definição clara das ações a serem executadas, regras quase sempre desconhecidas, bastante incerteza e escalas de tempo bem longas. Temos ideias e ferramentas disponíveis para tratar separadamente de cada uma dessas características, mas nenhum método geral que lide com todas as características ao mesmo tempo. Os sistemas de IA que construímos para tarefas desse tipo tendem a exigir muita engenharia de problemas específicos, e costumam ser bastante frágeis.

O avanço em direção à generalidade ocorre quando concebemos métodos efetivos para problemas mais difíceis dentro de determinado tipo, ou métodos que exigem pressupostos menos numerosos e mais fracos, de modo que sejam aplicáveis a mais problemas. A IA de uso geral seria um método aplicável a problemas de todos os tipos e que funcionasse efetivamente em casos grandes e difíceis, fazendo pouquíssimas conjeturas. O objetivo final da pesquisa de IA é o seguinte: um sistema que não requeira engenharia de problemas específicos e possa ser solicitado a dar uma aula de biologia molecular ou administrar um governo. Ele aprenderia o que precisasse aprender recorrendo a todos os meios disponíveis, faria perguntas quando necessário e começaria formulando e executando planos que funcionassem.

Esse método de uso geral ainda não existe, mas estamos chegando perto. O que talvez surpreenda é que boa parte desse progresso rumo à IA de uso geral resulte de pesquisas que não têm a ver com construir sistemas assustadores, de uso geral. Vem de pesquisas sobre IA/*ferramenta* ou IA *estreita*, significando sistemas de IA legais, seguros, chatos, projetados para problemas particulares, como jogar go ou reconhecer dígitos escritos à mão. Supõe-se que a pesquisa sobre esse tipo de IA não apresenta riscos, porque tem tudo a ver com problemas específicos e nada com IA de uso geral.

Essa convicção resulta de uma incompreensão do tipo de trabalho a ser executado por esses sistemas. Na verdade, a pesquisa sobre IA/ferramenta pode produzir, e quase sempre produz, avanços na direção da IA de uso geral, particularmente quando é feita por pesquisadores de bom gosto enfrentando problemas que estão além da capacidade de métodos gerais atuais. Nesse caso, *bom gosto* significa que a abordagem da solução não é apenas uma codificação ad hoc do que uma pessoa inteligente faria nessa ou naquela situação, mas uma tentativa de dar à máquina a capacidade de encontrar a solução por conta própria.

Por exemplo, a equipe do AlphaGo em DeepMind do Google, quando criou seu programa mundialmente vitorioso, na verdade *não trabalhou no go*. O que quero dizer com isso é que eles não escreveram diversos códigos específicos de go dizendo o que fazer em diferentes situações do jogo. Não projetaram procedimentos decisórios que só funcionassem para o go. Em vez disso, aperfeiçoaram duas técnicas de uso bastante geral — busca antecipada do que poderia acontecer para tomar decisões e aprendizado por reforço para aprender a avaliar posições — de modo que fossem eficazes o bastante para jogar go num nível sobre-humano. Esses aperfeiçoamentos são aplicáveis a muitos outros problemas, incluindo problemas remotos como a robótica. Só para chatear, uma versão do AlphaGo chamada AlphaZero recentemente aprendeu a surrar AlphaGo no jogo de go, e surrou também Stockfish (o melhor programa de xadrez do mundo, muito melhor do que qualquer ser humano) e Almo (o melhor programa de shogi do mundo, também melhor do que qualquer ser humano). AlphaZero fez tudo isso no mesmo dia.[49]

Houve progresso substancial rumo à IA de uso geral também na pesquisa de reconhecimento de dígitos escritos à mão nos anos 1990. A equipe de Yann LeCun nos AT&T Labs não escreveu algoritmos específicos para reconhecer um "8" procurando linhas curvas e voltas; em vez disso, eles aperfeiçoaram algoritmos de aprendizado de rede neural existentes para produzir *redes neurais convolucionais*. Essas redes, por sua vez, demonstraram reconhecimento eficaz de caractere depois de treinamento adequado em exemplos rotulados. Os mesmos algoritmos podem aprender a reconhecer letras, formas, sinais de pare, cães, gatos e carros da polícia. Sob o cabeçalho "aprendizado profundo", revolucionaram o reconhecimento de fala e o reconhecimento visual de objetos. São também um dos principais componentes de AlphaZero, bem como da maioria dos projetos atuais de carros sem motorista.

Pensando bem, não será surpresa se o avanço rumo à IA de uso geral vier a acontecer em projetos de IA estreita visando a tarefas específicas; essas tarefas dão aos pesquisadores de IA uma coisa na qual possam investir suas energias. (Há um bom motivo para as pessoas não dizerem que "olhar pela janela é a mãe de todas as invenções".) Ao mesmo tempo, é importante entender quanto progresso foi feito e onde estão os limites. Quando AlphaGo derrotou Lee Sedol, e depois todos os outros grandes jogadores de go, muita gente achou que, como a máquina tinha aprendido a partir do zero a derrotar a raça humana numa tarefa conhecida como muito difícil mesmo para seres humanos inteligentíssimos, era o começo do fim — só uma questão de tempo antes de a IA assumir o controle. Mesmo alguns céticos talvez tenham se convencido disso também quando AlphaZero venceu no xadrez, no shogi, além de vencer no go. Mas AlphaZero tem sérias limitações: só funciona na categoria dos jogos discretos, observáveis, para dois jogadores, com regras conhecidas. A abordagem não vai funcionar *de forma alguma* para dirigir, lecionar, governar ou tomar conta do mundo.

Essas nítidas fronteiras da competência das máquinas significam que as pessoas estão falando bobagem quando dizem que o "QI das máquinas" aumenta rapidamente e ameaça superar o QI humano. Se o conceito de QI faz sentido quando aplicado a seres humanos é porque as capacidades humanas tendem a estar relacionadas numa vasta gama de atividades cognitivas. Querer atribuir QI a máquinas é como tentar fazer animais de quatro patas competirem num decatlo humano. É verdade que cavalos correm mais rápido e pulam mais alto, mas têm muita dificuldade no salto com vara e no lançamento de disco.

Objetivos e o modelo-padrão

Na parte externa, o que importa num agente inteligente é o fluxo de ações que ele gera a partir do fluxo de inputs que recebe. Internamente, as ações precisam ser escolhidas por um *programa agente.* Humanos nascem com um programa agente por assim dizer, e esse programa aprende com o tempo a atuar com razoável sucesso numa variedade de tarefas humanas. Até agora, isso não acontece com IA: não sabemos como construir um programa de IA de uso geral que faça tudo, por isso construímos tipos diferentes de programa agente para diferentes tipos de problema. Tenho que explicar um pouco como funcionam esses programas agentes; explicações mais detalhadas aparecem nos apêndices, no fim do livro, para os interessados. (Indicadores de apêndices particulares são fornecidos em sobrescritos, como este [A] e este [D].) O mais importante aqui é como o modelo-padrão é exemplificado nesses vários tipos de agente — em outras palavras, como o objetivo é especificado e comunicado ao agente.

A maneira mais simples de comunicar um objetivo é transformá-lo em *meta.* Quando você entra num carro sem motorista e toca no ícone "casa" que aparece na tela, o carro entende que esse é seu objetivo e planeja e executa uma rota. Uma situação do mundo satisfaz a meta (sim, estou em casa) ou não satisfaz (não, eu não moro no Aeroporto de São Francisco). No período clássico da pesquisa de IA, antes que incerteza se tornasse a questão básica nos anos 1980, a maior parte da pesquisa de IA pressupunha um mundo inteiramente observável e determinista, e metas que faziam sentido como forma de especificar objetivos. Às vezes há também uma função custo para avaliar soluções, de modo que uma solução ótima é a que minimiza o custo total para atingir o objetivo. No caso do carro, isso pode ser incorporado — talvez o custo de uma rota seja uma combinação fixa de tempo gasto e consumo de combustível — ou o humano pode ter a opção de especificar o *trade-off* entre os dois.

A chave para alcançar esses objetivos é a capacidade de "simular mentalmente" os efeitos de ações possíveis, por vezes chamada de *busca lookahead*. O carro sem motorista tem um mapa interno, e sabe que se for para o leste de São Francisco pela Bay Bridge levará você a Oakland. Algoritmos iniciados nos anos 1960[50] encontram rotas ótimas olhando para a frente e pesquisando muitas sequências de ação possíveis.[A] Esses algoritmos formam uma parte ubíqua da infraestrutura moderna: fornecem não só instruções de direção, mas também soluções de viagens para linhas aéreas, montagem robótica, planejamento de construção e logística de entrega. Com algumas modificações, para lidar com o comportamento impertinente de adversários, a mesma ideia de olhar para a frente se aplica a jogos como o jogo da velha, o xadrez e o go, nos quais o objetivo é ganhar de acordo com a definição específica de ganhar para cada jogo.

Algoritmos de *lookahead* são incrivelmente efetivos para suas tarefas específicas, mas não muito flexíveis. Por exemplo, AlphaGo "conhece" as regras do go, mas apenas no sentido de que ela tem duas sub-rotinas, escritas numa linguagem de programação tradicional, como C++: uma sub-rotina gera todos os movimentos legais possíveis e a outra codifica o objetivo, determinando se uma situação equivale a ganhar ou a perder. Para que AlphaGo jogue um jogo diferente, alguém precisa reescrever todo seu código C++. Além disso, se você lhe der um novo objetivo — por exemplo, visitar o exoplaneta que gira em torno de Proxima Centauri —, ele vai explorar bilhões de sequências de jogadas de go numa vã tentativa de encontrar uma sequência que atinja esse objetivo. Ele não consegue olhar dentro do código de C++ e determinar o óbvio: nenhuma sequência de go levará ninguém a Proxima Centauri. O conhecimento de AlphaGo está no fundo trancado dentro de uma caixa-preta.

Em 1958, dois anos depois que a reunião de verão em Dartmouth inaugurou o campo da inteligência artificial, John McCarthy propôs uma abordagem geral que abre a caixa-preta: escrever programas de raciocínio de uso geral capazes de assimilar conhecimento sobre qualquer assunto e raciocinar com esse conhecimento para responder a qualquer pergunta respondível.[51] Um tipo particular de raciocínio seria o raciocínio prático sugerido por Aristóteles: "A realização das ações A, B, C… atingirá o objetivo G". O objetivo poderia ser absolutamente qualquer coisa: arrumar a casa antes que eu chegue, ganhar uma partida de xadrez sem perder nenhum cavalo, reduzir meus impostos em 50%, visitar Proxima Centauri, e assim por diante. A nova classe de programas de McCarthy logo ficaria conhecida como *sistemas baseados em conhecimento*.[52]

Tornar possíveis os sistemas baseados em conhecimento requer responder a duas perguntas. A primeira é como armazenar conhecimento num computador? A segunda é como pode um computador raciocinar corretamente com esse conhecimento para tirar novas conclusões? Felizmente, antigos filósofos gregos — em especial Aristóteles — ofereceram respostas básicas a essas perguntas bem antes do advento dos computadores. Na verdade, parece altamente provável que, se tivesse tido acesso a um computador (e um pouco de eletricidade, imagino), Aristóteles teria sido um pesquisador de IA. A resposta de Aristóteles, reiterada por McCarthy, foi usar a lógica formal B como a base de conhecimento e raciocínio.

Há dois tipos de lógica que realmente contam na ciência da computação. A primeira, chamada *proposicional* ou *booleana*, era conhecida dos gregos, bem como dos antigos filósofos chineses e indianos. É a mesma linguagem de portas AND, portas NOT, e assim por diante, que forma os circuitos dos chips de computador. Num sentido muito literal, uma CPU moderna é apenas uma expressão matemática muito grande — centenas de milhões de páginas — escrita na linguagem da lógica proposicional. O segundo tipo de lógica, e a que McCarthy propôs fosse usada para IA, é chamada lógica de *primeira ordem*.[B] A linguagem da lógica de primeira ordem é muito mais expressiva do que a da lógica proposicional, o que significa que há coisas que podem ser expressadas muito facilmente em lógica de primeira ordem e que são penosas, ou impossíveis, de escrever em lógica proposicional. Por exemplo, as regras do go ocupam mais ou menos uma página em lógica de primeira ordem, mas milhões de páginas em lógica proposicional. Com a mesma facilidade podemos expressar conhecimentos sobre xadrez, cidadania britânica, direito tributário, comprar e vender, mudar-se, pintar, cozinhar e muitos outros aspectos da nossa vida prática.

Em princípio, então, a capacidade de raciocinar com lógica de primeira ordem nos aproxima muito da inteligência de uso geral. Em 1930, o lógico Kurt Gödel tinha publicado seu famoso *teorema da completude*,[53] provando que existe um algoritmo com a seguinte propriedade:[54]

> Para *qualquer coleção de conhecimentos* e para *qualquer pergunta* exprimível em lógica de primeira ordem, o algoritmo nos dará a resposta, se houver.

É uma garantia incrível. Significa, por exemplo, que podemos ensinar ao sistema as regras do go e ele nos dirá (se esperarmos o tempo suficiente) se existe uma jogada inicial que vença o jogo. Podemos fornecer fatos de geografia local, e ele nos mostrará o caminho para o aeroporto. Podemos fornecer fatos de geometria, movimento e utensílios, e ele dirá ao robô como pôr a mesa para o jantar. De modo geral, se lhe forem dados qualquer objetivo alcançável e conhecimento suficiente dos efeitos de suas ações, um agente pode usar o algoritmo para elaborar um plano que ele seja capaz de executar para atingir o objetivo.

É preciso dizer que Gödel não forneceu, de fato, um algoritmo; ele se limitou a provar que existe um. No início dos anos 1960, começaram a aparecer algoritmos reais para raciocínio lógico,[55] e o sonho de McCarthy de sistemas genericamente inteligentes baseados na lógica parecia a nosso alcance. O primeiro grande projeto de robô móvel do mundo, o Shakey do SRI, foi baseado no raciocínio lógico (ver figura 4). Shakey recebia um objetivo de seus criadores humanos, usava algoritmos de visão para criar asserções lógicas descrevendo a situação atual, fazia inferências lógicas para elaborar um plano capaz de atingir o objetivo e, em seguida, executava o plano. Shakey era uma prova "viva" de que a análise aristotélica da cognição e da ação humanas estava pelo menos parcialmente correta.

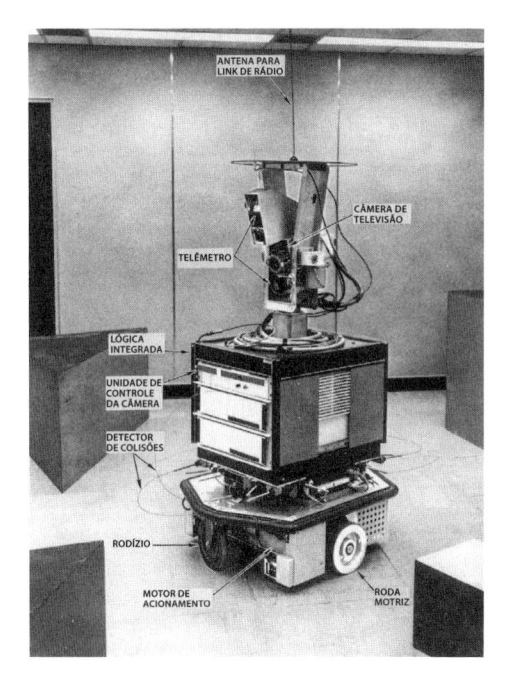

Figura 4: *Shakey, o robô, por volta de 1970. Conectados a ele estão alguns objetos que Shakey levava de um lado para outro nos cômodos de sua suíte.*

Infelizmente, a análise de Aristóteles (e de McCarthy) não estava correta de todo. O principal problema é a ignorância — acrescento logo, não da parte de Aristóteles ou de McCarthy, mas da parte de todos os seres humanos e de todas as máquinas, presentes e futuros. Muito pouco do que sabemos é absolutamente certo. Em particular, não sabemos muita coisa sobre o futuro. A ignorância é um problema insuperável para um sistema puramente lógico. Se eu perguntar "Será que chego ao aeroporto a tempo, se sair três horas antes do meu voo?" ou "Posso adquirir uma casa comprando um bilhete de loteria premiado e depois adquirir a casa com o dinheiro do prêmio?", a resposta correta será, nos dois casos, "não sei". A razão disso é que, para cada pergunta, tanto o sim como o não são logicamente possíveis. Do ponto de vista prático, nunca estaremos absolutamente certos de qualquer pergunta empírica, a não ser que a resposta já seja conhecida.[56] Felizmente, a certeza é totalmente desnecessária para a ação: tudo que precisamos saber é qual é a melhor das ações, e não qual das ações terá êxito garantido.

Incerteza significa que o "propósito colocado na máquina" não pode, de modo geral, ser uma meta precisamente delineada, a ser atingida a todo custo. Não há mais qualquer coisa parecida com "sequência de ações que atinjam a meta", porque qualquer sequência de ações terá múltiplos resultados possíveis, alguns dos quais não alcançarão a meta. A probabilidade de êxito de fato é importante: sair para o aeroporto três horas antes do voo *talvez* signifique que você não vai perder o avião, e comprar um bilhete de loteria *talvez* signifique que você ganhará dinheiro suficiente para comprar uma casa, mas são *talvezes* muito diferentes. Objetivos não podem ser recuperados buscando-se planos que maximizem a probabilidade de alcançar o objetivo. Um plano que maximize a probabilidade de chegar ao aeroporto a tempo de pegar o avião pode envolver sair de casa dias antes, organizar uma escolta armada, arranjar vários meios alternativos de transporte para o caso de os outros falharem, e assim por diante. Inevitavelmente, é preciso levar em conta a desejabilidade relativa de diferentes resultados, bem como sua probabilidade.

Em vez de um objetivo, então, pode-se usar uma função para descrever a desejabilidade de diferentes resultados ou sequências de situações. Com frequência a utilidade de uma sequência de situações é expressa pela soma de *recompensas* para cada situação da sequência. Recebendo um propósito definido por uma função utilidade ou função recompensa, a máquina visa produzir comportamento que maximize sua utilidade esperada ou a soma esperada de recompensas, calculada sobre os resultados possíveis em função de suas probabilidades. A IA moderna é em parte a reinicialização do sonho de McCarthy, mas com utilidades e probabilidades, em vez de metas e lógica.

Pierre-Simon Laplace, o grande matemático francês, escreveu em 1814: "A teoria das probabilidade é apenas bom senso reduzido a cálculo".[57] Foi só nos anos 1980, porém, que uma linguagem formal prática e algoritmos de raciocínio para conhecimento probabilístico foram desenvolvidos. Era a linguagem de *redes bayesianas*,[C] introduzidas por Judea Pearl. Grosso modo, redes bayesianas são os primos probabilísticos da lógica proposicional. Há também primos probabilísticos da lógica de primeira ordem, incluindo a lógica bayesiana[58] e uma ampla variedade de *linguagens de programação probabilísticas*.

Redes bayesianas e lógica bayesiana foram batizadas em homenagem ao reverendo Thomas Bayes, clérigo britânico cuja duradoura contribuição ao pensamento moderno — agora conhecido como *teorema de Bayes* — foi publicada em 1763, pouco antes de sua morte, pelo amigo Richard Price.[59] Em sua forma moderna, como sugerido por Laplace, o teorema descreve de modo bem simples como uma probabilidade a priori — o grau inicial de crença que se tem num conjunto de possíveis hipóteses — se torna uma probabilidade a posteriori como resultado da observação de alguma evidência. À medida que chegam mais evidências, o a posteriori se torna o novo a priori e o processo de atualização bayesiana se repete infinitamente. Esse processo é tão fundamental que a ideia moderna de racionalidade como maximização de utilidade esperada às vezes é chamada de *racionalidade bayesiana*. Pressupõe que um agente racional tem acesso a uma distribuição de probabilidade a posteriori sobre possíveis estados atuais do mundo, bem como sobre hipóteses a respeito do futuro, com base em toda sua experiência passada.

Pesquisadores de pesquisa operacional, teoria de controle e IA desenvolveram também uma variedade de algoritmos para tomar decisões em condições de incerteza, alguns já nos anos 1950. Os chamados algoritmos de "programação dinâmica" são os primos probabilísticos da busca *lookahead* e do planejamento e podem gerar comportamentos ótimos ou quase ótimos para todo tipo de problema prático em finanças, logística, transporte e assim por diante, em que a incerteza desempenhe papel importante.[C] O objetivo é colocado nessas máquinas, na forma de função recompensa, e o resultado é uma *política* que especifica uma ação para qualquer possível estado em que o agente se meta.

Para problemas complexos, como gamão e go, nos quais o número de estados é enorme e a recompensa só vem no fim do jogo, a busca *lookahead* não funciona. Em vez disso, pesquisadores de IA desenvolveram um método chamado *aprendizado por reforço*, ou RL (em inglês, Reinforcement Learning). Algoritmos de RL aprendem com a experiência direta de lidar com sinais de recompensa no ambiente, mais ou menos como o bebê aprende a ficar em pé por causa das recompensas positivas de estar de pé e das recompensas negativas de cair. Como ocorre com algoritmos de programação dinâmica, o objetivo colocado no algoritmo de RL é a função recompensa, e o algoritmo adquire um estimador para o valor de estados (às vezes para o valor de ações). Esse estimador pode ser combinado com busca *lookahead* relativamente míope para gerar comportamentos altamente competentes.

O primeiro sistema de aprendizado por reforço bem-sucedido foi o programa de jogo de damas de Arthur Samuel, que causou sensação quando foi demonstrado na televisão em 1956. O programa aprendeu a partir do zero, jogando contra si mesmo e observando as recompensas de ganhar e perder.[60] Em 1992, Gerry Tesauro aplicou a mesma ideia ao jogo de gamão, atingindo nível de campeão mundial depois de 1 500 000 jogos.[61] A partir de 2016, AlphaGo da DeepMind e seus descendentes usaram o aprendizado por reforço e o jogo contra si mesmos para derrotar os melhores jogadores humanos em go, xadrez e shogi.

Algoritmos de aprendizado por reforço podem também aprender a selecionar ações com base só em input perceptual. Por exemplo, o sistema DQN de DeepMind aprendeu a jogar 49 diferentes jogos de video game da Atari a partir do zero — incluindo Pong, Freeway e Space Invaders.[62] Utilizava apenas pixels de tela como input e a pontuação do jogo como sinal de recompensa. Na maioria dos jogos, DQN aprendeu a jogar melhor do que um jogador profissional humano, apesar de não ter a priori nenhuma noção de tempo, espaço, objetos, movimento, velocidade ou pontaria. É bem difícil entender o que DQN na realidade faz, além de ganhar.

Se um bebê recém-nascido aprendesse a jogar dezenas de jogos de video game em níveis sobre-humanos nos primeiros dias de vida, ou se se tornasse campeão mundial de go, xadrez e shogi, talvez suspeitássemos de influência demoníaca ou intervenção alienígena. É bom lembrar, no entanto, que todas essas tarefas são muito mais simples do que o mundo real: são completamente observáveis, envolvem curtos horizontes de tempo e têm relativamente pequenos espaços de estados, além de regras simples, previsíveis. Relaxar qualquer uma dessas condições significa que os métodos-padrão vão fracassar.

A pesquisa atual, por outro lado, visa precisamente ir além dos métodos-padrão para que sistemas de IA possam operar em categorias de ambiente maiores. No dia em que escrevi o parágrafo anterior, por exemplo, OpenAI anunciou que sua equipe de cinco programas de IA tinha aprendido a vencer equipes experientes no jogo Dota 2. (Para os não iniciados, entre os quais me incluo: Dota 2 é uma versão atualizada de *Defense of the Ancients*, um jogo de estratégia em tempo real da família Warcraft; atualmente é o mais lucrativo e competitivo e-sport, com prêmios de milhões de dólares.) Dota 2 envolve comunicação, trabalho de equipe e tempo e espaço quase contínuos. Os jogos se estendem por dezenas de milhares de etapas de tempo, e certo grau de organização hierárquica de comportamento parece essencial. Bill Gates descreveu o anúncio como "um passo imenso no progresso da inteligência artificial".[63] Poucos meses depois, uma versão atualizada do programa derrotou a melhor equipe profissional de Dota 2 do mundo.[64]

Jogos como go e Dota 2 são um bom campo de testes para métodos de aprendizado por reforço, porque a função recompensa vem com as regras do jogo. O mundo real é menos conveniente, porém, e houve dezenas de casos em que definições imperfeitas de recompensa levaram a comportamentos estranhos e imprevistos.[65] Alguns são inócuos, como o sistema simulado de evolução, que deveria desenvolver criaturas velozes, mas na verdade produziu criaturas imensamente altas que se movimentavam com rapidez mas aos tombos.[66] Outros são menos inócuos, como os otimizadores de *click-through* que parecem estar transformando nosso mundo numa bela bagunça.

A categoria final de programas agentes que vou examinar é a mais simples: programas que conectam diretamente percepção a ação, sem nenhuma deliberação ou raciocínio intermediário. Em IA, chamamos esse tipo de programa de agente de reflexo — referência aos reflexos neurais de baixo nível exibidos por humanos e animais, não mediados pelo pensamento.[67] Por exemplo, o reflexo humano de piscar conecta os resultados de circuitos de processamento de baixo nível no sistema visual diretamente à área motora que controla as pálpebras, de modo que qualquer região que aparece rapidamente no campo visual provocará uma forte piscada. Você pode testar isso agora, tentando (sem violência) cutucar o olho com o dedo. Podemos pensar nesse sistema de reflexo como uma "regra" simples da seguinte forma:

se <*aparece rapidamente no campo visual*> então <*pisca*>.

O reflexo de piscar não "sabe o que está fazendo": o objetivo (de proteger o olho de objetos estranhos) não está representado em parte alguma; o conhecimento (de que uma região que aparece rapidamente corresponde a um objeto aproximando-se do olho, e que um objeto que se aproxima do olho pode danificá-lo) não está representado em parte alguma. Por isso, quando nossa parte não reflexa quer pingar um colírio, ainda assim a parte reflexa pisca.

Outro reflexo bastante conhecido é a freada de emergência — quando o carro da frente para inesperadamente ou um pedestre surge na rua. Decidir rapidamente se frear é necessário não é fácil: quando um veículo de teste no modo autônomo matou um pedestre em 2018, a Uber explicou que "manobras de freada de emergência não são habilitadas quando o veículo está sob controle do computador, para reduzir o potencial de comportamento errático do veículo".[68] Aqui o objetivo do inventor humano é claro — não matar pedestres —, mas a política do agente (se ele tivesse sido ativado) o executa incorretamente. Mais uma vez o objetivo não está representado no agente: nenhum veículo autônomo existente hoje sabe que as pessoas não querem ser mortas.

Ações reflexas também têm seu papel em tarefas mais rotineiras, como permanecer na faixa: se o carro se afasta ainda que ligeiramente da posição ideal na faixa, um simples sistema de controle de feedback pode girar o volante na direção contrária para corrigir o desvio. O tamanho do giro dependerá de quanto o carro se desviou. Esse tipo de sistema de controle geralmente é projetado para minimizar o espaço do erro de rastreamento acumulado com o tempo. O inventor deduz uma lei de controle de feedback que, sob certas conjeturas de velocidade e curvatura da estrada, aproximadamente executa essa minimização.[69] Um sistema semelhante funciona o tempo todo quando estamos de pé; se parasse de funcionar, cairíamos em poucos segundos. Como ocorre com o reflexo de piscar, é muito difícil desligar esse mecanismo e permitir que a gente caia.

Agentes de reflexo, portanto, implementam um objetivo do inventor, mas não sabem o que é esse objetivo ou por que estão agindo de certa maneira. Isso significa que a rigor são incapazes de tomar decisões por conta própria; alguém, em geral o inventor humano ou talvez o processo de evolução biológica, tem que decidir tudo antes. É muito difícil criar um bom agente de reflexo por programação manual, salvo para tarefas muito simples, como o jogo da velha ou a freada de emergência. Mesmo nesses casos, o agente de reflexo é extremamente inflexível e não pode alterar o próprio comportamento quando as circunstâncias indicam que a política implementada já não serve.

Uma maneira possível de criar agentes de reflexo mais possantes é por intermédio de um processo de aprendizado que usa exemplos.[D] Em vez de especificar uma regra de comportamento ou de fornecer uma função recompensa ou um objetivo, um humano pode oferecer exemplos de problemas decisórios junto com a decisão correta a ser tomada em cada caso. Por exemplo, podemos criar um agente de tradução do francês para o inglês fornecendo exemplos de frases em francês junto com as traduções inglesas corretas. (Felizmente o parlamento canadense e os europeus geram milhões de exemplos desse tipo por ano.) Então um algoritmo de *aprendizado supervisionado* processa os exemplos para produzir uma regra complexa que toma qualquer frase francesa como input e produz uma tradução inglesa. O campeão atual dos algoritmos de aprendizado para tradução automática é uma versão do chamado aprendizado profundo, e produz uma regra na forma de rede neural artificial com centenas de camadas e milhões de parâmetros.[D] Outros algoritmos de aprendizado profundo têm se revelado muito bons para classificar os objetos em imagens e reconhecer as palavras num sinal de fala. Tradução automática, reconhecimento de fala e reconhecimento visual de objetos são três dos subcampos mais importantes em IA, razão pela qual tem havido tanto entusiasmo pelas perspectivas de aprendizado profundo.

Pode-se fazer uma discussão quase sem fim sobre se o aprendizado profundo levará diretamente à IA em nível humano. Minha opinião, que explicarei adiante, é que ela fica muito aquém do necessário,[D] mas por ora veremos como esses métodos se encaixam no modelo-padrão de IA, em que um algoritmo otimiza um objetivo fixo. Para o aprendizado profundo ou para qualquer algoritmo de aprendizado supervisionado, o "objetivo posto na máquina" geralmente é maximizar a acurácia preditiva — ou, o que é a mesma coisa, minimizar o erro. Parece óbvio, mas há na verdade duas maneiras de entender isso, dependendo do papel que a regra aprendida vai exercer no sistema em geral. O primeiro papel é puramente perceptual: a rede processa o input sensorial e fornece informações ao resto do sistema na forma de estimativas de probabilidade para o que ela está percebendo. Se for um algoritmo de reconhecimento de objetos, talvez ele diga "70% de probabilidade de ser um Norfolk terrier, 30% de ser um Norwich terrier".[70] O resto do sistema decide sobre uma ação externa a ser executada com base nessa informação. O objetivo puramente perceptual é pouco problemático no seguinte sentido: mesmo um sistema "seguro" de IA superinteligente, em oposição a um sistema "não seguro" baseado no modelo-padrão, precisa ter seu sistema perceptual tão preciso e bem calibrado quanto possível.

O problema surge quando passamos de um papel puramente perceptual para um papel de tomada de decisões. Por exemplo, uma rede treinada para reconhecer objetos pode automaticamente gerar rótulos para imagens num site da web ou numa conta de rede social. Postar esses rótulos é uma ação que acarreta consequências. Cada rotulagem requer uma decisão real de classificação, e, a não ser que haja garantia de que cada decisão é perfeita, o inventor humano precisa fornecer uma *função de perda* que explique minuciosamente qual é o custo de classificar de forma incorreta um objeto de tipo A como objeto de tipo B. E foi assim que o Google teve um lamentável problema com gorilas. Em 2015, um engenheiro de software chamado Jacky Alciné queixou-se no Twitter de que o serviço de rotulagem de imagens Google Fotos tinha rotulado ele e seu amigo como gorilas.[71] Embora o motivo desse erro não seja claro, é quase certo que o algoritmo de aprendizado de máquinas do Google foi projetado para minimizar uma função de perda fixa e definida — mais ainda, uma que atribuía custos iguais a qualquer erro. Em outras palavras, ele entendia que o custo de classificar de forma incorreta uma pessoa como gorila era igual ao custo de classificar de forma incorreta um Norfolk terrier como Norwich terrier. É evidente que essa não é a verdadeira função de perda do Google (ou de seus usuários), como demonstrou o desastre de relações públicas resultante.

Assim como há milhares de possíveis rótulos de imagem, há milhões de custos distintos potencialmente associados à classificação incorreta de uma categoria como se fosse outra categoria. Ainda que tentasse, o Google teria descoberto que era muito difícil especificar de antemão todos esses números. Em vez disso, o certo teria sido reconhecer a incerteza sobre os verdadeiros custos da classificação incorreta e projetar um algoritmo de aprendizado e classificação que fosse devidamente sensível a custos e incertezas a respeito de custos. Esse algoritmo poderia, ocasionalmente, fazer ao inventor do Google perguntas como: "O que é pior, classificar de forma incorreta um cão como gato ou classificar de forma incorreta uma pessoa como animal?". Além do mais, se houvesse uma incerteza significativa sobre os custos de classificação incorreta, o algoritmo poderia simplesmente se recusar a classificar algumas imagens.

No começo de 2018, noticiou-se que o Google Fotos se recusa a classificar foto de gorila. Diante de uma imagem bem clara de um gorila com dois bebês, diz: "Hmm... ainda não estou vendo isso claramente".[72]

Não pretendo sugerir que a adoção pela IA do modelo-padrão foi uma má escolha na época. Investiu-se um trabalho brilhante no desenvolvimento de várias exemplificações concretas do modelo em sistemas lógicos, probabilísticos e de aprendizado. Muitos sistemas resultantes são bastante úteis; como veremos no próximo capítulo, há muito mais ainda por vir. Por outro lado, não podemos continuar insistindo em corrigir erros graves numa função objetiva de tentativa e erro: máquinas de inteligência cada vez maior e de impacto cada vez mais global não nos permitirão esse luxo.

3. Como a IA poderá evoluir no futuro?

Em 3 de maio de 1997, Deep Blue, um computador criado para jogar xadrez construído pela IBM, e Garry Kasparov, o campeão mundial e possivelmente o melhor jogador humano da história, começaram uma partida de xadrez. A *Newsweek* anunciou a disputa como "A última chance do cérebro". Em 11 de maio, com a partida empatada em 2 ½-2 ½, Deep Blue derrotou Kasparov no último jogo. A mídia enlouqueceu. A capitalização de mercado da IBM aumentou 18 bilhões de dólares da noite para o dia. A IA parecia ter conseguido um avanço espetacular.

Do ponto de vista da pesquisa de IA, a partida não representou nenhum avanço. A vitória de Deep Blue, por mais impressionante que tenha sido, simplesmente deu continuidade a uma tendência visível havia décadas. O design básico dos algoritmos de jogo de xadrez foi estabelecido em 1950 por Claude Shannon,[1] com grandes aperfeiçoamentos no começo dos anos 1960. Depois disso, as notas dos melhores programas de xadrez foram sempre melhorando, graças ao advento de computadores mais rápidos que permitiam aos programas enxergar cada vez adiante. Em 1994,[2] Peter Norvig e eu fizemos um gráfico do rating dos melhores programas de xadrez a partir de 1965, numa escala em que o rating do Kasparov era 2805. Os computadores começaram com 1400 em 1965, avançando numa reta quase perfeita por trinta anos. A extrapolação da linha para depois de 1994 previa que os computadores seriam capazes de derrotar Kasparov em 1997 — exatamente quando isso aconteceu.

Para pesquisadores de IA, portanto, os verdadeiros avanços aconteceram trinta ou quarenta anos *antes* de Deep Blue invadir a consciência coletiva. Da mesma forma, redes convolucionais profundas existiam, com toda a matemática devidamente calculada, mais de vinte anos antes de começarem a gerar manchetes.

Notícias sobre os avanços em IA que o público recebe da mídia — vitórias espetaculares contra humanos, robôs que se tornam cidadãos da Arábia Saudita, e assim por diante — têm pouca relação com o que de fato acontece nos laboratórios de pesquisa mundo afora. Dentro dos laboratórios, a pesquisa envolve muito pensamento, muita conversa, a produção de muitas fórmulas matemáticas em quadros brancos. Ideias são constantemente geradas, abandonadas e redescobertas. Uma boa ideia — um avanço genuíno — geralmente passa despercebida no início e às vezes só muito tempo depois é que se entende que ela forneceu a base para um progresso substancial em IA, talvez quando alguém a reinvente num momento mais propício. Ideias são postas à prova, de início em problemas simples, para mostrar que as intuições fundamentais estão corretas, e depois em problemas mais difíceis, para ver até onde vão. Muitas vezes, uma ideia é incapaz de proporcionar melhoras substanciais de aptidão, e é preciso esperar que outra ideia apareça para que a combinação das duas valha alguma coisa.

Toda essa atividade é invisível para quem está fora. No mundo além dos limites do laboratório, a IA só fica visível quando a acumulação gradual de ideias e as provas de sua validez atravessam um limiar: o ponto em que passa a valer a pena investir dinheiro e esforços de engenharia para criar um novo produto comercial ou para fazer uma demonstração de impacto. Então, a mídia noticia o avanço.

Espera-se, portanto, que muitas outras ideias que vêm sendo gestadas nos laboratórios de pesquisa mundo afora atravessem o limiar da aplicabilidade comercial nos próximos anos. Isso acontecerá com maior frequência quando o ritmo dos investimentos comerciais aumentar e o mundo ficar mais e mais receptivo às aplicações de IA. Este capítulo oferece uma amostra do que achamos que vem por aí.

Durante o percurso, mencionarei alguns reveses desses avanços tecnológicos. Você provavelmente se lembre de muitos outros, mas não se preocupe. Tratarei deles nos próximos capítulos.

O ecossistema de IA

No começo, o ambiente no qual a maioria dos computadores operava era sobretudo informe e vazio: seu único input vinha de cartões perfurados e seu único método de output era imprimir caracteres numa impressora de linha. Talvez por isso a maioria dos pesquisadores via as máquinas inteligentes como respondedoras de perguntas; a noção de máquinas como *agentes* que percebem e atuam num ambiente só se generalizou nos anos 1980.

O advento da World Wide Web nos anos 1990 abriu um novo universo para as máquinas inteligentes. Uma nova palavra, *softbot*, foi cunhada para descrever "robôs" de software que operam totalmente num ambiente de software, como a web. Softbots, ou bots como passaram a ser chamados, percebem páginas da web e agem emitindo sequências de caracteres, URLS, e assim por diante.

Empresas de IA proliferaram durante o boom das pontocom (1997-2000) fornecendo competências para busca e e-commerce, incluindo análises de link, sistemas de recomendação, sistemas de reputação, compra comparada e categorização de produtos.

No começo dos anos 2000, a adoção generalizada de telefones celulares com microfones, câmeras, acelerômetros e GPS possibilitou às pessoas um novo acesso a sistemas de IA no dia a dia; "alto-falantes inteligentes", como o Echo da Amazon, o Google Home e o HomePod da Apple, completaram esse processo.

Por volta de 2008, o número de objetos conectados à internet superou o número de pessoas conectadas à internet — transição que alguns passaram a apontar como o começo da Internet das Coisas (em inglês Internet of Things, ou IoT). Essas coisas incluem carros, eletrodomésticos, semáforos, máquinas de venda automática, termostatos, quadricópteros, câmeras, sensores ambientais, robôs e todos os tipos de bens materiais tanto no processo de manufatura como no sistema de distribuição e varejo. Isso possibilita que os sistemas de IA tenham acesso sensorial e de controle bem maior ao mundo real.

Finalmente, avanços em percepção permitem a robôs providos de IA sair da fábrica, onde dependiam de arranjos rigidamente restritos de objetos, para o confuso, desestruturado e bagunçado mundo real, onde suas câmeras têm alguma coisa muito interessante para ver.

Carros sem motorista

No fim dos anos 1950, John McCarthy imaginou que um dia um veículo automático o levaria ao aeroporto. Em 1987, Ernst Dickmanns fez uma demonstração com um furgão da Mercedes sem motorista numa *autobahn* na Alemanha; ele foi capaz de permanecer na faixa, seguindo outro carro, passar para outra faixa e ultrapassar.[3] Mais de trinta anos depois, ainda não dispomos de carros totalmente autônomos, mas estamos cada vez mais perto disso. O foco de desenvolvimento mudou há tempos dos laboratórios de pesquisa acadêmica para as grandes corporações. Em 2019, os veículos de teste de melhor desempenho rodaram milhões de quilômetros em estradas públicas (e bilhões de quilômetros em simuladores de condução) sem incidentes graves.[4] Infelizmente, outros veículos autônomos e semiautônomos mataram várias pessoas.[5]

Por que tem demorado tanto para conseguirmos uma condução autônoma segura? O primeiro motivo é que os requisitos de desempenho são severos. Motoristas humanos nos Estados Unidos sofrem mais ou menos um acidente fatal por 160 milhões de quilômetros percorridos, um padrão difícil de atingir. Os veículos autônomos, para serem aceitos, vão precisar melhorar muito esse índice: talvez um acidente fatal por 1,6 bilhão de quilômetros, ou 25 mil anos dirigindo quarenta horas por semana. O segundo motivo é que uma solução alternativa imaginada — passar o controle para um humano quando o veículo estiver confuso ou sem condições de operar com segurança — simplesmente não funciona. Quando o carro está dirigindo a si mesmo, os humanos logo se desligam das circunstâncias imediatas de condução e não conseguem recuperar contexto com a rapidez necessária para assumir o comando com segurança. Além disso, não condutores e passageiros de táxi viajando no banco de trás não têm como dirigir o carro se alguma coisa der errado.

Projetos atuais visam ao Nível 4 de autonomia da SAE,[6] o que significa que o veículo precisa ser capaz de dirigir autonomamente o tempo todo, ou de parar com segurança, sujeito a limites geográficos e condições meteorológicas. Como as condições de tempo e de trânsito podem mudar, e como podem surgir circunstâncias inusitadas com as quais um veículo de Nível 4 não consiga lidar, um humano tem que estar no veículo, pronto para assumir o controle se for preciso. (O Nível 5 — de autonomia irrestrita — não requer um motorista humano, mas é ainda mais difícil de atingir.) A autonomia de Nível 4 vai muito além de tarefas simples, reflexas, como seguir linhas brancas e evitar obstáculos. O veículo deve avaliar intenções e prováveis trajetórias futuras de todos os objetos relevantes, incluindo objetos que podem não ser visíveis, com base em observações atuais e passadas. Então, usando a busca *lookahead*, o veículo precisa encontrar uma trajetória que otimize certa combinação de segurança e progresso. Alguns projetos tentam abordagens mais diretas, com base em aprendizado por reforço (basicamente em simulações, claro) e aprendizado supervisionado de registros de centenas de motoristas humanos, mas é pouco provável que essas abordagens atinjam o nível de segurança exigido.

Os benefícios potenciais de veículos totalmente autônomos são imensos. Todos os anos, 1,2 milhão de pessoas morrem em acidentes automobilísticos no mundo e dezenas de milhões sofrem ferimentos graves. Um objetivo razoável para os veículos autônomos seria reduzir esses números a um décimo. Algumas análises também preveem uma vasta redução em custos de transporte, estruturas de estacionamento, congestionamentos e poluição. As cidades substituirão carros pessoais e grandes ônibus por ubíquas viagens compartilhadas, veículos elétricos autônomos, oferecendo serviços porta a porta e estimulando conexões de transporte público de alta velocidade entre entroncamentos.[7] Com custos reduzidos a três centavos de dólar por passageiro a cada 1,6 quilômetro, a maioria das cidades provavelmente optaria por oferecer serviços gratuitos — submetendo os passageiros, é claro, a intermináveis bombardeios de publicidade.

Para colher todos esses benefícios, a indústria precisa estar atenta aos riscos. Se houver um número exagerado de mortes atribuídas a veículos experimentais mal projetados, as autoridades reguladoras podem suspender implantações planejadas ou impor padrões extremamente rigorosos inalcançáveis nas próximas décadas.[8] E é óbvio que as pessoas resolvam só investir ou viajar em veículos autônomos comprovadamente seguros. Uma pesquisa de opinião de 2018 revelou uma queda significativa no nível de confiança dos consumidores na tecnologia de veículos autônomos, em comparação com 2016.[9] Mesmo que a tecnologia tenha êxito, a transição para a autonomia generalizada será canhestra: a capacidade humana de conduzir veículos pode atrofiar-se ou desaparecer, e o próprio ato temerário e antissocial de dirigir carro pode ser banido.

Assistentes pessoais inteligentes

A maioria dos leitores a esta altura já deve ter experimentado o assistente pessoal não inteligente: o alto-falante que obedece a ordens de compra entreouvidas na televisão, ou o chatbox de celular que responde a "Me chame uma ambulância" com "*O.k., de agora em diante vou chamá-lo 'Uma Ambulância'*". Esses sistemas são interfaces mediadas por voz para aplicativos e mecanismos de busca; eles se baseiam em grande parte em estímulos enlatados — moldes de respostas, uma abordagem que vem do tempo do sistema Eliza de meados dos anos 1960.[10]

Esses primeiros sistemas têm três tipos de defeito: acesso, conteúdo e contexto. *Defeitos de acesso* significam que não têm consciência sensorial do que está acontecendo — por exemplo, podem ouvir o que o usuário diz, mas não veem para quem o usuário está falando. *Defeitos de conteúdo* significam que simplesmente não conseguem compreender o significado do que o usuário está dizendo ou redigindo, mesmo que tenham acesso a isso. *Defeitos de contexto* significam que não têm aptidão para acompanhar e raciocinar sobre os objetivos, as atividades e as relações que constituem a vida diária.

Apesar desses defeitos, alto-falantes inteligentes e assistentes de celular oferecem ao usuário valor suficiente para entrar nas casas e nos bolsos de centenas de milhões de pessoas. Em certo sentido, são cavalos de Troia da IA. Como estão ali, engastados em tantas vidas, cada minúsculo aperfeiçoamento de suas aptidões vale bilhões de dólares.

Os aperfeiçoamentos, portanto, são muitos e rápidos. Provavelmente, o que eles têm de mais importante é a capacidade básica de compreender conteúdo — saber que a frase "John está no hospital" não é apenas um lembrete para dizer "*Espero que não seja nada grave*", mas traz a informação de que o filho de oito anos do usuário está num hospital próximo e pode ter um ferimento ou uma doença grave. A capacidade de acessar e-mails e comunicações de texto bem como chamadas telefônicas e conversas domésticas (através do alto-falante inteligente na casa) daria aos sistemas de IA informações suficientes para traçar um quadro razoavelmente completo da vida do usuário — talvez até mais informações do que as de que dispunha o mordomo de uma família aristocrática do século XIX ou a secretária executiva de um CEO moderno.

Informações em estado bruto, claro, não bastam. Para ser realmente útil, um assistente precisa de conhecimento de senso comum sobre o mundo: precisa saber que uma criança no hospital não está ao mesmo tempo em casa; que os cuidados hospitalares para um braço quebrado não duram mais de um ou dois dias; que a escola da criança terá que ser informada de quanto tempo ela deve ficar ausente; e assim por diante. Esse conhecimento permite ao assistente acompanhar coisas que ele não observa diretamente — aptidão essencial num sistema inteligente.

Acredito que as aptidões descritas no parágrafo anterior são viáveis com a tecnologia existente para raciocínio probabilístico,[C] mas isso exigiria um esforço substancial realmente grande para construir modelos de todos os tipos de acontecimento e transação que compõem nossa vida diária. Até agora, projetos para criar modelos de senso comum desses tipos não têm sido, de modo geral, realizados (exceto, talvez, em sistemas confidenciais para análise de informações de inteligência e planejamento militar) devido aos custos envolvidos e à recompensa incerta. Agora, porém, esses projetos podem facilmente atingir centenas de milhões de usuários, já que os riscos de investimento são baixos e as recompensas potenciais muito mais altas. Além disso, o acesso a um grande número de usuários permitirá ao assistente inteligente aprender depressa e preencher as lacunas de seu conhecimento.

Dessa maneira, é razoável prever o surgimento de assistentes inteligentes que, em troca de centavos por mês, ajudem os usuários a administrar uma multiplicidade crescente de afazeres diários: calendários, viagens, compras para a casa, pagamento de contas, deveres de casa das crianças, checagem de e-mails e ligações, lembretes, cardápios e — não é proibido sonhar — me dizer onde larguei minhas chaves. Essas habilidades não serão distribuídas em inúmeros aplicativos. Na verdade, serão facetas de um agente único, integrado, que pode tirar partido das sinergias disponíveis no que os militares chamam de *quadro operacional comum*.

O molde de design geral para um assistente inteligente envolve conhecimento das atividades humanas, capacidade de extrair informações de fluxos de dados perceptuais e de texto, e um processo de aprendizado que adapte o assistente às circunstâncias particulares do usuário. O mesmo molde geral pode ser aplicado a pelo menos outras três grandes áreas: saúde, educação e finanças. Para essas aplicações, o sistema precisa acompanhar o estado do corpo, da mente e da conta bancária (amplamente interpretada) do usuário. Como ocorre com assistentes da vida diária, o custo inicial de criar o conhecimento geral necessário para cada uma das três áreas se dilui através de bilhões de usuários.

No caso da saúde, por exemplo, todos nós temos mais ou menos a mesma fisiologia, e o conhecimento minucioso de como ela funciona já foi codificado em forma legível pelas máquinas.[11] Sistemas se adaptarão a nossas características e a nossos estilos de vida individuais, oferecendo sugestões preventivas e alertas sobre problemas futuros.

Na área da educação, a promessa de sistemas de tutoria inteligentes foi reconhecida ainda nos anos 1960,[12] mas avanços reais têm demorado. As principais razões são deficiências de conteúdo e acesso: a maioria dos sistemas de tutoria não compreende o conteúdo do que pretende ensinar, nem consegue manter uma comunicação de mão dupla com os alunos através de fala ou texto. (Eu me imagino ensinando a teoria das cordas, que não compreendo, em laosiano, língua que não falo.) Progressos recentes em reconhecimento de fala significam que tutores automáticos podem, enfim, se comunicar com alunos ainda não totalmente alfabetizados. Além disso, a tecnologia de raciocínio probabilístico agora pode acompanhar o que os alunos sabem e o que não sabem,[13] e otimizar a transmissão de instruções para maximizar o aprendizado. A competição Global Learning XPRIZE, lançada em 2014, ofereceu 15 milhões de dólares por "software de código aberto, escalável, que possibilite a crianças em países em desenvolvimento aprenderem sozinhas a ler, escrever e fazer contas dentro de quinze meses". Resultados dos ganhadores, Kitkit School and onebillion, sugerem que o objetivo foi em grande parte atingido.

Na área de finanças pessoais, sistemas manterão controle de investimentos, fluxos de renda, despesas obrigatórias e discricionárias, dívidas, pagamentos de juros, reservas de emergência e assim por diante, mais ou menos como os analistas financeiros acompanham as finanças e as perspectivas de corporações. A integração com o agente que administra a vida diária proporcionará um entendimento ainda mais refinado, talvez assegurando que as crianças recebam sua mesada, menos algumas deduções relativas a travessuras. Pode-se esperar receber aconselhamento financeiro diário de qualidade antes reservada aos super-ricos.

Se seu alarme de privacidade não tocou quando você leu os parágrafos anteriores é sinal de que você não tem acompanhado o noticiário. Há, entretanto, múltiplas camadas nessa história de privacidade. Em primeiro lugar, um assistente pessoal pode de fato ser útil se não souber nada a seu respeito? Provavelmente não. Em segundo, os assistentes pessoais têm como ser de fato úteis se não puderem combinar informações de múltiplos usuários para aprender mais a respeito das pessoas em geral e de pessoas parecidas com você? Provavelmente não. Nesse caso, isso não pressupõe que teremos de abrir mão da nossa privacidade para nos beneficiarmos da IA em nossa vida diária? Não. A razão é que algoritmos de aprendizado podem operar com dados *criptografados* usando as técnicas de computação segura multiparte, de maneira que os usuários podem tirar proveito das informações combinadas sem necessidade de abrir mão da privacidade.[14] Os provedores de software adotarão voluntariamente a tecnologia de preservação da privacidade, sem estímulo legislativo? Só vendo. O que parece inevitável, porém, é que os usuários só confiarão num assistente pessoal se seu compromisso primordial for com o usuário e não com a corporação que o produziu.

Casas inteligentes e robôs domésticos

O conceito de casa inteligente vem sendo investigado há décadas. Em 1966, James Sutherland, engenheiro da Westinghouse, começou a juntar peças excedentes de computador para construir Echo, o primeiro controlador de casas inteligentes.[15] Infelizmente, Echo pesava 360 quilos, consumia 3,5 quilowatts e gerenciava apenas três relógios digitais e a antena de TV. Sistemas subsequentes exigiam que os usuários dominassem interfaces de controle de espantosa complexidade. Como era de esperar, nunca deslancharam.

A partir dos anos 1990, vários projetos ambiciosos tentaram projetar casas capazes de gerenciar a si mesmas com a mínima intervenção humana, usando aprendizado de máquina para se adaptarem ao estilo de vida dos ocupantes. Para que esses experimentos fizessem algum sentido, pessoas reais tinham que morar nas casas. Infelizmente, a frequência de decisões incorretas tornou os sistemas mais do que apenas inúteis — a qualidade de vida dos ocupantes piorou, em vez de melhorar. Por exemplo, moradores do projeto MavHome,[16] de 2003, na Universidade Estadual de Washington, tinham que ficar sentados no escuro, se as visitas passassem da hora costumeira de dormir.[17] Como no caso do assistente pessoal não inteligente, esses fracassos resultam de acesso sensorial inadequado às atividades dos ocupantes e da incapacidade de compreender e acompanhar o que acontece na casa.

Uma casa verdadeiramente inteligente equipada com câmeras e microfones — e as indispensáveis aptidões perceptuais e de raciocínio — pode compreender o que os ocupantes estão fazendo: visitando, comendo, assistindo TV, lendo, fazendo exercícios, preparando-se para uma longa viagem, deitados no chão, indefesos depois de um tombo. Em cooperação com o assistente pessoal inteligente, a casa pode ter uma boa ideia sobre quem estará dentro ou fora em dado momento, quem está comendo onde, e assim por diante. Essa compreensão permite gerenciar o aquecimento, a iluminação, as cortinas das janelas e os sistemas de segurança, para enviar lembretes oportunos e alertar os usuários ou os serviços de emergência quando surge um problema. Alguns conjuntos de apartamentos recém-construídos nos Estados Unidos e no Japão já estão incorporando esse tipo de tecnologia.[18]

O valor da casa inteligente é limitado, por causa dos atuadores: sistemas bem mais simples (termostatos programados e luzes sensíveis a movimento e alarmes contra arrombadores) podem fornecer boa parte da mesma funcionalidade de maneiras talvez mais previsíveis, embora menos sensíveis a contexto. A casa inteligente não pode dobrar as roupas lavadas, lavar os pratos ou pegar o jornal. Ela de fato precisa de um robô físico para fazer o que manda.

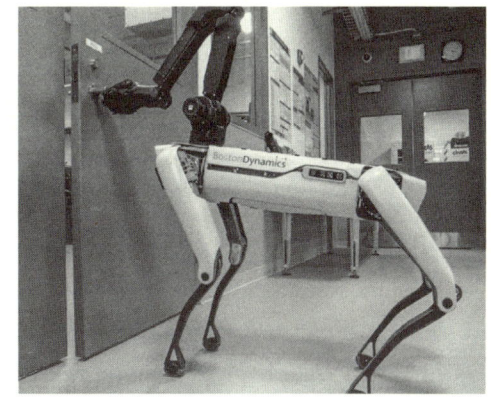

Figura 5: *BRETT dobrando toalhas (à esquerda); e o robô SpotMini da Boston Dynamics abrindo uma porta.*

Talvez nem seja necessário esperar muito tempo. Robôs já demonstraram muitas das aptidões exigidas. No laboratório do meu colega Pieter Abbeel em Berkeley, BRETT (o Berkeley Robot for the Elimination of Tedious Tasks) dobra pilhas de toalhas desde 2011, enquanto o robô SpotMini da Boston Dynamics é capaz de subir escadas e abrir portas (figura 5). Várias empresas estão construindo robôs que cozinham, embora eles exijam instalações fechadas e ingredientes já cortados e não trabalhem em cozinhas comuns.[19]

Das três aptidões físicas básicas exigidas de um robô doméstico que seja útil — percepção, mobilidade e destreza —, a destreza é a mais problemática. Como diz Stefanie Tellex, professora de robótica da Brown University, "a maioria dos robôs não consegue pegar a maioria dos objetos a maior parte do tempo". Isso é parcialmente um problema de detecção tátil, parcialmente, um problema de fabricação (hoje custa caríssimo construir mãos ágeis) e parcialmente um problema de algoritmo: ainda não entendemos muito bem como combinar detecção e controle para pegar e manipular a imensa variedade de objetos de uma casa típica. Há dezenas de jeitos de pegar objetos rígidos, só para dar um exemplo, e milhares de diferentes habilidades de manipulação, como tirar exatamente dois comprimidos de um frasco, arrancar o rótulo de um pote de geleia, espalhar manteiga dura em pão macio ou levantar um fio de espaguete da panela com o garfo para ver se está cozido.

Parece provável que a detecção tátil e os problemas de construção de uma mão venham a ser resolvidos com a impressora 3D, que já está em uso na Boston Dynamics para algumas peças mais complexas do seu robô humanoide Atlas. As aptidões manipulativas dos robôs estão avançando rapidamente, graças em parte ao aprendizado profundo por reforço.[20] O empurrão final — juntar tudo isso numa coisa que comece a se aproximar das impressionantes habilidades físicas dos robôs de cinema — provavelmente virá da pouco romântica indústria de armazenagem. Uma única empresa, a Amazon, emprega centenas de milhares de pessoas que tiram coisas de caixas em gigantescos armazéns e as despacham para consumidores. De 2015 a 2017, a Amazon realizou um "Picking Challenge" anual para acelerar o desenvolvimento de robôs capazes de executar essa tarefa.[21] Ainda há uma boa distância a ser percorrida, mas, quando os principais problemas de pesquisa forem resolvidos — provavelmente em uma década —, pode-se esperar um rapidíssimo lançamento de robôs altamente capazes. De início vão trabalhar em armazéns, depois em outras aplicações comerciais, como agricultura e construção, nas quais a variedade de tarefas e objetos é bastante previsível. Também podemos vê-los logo, logo, no setor de varejo, executando tarefas como abastecer prateleiras de supermercado e redobrar roupas.

Os primeiros a se beneficiarem de fato de robôs em casa serão os idosos e os doentes, para quem um robô prestativo pode trazer certo grau de independência que de outra forma seria impossível. Mesmo que seu repertório de tarefas seja limitado e ele tenha apenas uma compreensão rudimentar do que acontece, o robô pode ser muito útil. Por outro lado, o robô mordomo, administrando a casa com grande confiança e adivinhando cada vontade do patrão, ainda está longe — ele requer alguma coisa que se aproxime da generalidade da IA de nível humano.

Inteligência em escala global

O desenvolvimento de aptidões básicas para compreender fala e texto permitirá que assistentes pessoais inteligentes façam coisas que assistentes humanos já fazem (mas ao preço de centavos por mês, e não de milhares de dólares). A compreensão básica de fala e texto também possibilitará às máquinas executarem tarefas que nenhum humano pode executar — não por causa da *profundidade* de compreensão exigida, mas por causa da escala. Por exemplo, uma máquina com aptidões básicas de leitura conseguirá ler *tudo que a raça humana escreveu* até a hora do almoço, e já estará procurando outra coisa para fazer.[22] Com aptidões de reconhecimento de fala, ela é capaz de ouvir todas as transmissões de rádio e TV antes do lanche da tarde. Para se ter uma ideia, só para se manter em dia com o nível atual de publicações impressas no mundo precisaríamos de 200 mil humanos em tempo integral (isso sem incluir material impresso do passado) e de outros 60 mil para escutar as transmissões.[23]

Esse sistema, se fosse capaz de extrair simples afirmações factuais e integrar essas informações em todas as línguas existentes, representaria uma fonte inacreditável para dar respostas e revelar padrões — provavelmente muito mais poderosa do que mecanismos de busca, atualmente avaliados em 1 trilhão de dólares. Seu valor de pesquisa para campos como história e sociologia seria inestimável.

Claro, também seria possível escutar todas as ligações telefônicas do mundo (tarefa que exigiria cerca de 20 milhões de pessoas). Há certas agências clandestinas que achariam isso precioso. Algumas vêm há muitos anos fazendo escutas automáticas simples em larga escala, para localizar palavras-chave em conversas, e agora transitaram para a transcrição de conversas inteiras em textos pesquisáveis.[24] Transcrições sem dúvida são úteis, mas nem de longe tão úteis como a compreensão simultânea e a integração de conteúdos de *todas* as conversas.

Outro "superpoder" disponível para máquinas é o de *ver o mundo inteiro de uma só vez*. Satélites captam imagens do mundo inteiro todos os dias a uma resolução média de cinquenta centímetros por pixel. Nessa resolução, todas as casas, todos os navios, carros, vacas e árvores da Terra são visíveis. Muito mais de 30 milhões de empregados trabalhando em tempo integral seriam necessários para examinar essa quantidade de imagens;[25] portanto, o que acontece é que atualmente nenhum ser humano nunca vê a grande maioria dos dados fornecidos por satélite. Algoritmos de visão computacional podem processar todos esses dados e produzir um banco de dados pesquisável sobre o mundo inteiro, atualizado diariamente, bem como visualizações e modelos preditivos de atividades econômicas, alterações na vegetação, migrações de animais e pessoas, os efeitos das mudanças climáticas, e assim por diante. Empresas de satélite como Planet e DigitalGlobe trabalham com afinco para transformar essa ideia em realidade.

A possibilidade de detecção tátil em escala global acarreta a possibilidade de tomar decisões em escala global. Por exemplo, a partir de *feeds* de dados de satélites globais seria possível criar modelos minuciosos para gerenciar o meio ambiente planetário, prever os efeitos de intervenções ambientais e econômicas e fornecer os inputs analíticos necessários para as metas de desenvolvimento sustentável estabelecidas pela ONU.[26] Já vemos sistemas de controle de "cidades inteligentes" que visam otimizar o gerenciamento de tráfego, trânsito, coleta de lixo, obras de estrada, manutenção ambiental e outras funções em benefício dos cidadãos, e eles podem ser ampliados para nível nacional. Até há pouco tempo, esse grau de coordenação só poderia ser obtido por imensas e ineficientes hierarquias burocráticas de humanos — que inevitavelmente serão substituídas por mega-agentes capazes de cuidar de mais e mais aspectos de nossa vida coletiva. Com isso, claro, vem a possibilidade de invasão de privacidade e controle social em escala global, assunto ao qual voltarei no próximo capítulo.

Sempre me pedem para prever quando a IA superinteligente vai chegar, e eu geralmente me recuso a responder. Há três razões para não responder. A primeira é que existe uma longa história de previsões que deram errado.[27] Por exemplo, em 1960, o pioneiro em IA e prêmio Nobel de economia Herbert Simon escreveu: "Tecnologicamente... as máquinas serão capazes, dentro de vinte anos, de fazer qualquer trabalho que o ser humano faz".[28] Em 1967, Marvin Minsky, coorganizador da oficina de Dartmouth que deu início ao campo da IA em 1956, escreveu: "Dentro de uma geração, estou convencido, poucos compartimentos do intelecto permanecerão fora dos domínios da máquina — o problema de criar 'inteligência artificial' terá sido substancialmente resolvido".[29]

Uma segunda razão para não arriscar uma data para a IA superinteligente é que não existe uma clara fronteira a ser cruzada. As máquinas já superam as aptidões humanas em algumas áreas. Essas áreas vão se ampliar e aprofundar, e é provável que haja sistemas sobre-humanos de conhecimento geral, sistemas sobre-humanos de pesquisa biomédica, robôs sobre-humanos destros e ágeis, sistemas sobre-humanos de planejamento corporativo, e assim por diante, bem antes de dispormos de um sistema de IA superinteligente geral. Esses sistemas "parcialmente superinteligentes" começarão, individual e coletivamente, a formular muitas questões que um sistema inteligente geral formularia.

Uma terceira razão para não fazer previsões sobre a chegada da IA superinteligente é que ela é por natureza imprevisível. Requer "avanços conceptuais", como observou John McCarthy numa entrevista em 1977.[30] McCarthy disse ainda: "O que vocês precisam é de 1,7 Einsteins e 0,3 do Projeto Manhattan, e vão precisar dos Einsteins primeiro. Acho que levará de cinco a quinhentos anos". Na próxima seção explicarei quais serão os avanços conceptuais mais prováveis. Até que ponto são imprevisíveis? Provavelmente tão imprevisíveis quanto a invenção da reação em cadeia por Szilard poucas horas após a declaração de Rutherford de que era absolutamente impossível.

Certa vez, numa reunião do Fórum Econômico Mundial em 2015, respondi à pergunta sobre quando veríamos a IA superinteligente. A reunião decorria segundo as regras da Chatham House, o que significa que nenhum comentário pode ser atribuído a nenhuma das pessoas presentes. Apesar disso, por excesso de cautela, observei antes de responder que o que eu ia dizer era "rigorosamente cá entre nós…". Sugeri que, se não houvesse uma catástrofe, provavelmente aconteceria durante a vida de meus filhos — que ainda eram muito jovens e provavelmente teriam uma vida mais longa, graças aos avanços na ciência médica, do que muitos dos presentes. Menos de duas horas depois, apareceu um artigo no *Daily Telegraph* citando comentários do professor Russell, incluindo até imagens de furiosos robôs Terminator. Dizia a manchete: ROBÔS "SOCIOPATAS" PODEM DOMINAR A RAÇA HUMANA DENTRO DE UMA GERAÇÃO.

Minha linha do tempo de, digamos, oitenta anos é consideravelmente mais conservadora do que a do típico pesquisador de IA. Sondagens recentes[31] sugerem que a maioria dos pesquisadores na ativa espera a chegada de IA de nível humano para meados deste século. Nossa experiência com física nuclear sugere que seria prudente levarmos em conta que o progresso pode vir muito rapidamente e nos prepararmos. Se um avanço conceptual bastasse, como a ideia de Szilard de uma reação nuclear em cadeia induzida por nêutrons, alguma forma de IA superinteligente poderia chegar de repente. As chances são de que nesse caso estaríamos despreparados: se construirmos máquinas superinteligentes com algum grau de autonomia logo descobriremos que não vamos conseguir controlá-las. Apesar disso, estou razoavelmente seguro de que haverá espaço para respirarmos, porque do ponto em que nos achamos agora até alcançarmos a superinteligência vários avanços importantes teriam que ocorrer, e não apenas um.

OS AVANÇOS CONCEPTUAIS QUE VÊM POR AÍ

O problema de criar IA de uso geral e nível humano está longe de ser resolvido. Solucioná-lo não é uma questão de gastar mais dinheiro com mais engenheiros, mais dados e computadores maiores. Alguns futuristas produzem gráficos que extrapolam o crescimento exponencial de poder computacional no futuro com base na lei de Moore, mostrando as datas em que as máquinas vão se tornar mais poderosas do que cérebros de inseto, cérebros de rato, cérebros humanos, *todos* os cérebros humanos juntos, e assim por diante.[32] Esses gráficos são inúteis, porque, como eu já disse, máquinas mais rápidas só servem para nos dar respostas erradas mais depressa. Se reuníssemos todos os grandes especialistas em IA numa única equipe, com recursos ilimitados, para criar um sistema inteligente integrado, de nível humano, combinando nossas melhores ideias, o resultado seria o fracasso. O sistema quebraria no mundo real. Não compreenderia o que se passava; seria incapaz de prever as consequências de suas ações; não entenderia o que as pessoas querem em nenhuma situação; e faria coisas ridiculamente estúpidas.

Ao entender *como* o sistema quebraria, pesquisadores de IA conseguem identificar os problemas a serem resolvidos — os avanços conceptuais necessários — a fim de alcançar IA de nível humano. Descreverei alguns desses problemas ainda existentes. Uma vez resolvidos, outros virão provavelmente, mas não muitos.

Linguagem e senso comum

Inteligência sem conhecimento é como motor sem combustível. Humanos adquirem uma grande quantidade de conhecimento de outros humanos: ele é transmitido através das gerações em forma de linguagem. Parte dele é factual: Obama tornou-se presidente em 2009, a densidade do cobre é de 8,92 gramas por centímetro cúbico, o código de Ur-Nammu estabeleceu castigos para vários crimes, e assim por diante. Grande parte do conhecimento reside na própria linguagem — nos conceitos que ela torna disponíveis. *Presidente, 2009, densidade, cobre, grama, centímetro, crime* e todo o resto carregam dentro de si muitas informações, o que representa a essência extraída dos processos de descoberta e organização que fizeram desses conceitos uma linguagem, para começar.

Tome-se, por exemplo, *cobre*, que se refere a uma coleção de átomos no universo, e compare-se com *arglebarglium*, que é o nome que dou a uma coleção igualmente grande de átomos selecionados de forma aleatória no universo. Existem muitas leis gerais, úteis e preditivas que podem ser descobertas sobre o cobre — densidade, condutividade, maleabilidade, ponto de fusão, origem estelar, componentes químicos, usos práticos, e assim por diante: em comparação com isso, não há de fato nada que se possa dizer sobre *arglebarglium*. Um organismo equipado com uma linguagem composta de palavras como *arglebarglium* seria incapaz de funcionar, porque ele nunca descobriria as regularidades que lhe permitissem modelar e predizer seu universo.

Uma máquina que *realmente* compreenda a linguagem humana estaria em condição de adquirir com rapidez vastas quantidades de conhecimento humano, o que lhe permitiria passar por cima de dezenas de milhares de anos de aprendizado da parte dos mais de 100 bilhões de seres humanos que viveram na Terra. Não parece prático esperar que uma máquina redescubra tudo isso a partir do zero, começando com dados sensoriais brutos.

Atualmente, porém, a tecnologia de linguagem natural não está à altura da tarefa de ler e compreender milhões de livros — muitos dos quais desconcertam até mesmo um humano bem instruído. Sistemas como Watson da IBM, que derrotou de forma admirável dois campeões humanos do jogo de perguntas e respostas *Jeopardy!* em 2011, podem extrair informações simples de fatos bem enunciados, mas não podem construir complexas estruturas de conhecimento a partir de textos; nem podem responder a perguntas que exijam extensas cadeias de raciocínio a partir de múltiplas fontes. Por exemplo, a tarefa de ler todos os documentos disponíveis até o fim de 1973 e avaliar (com explicações) o provável resultado do processo de impeachment do presidente Nixon por causa de Watergate estaria muito além do que existe de mais desenvolvido.

Sérios esforços estão sendo empreendidos para aprofundar o nível de análise de linguagem e extração de informações. Por exemplo, o Projeto Aristo, do Instituto Allen para Inteligência Artificial, destinado a construir sistemas que possam passar em provas de ciência depois de ler compêndios escolares e guias de estudo.[33] Eis uma pergunta tirada de uma prova do quinto ano do fundamental:[34]

Alunos do quinto ano estão planejando uma corrida de patins. Que superfície seria melhor para essa corrida?

(A) cascalho (B) areia (C) asfalto (D) grama

Uma máquina enfrenta pelo menos duas fontes de dificuldade para responder a essa pergunta. A primeira é o clássico problema de compreensão de linguagem para entender o que as frases querem dizer: analisar a estrutura sintática, identificar o significado das palavras, e assim por diante. (Tente fazer isso, você mesmo: usando um serviço de tradução on-line traduza as frases para um idioma desconhecido, depois use um dicionário desse idioma e volte a traduzir para o português.) A segunda é a necessidade de conhecimento de senso comum: entender que uma "corrida de patins" é provavelmente uma competição entre pessoas usando patins (nos pés) e não uma competição entre patins, entender que a "superfície" é o lugar onde os patinadores vão deslizar com patins e não onde os espectadores vão sentar, saber o que significa "melhor" no contexto de uma superfície para corrida, e assim por diante. Pense no quanto a resposta poderia mudar se trocássemos "alunos do quinto ano" por "sádicos instrutores de educação física do Exército".

Uma maneira de resumir a dificuldade é dizer que ler exige conhecimento e que conhecimento vem (em grande parte) de ler. Em outras palavras, estamos diante de uma situação clássica do tipo o ovo e a galinha. Podemos esperar que seja possível um processo em que se comece com os recursos existentes, pelo qual o sistema lê um texto fácil, adquire algum conhecimento, usa esse conhecimento para ler textos mais difíceis, adquire ainda mais conhecimento, e assim por diante. Infelizmente, o que costuma acontecer é o oposto: o conhecimento adquirido é quase todo incorreto, o que causa erros de leitura, que resultam em mais conhecimento incorreto, e assim por diante.

Por exemplo, o projeto NELL (Never-Ending Language Learning) da Carnegie Mellon University é provavelmente o mais ambicioso projeto de aprendizagem de línguas com os meios disponíveis que existe no mundo. De 2010 a 2018, NELL acumulou mais de 120 milhões de *crenças* [diferentes níveis de confiança] lendo textos em inglês na web.[35] Algumas dessas *crenças* eram exatas, como a *crença* em que Maple Leafs joga hóquei e ganhou a Copa Stanley. Além de fatos, NELL aumenta o vocabulário e acumula categorias e relações semânticas o tempo todo. Infelizmente, NELL só tem confiança em 3% de suas *crenças* e confia em especialistas humanos para limpar crenças falsas ou sem sentido numa base regular — como a crença de que "*Nepal* é um *país* também conhecido como *Estados Unidos*" e "*valor* é um *produto agrícola* que costuma ser cortado na *base*".

Suspeito que talvez não haja avanço algum que por si só transforme uma espiral decrescente em espiral crescente. O processo básico de aproveitamento de meios disponíveis parece correto: um programa que conheça fatos suficientes pode descobrir a que fato uma frase desconhecida se refere e, com isso, aprender uma nova forma textual de expressar fatos — que, então, lhe permitirá descobrir mais fatos, e dessa maneira dar continuidade ao processo. (Sergey Brin, o cofundador do Google, publicou um importante artigo sobre a ideia de aproveitamento dos meios disponíveis em 1998.)[36] Estimular avanços fornecendo uma boa dose de conhecimentos e informações linguísticas codificados à mão certamente ajuda. Tornar a representação de fatos mais sofisticada — dando oportunidade para acontecimentos complexos, relações de causa e efeito, crenças e atitudes de outros, e assim por diante — e melhorar o manejo da incerteza quanto a significados de palavras e de frases pode em última análise resultar num processo de aprendizagem que se reforça a si mesmo, em vez de se extinguir.

Aprendizagem cumulativa de conceitos e teorias

Aproximadamente há 1,4 bilhão de anos e a 13 sextilhões de quilômetros de distância, dois buracos negros, um 12 milhões de vezes a massa da Terra e o outro 10 milhões, se aproximaram o suficiente para começar a girar um ao redor do outro. Perdendo energia aos poucos, eles se aproximavam cada vez mais rápido, atingindo uma frequência orbital de 250 vezes por segundo a uma distância de 350 quilômetros antes de finalmente se chocarem e se fundirem.[37] Nos últimos milissegundos, a taxa de emissão de energia na forma de ondas gravitacionais era cinquenta vezes maior do que a produção total de energia de todas as estrelas do universo. Em 14 de setembro de 2015, essas ondas gravitacionais chegaram à Terra. Elas expandiam e comprimiam o espaço, alternadamente, por um fator de 1 sobre 2,5 sextilhões, equivalente a reduzir a distância até Proxima Centauri (4,4 anos-luz) a um fio de cabelo.

Felizmente, dois dias antes, os detectores do Advanced LIGO (Observatório de Ondas Gravitacionais por Interferômetro Laser) no estado de Washington e em Louisiana tinham sido ligados. Usando interferometria laser, eles puderam medir a minúscula distorção de espaço; usando cálculos baseados na teoria da relatividade de Einstein, os pesquisadores do LIGO tinham previsto — e portanto estavam procurando por ela — a forma exata da onda gravitacional esperada para um evento como esse.[38]

Isso foi possível graças à acumulação e à comunicação de conhecimentos e conceitos por milhares de pessoas em séculos de observação e pesquisa. Desde Tales de Mileto esfregando âmbar em lã e observando a carga estática se acumular, passando por Galileu jogando pedras da Torre Inclinada de Pisa, até Newton vendo uma maçã cair da árvore, e prosseguindo com milhares de observações, a humanidade foi acumulando camadas sobre camadas de conceitos, teorias e dispositivos: massa, velocidade, aceleração, força, as leis de movimento e gravitação de Newton, equações orbitais, fenômenos elétricos, átomos, elétrons, campos elétricos, campos magnéticos, ondas eletromagnéticas, relatividade espacial, relatividade geral, mecânica quântica, semicondutores, lasers, computadores, e assim por diante.

Portanto, *em princípio* podemos entender esse processo de descoberta como uma combinação de todos os dados sensoriais já experimentados por todos os humanos com uma hipótese altamente complexa sobre dados sensoriais experimentados pelos cientistas do LIGO em 14 de setembro de 2015, enquanto olhavam para as telas de seus computadores. Trata-se aqui de uma visão da aprendizagem puramente movida por dados: dados entram, hipóteses saem, no meio uma caixa-preta. Se isso pudesse ser feito, seria a apoteose da abordagem "megadados, megarredes" do aprendizado profundo, mas não pode. A única ideia plausível que temos sobre como entidades inteligentes podem realizar proezas tão estupendas quanto detectar a fusão de dois buracos negros é que *o conhecimento a priori da física*, combinado com dados observacionais de seus instrumentos, permitiu aos cientistas do LIGO inferir a ocorrência do evento fusão. Além disso, esse conhecimento a priori foi em si mesmo resultado de aprendizagem com conhecimento a priori — e assim por diante, ao longo de toda a história. Temos portanto uma noção *cumulativa* aproximada de como entidades inteligentes podem desenvolver aptidões preditivas, usando o conhecimento como material de construção.

Digo aproximada porque, claro, a ciência errou o caminho algumas vezes ao longo dos séculos, perseguindo, durante algum tempo, noções ilusórias, como o flogisto e o éter luminífero. Mas temos absoluta certeza de que o quadro cumulativo é o que *de fato* acontece, no sentido de que os cientistas sempre registraram por escrito suas descobertas e teorias em livros e artigos. Cientistas posteriores tiveram acesso apenas a essas formas de conhecimento explícito, e não às experiências sensoriais de gerações anteriores há muito desaparecidas. Como cientistas, os membros da equipe do LIGO sabiam que todos os pedaços de conhecimento que usavam, incluindo a teoria da relatividade geral de Einstein, estão (e sempre estarão) em seu estágio probatório e *podem* ser refutados por experimentos. O que se viu foi que os dados do LIGO forneceram forte confirmação da teoria da relatividade geral, bem como mais provas de que o gráviton — a partícula hipotética que medeia a força de gravidade — não tem massa.

Estamos muito longe de conseguir criar sistemas de aprendizado de máquina que sejam capazes de igualar ou superar a capacidade de aprendizado cumulativo e de descobertas da comunidade científica — ou de seres humanos comuns ao longo da própria vida.[39] Os sistemas de aprendizado profundo[D] são basicamente orientados por dados: na melhor das hipóteses, podemos "conectar" algumas formas muito frágeis de conhecimento a priori na estrutura da rede. Sistemas de programação probabilística[C] admitem conhecimento a priori no processo de aprendizagem, como manifestado na estrutura e no vocabulário da base de conhecimento probabilístico, mas ainda não dispomos de métodos eficazes de gerar novos conceitos e relações, e usá-los para ampliar essa base de conhecimento.

A dificuldade não é de encontrar hipóteses que forneçam um bom suporte para os dados; sistemas de aprendizado profundo podem encontrar hipóteses que ofereçam bom suporte para dados de imagem, e pesquisadores de IA construíram programas de aprendizado simbólico capazes de recapitular muitas descobertas históricas de leis científicas quantitativas.[40] A aprendizagem, num agente inteligente autônomo, exige bem mais que isso.

Em primeiro lugar: o que deveria ser incluído nos "dados" usados para fazer previsões? Por exemplo, no experimento do LIGO, o modelo para prever quanto o espaço estica e encolhe quando uma onda gravitacional chega leva em conta as massas dos buracos negros que colidem, a frequência de suas órbitas e assim por diante, mas não leva em conta o dia da semana ou a ocorrência dos jogos de beisebol da Major League. Por outro lado, um modelo para prever o tráfego na ponte da baía de São Francisco leva em conta o dia da semana e a ocorrência dos jogos de beisebol da Major League, mas ignora as massas e as frequências orbitais de buracos negros que colidem. Da mesma forma, programas que aprendem a reconhecer *tipos* de objeto em imagens usam os pixels como input, ao passo que um programa que aprende a calcular o valor de um objeto antigo também gostaria de saber de que ele é feito, quem o fez e quando, a história de como foi usado e a quem pertenceu, e assim por diante. Por quê? Obviamente, porque nós humanos já sabemos alguma coisa sobre ondas gravitacionais, tráfego, imagens mentais e antiguidades. Usamos esse conhecimento para decidir que inputs são necessários para prever determinado output. Isso se chama *engenharia de features*, a qual, para ser bem-feita, requer uma boa compreensão do problema específico da predição.

É claro que uma máquina realmente inteligente não pode depender de engenheiros humanos de features sempre que surja algo novo para aprender. Ela precisará descobrir por si mesma o que significa um espaço de hipóteses razoável para um problema de aprendizado. Supostamente, empregará para tanto uma ampla variedade de conhecimento relevante em diversas formas, mas no momento as ideias que temos sobre como chegar lá ainda são muito rudimentares.[41] *Fact, Fiction, and Forecast* [Fato, ficção e previsão],[42] de Nelson Goodman, escrito em 1954 e talvez um dos livros mais importantes e subestimados sobre aprendizado de máquina, sugere um tipo de conhecimento chamado *overhypothesis* [super-hipótese], porque ajuda a definir qual seria o espaço de hipótese razoável. No caso da previsão de tráfego, por exemplo, a *overhypothesis* relevante seria que dia da semana, hora, acontecimentos locais, acidentes recentes, feriados, congestionamentos de trânsito, clima e hora do nascer e do pôr do sol podem influenciar as condições de tráfego. (Note-se que qualquer um pode elaborar essa *overhypothesis* partindo de seu próprio conhecimento do mundo, sem ser especialista em tráfego.) Um sistema de aprendizado inteligente pode acumular e utilizar conhecimento desse tipo para ajudar a formular e resolver novos problemas de aprendizado.

Em segundo lugar, e talvez o mais importante, está a geração cumulativa de novos conceitos como massa, aceleração, carga, elétron e força gravitacional. Sem esses conceitos, cientistas (e pessoas comuns) teriam que interpretar seu universo e fazer previsões com base em inputs perceptuais em estado bruto. Em vez disso, Newton trabalhou com conceitos de massa e aceleração desenvolvidos por Galileu e por outros; Rutherford pôde determinar que o átomo era composto de um núcleo denso, de carga positiva, cercado de elétrons, porque o conceito de elétron já tinha sido desenvolvido (por numerosos pesquisadores, passo a passo) no fim do século XIX; de fato, todas as descobertas científicas dependem de camadas e camadas de conceitos que se estendem ao longo do tempo e da experiência humana.

Na filosofia da ciência, particularmente no começo do século XX, era comum atribuir a descoberta de novos conceitos a três "is" inefáveis: intuição, insight e inspiração. Todos eles eram tidos como resistentes a qualquer explicação racional ou algorítmica. Pesquisadores de IA, como Herbert Simon,[43] levantaram vigorosas objeções a essa maneira de pensar. Dito da forma mais simples, se um algoritmo de aprendizado de máquina pode pesquisar num espaço de hipóteses que inclua a possibilidade de acrescentar definições de novos termos ausentes no input, então o algoritmo é capaz de descobrir novos conceitos.

Suponha-se, por exemplo, que um robô esteja tentando aprender as regras de gamão vendo as pessoas jogarem. Observa a maneira de lançar os dados e percebe que às vezes os jogadores movem três ou quatro peças, em vez de uma ou duas, e que isso acontece quando o par de dados dá 1-1, 2-2, 3-3, 4-4, 5-5 ou 6-6. Se o programa puder acrescentar um novo conceito de *duplos*, definido pela igualdade entre os dois dados, poderá expressar de forma muito mais concisa a mesma teoria preditiva. É um processo direto, usando métodos como o de programação em lógica indutiva,[44] para criar programas que proponham novos conceitos e definições a fim de identificar teorias que sejam ao mesmo tempo exatas e concisas.

Hoje em dia, sabemos fazer isso em casos relativamente simples, mas, para teorias mais complexas, o número de novos conceitos passíveis de serem introduzidos é enorme. Isso torna o êxito recente de métodos de aprendizado profundo em visão computacional ainda mais intrigante. As redes profundas geralmente conseguem encontrar novos aspectos intermediários úteis, como olhos, pernas, listras e cantos, ainda que estejam usando algoritmos de aprendizado muito simples. Se conseguirmos entender melhor como isso acontece, será possível aplicarmos a mesma abordagem para aprender novos conceitos nas linguagens mais expressivas necessárias à ciência. Isso, em si, já traria imenso benefício para a humanidade, além de ser um passo significativo rumo à IA de uso geral.

Descobrindo ações

Comportamento inteligente no decorrer de longas escalas de tempo exige a capacidade de planejar e administrar atividades hierarquicamente, em múltiplos níveis de abstração — desde fazer um ph.D. (1 trilhão de ações) até um único comando motor enviado a um dedo como parte da digitação de um único caractere na carta de apresentação do requerimento.

Nossas atividades são organizadas em hierarquias complexas com *dezenas* de níveis de abstração. Esses níveis e as ações que contêm são parte indispensável de nossa civilização e transmitidos de geração em geração através da linguagem e de práticas. Por exemplo, ações como *pegar um javali* e *preencher um pedido de visto* ou *comprar uma passagem aérea* podem envolver milhões de ações primitivas, mas é possível pensarmos nelas como unidades, porque já fazem parte da "biblioteca" de ações que nossa linguagem e nossa cultura fornecem e porque sabemos (mais ou menos) como executá-las.

Uma vez incorporadas à biblioteca, essas ações de alto nível podem ser combinadas em ações de nível ainda mais alto, como organizar um banquete tribal para o solstício de verão ou realizar pesquisa arqueológica durante o verão numa parte remota do Nepal. Tentar planejar essas atividades da estaca zero, a partir das medidas de nível mais baixo de controle motor, seria inútil, porque essas atividades envolvem milhões ou bilhões de medidas, muitas delas bastante imprevisíveis. (Onde encontrar o javali, e para onde ele correria?) Já, se dispusermos de ações de alto nível adequadas na biblioteca, só teremos que planejar umas dez medidas, porque cada uma delas é uma grande peça da atividade em geral. Isso até nossos fracos cérebros humanos conseguem fazer — mas nos dá o "superpoder" de planejar em longas escalas de tempo.

Houve uma época em que essas ações não existiam — por exemplo, adquirir o direito de uma viagem de avião em 1910 exigiria um longo, intricado e imprevisível processo de fazer pesquisas, escrever cartas e negociar com vários pioneiros aeronáuticos. Outras ações recentemente adicionadas à biblioteca incluem mandar e-mails, pesquisar no Google e viajar de Uber. Como escreveu Alfred North Whitehead em 1911, "a civilização avança ampliando o número de operações importantes que podemos fazer sem pensar nelas".[45]

A famosa capa de Saul Steinberg para a *New Yorker* (figura 6) mostra brilhantemente, em forma espacial, como um agente inteligente administra o próprio futuro. O futuro mais imediato é extraordinariamente detalhado — na verdade, meu cérebro já carregou as sequências de controle motor específico para datilografar as próximas palavras. Olhando um pouco mais adiante, há menos detalhes — meu plano é terminar esta seção, almoçar, escrever um pouco mais e assistir ao jogo final da Copa do Mundo entre França e Croácia. Ainda mais adiante, meus planos são maiores, porém mais vagos: voltar de Paris para Berkeley no começo de agosto, dar um curso de pós-graduação e terminar este livro. À medida que avançamos no tempo, o futuro se aproxima do presente e os planos ficam mais detalhados, enquanto novos e vagos planos podem ser acrescentados para o futuro distante. Planos para o futuro imediato ficam tão minuciosos que são passíveis de execução direta pelo sistema de controle motor.

Figura 6: O mundo visto da Nona Avenida, *de Saul Steinberg, 1976, publicado pela primeira vez como capa da revista* The New Yorker.

No momento dispomos apenas de algumas peças do quadro geral para sistemas de IA. Se a hierarquia de ações abstratas for fornecida — incluindo o conhecimento sobre como refinar cada ação abstrata em um subplano composto de ações mais concretas —, teremos algoritmos capazes de construir planos complexos para atingir metas específicas. Há algoritmos que executam planos abstratos e hierárquicos com o agente tendo sempre "engatilhada" uma ação primitiva, física, mesmo que ações no futuro ainda estejam num nível abstrato e não sejam executáveis.

A principal peça que falta no quebra-cabeça é justamente um método para a construção da hierarquia de ações abstratas. Por exemplo, será que é possível começar do zero com um robô que saiba apenas que pode enviar correntes elétricas para vários motores e fazê-lo descobrir por conta própria a ação de ficar em pé? É importante compreender que *não* estou perguntando se é possível treinar um robô para ficar de pé, o que pode ser feito aplicando-se aprendizado por reforço com uma recompensa para quando a cabeça do robô estiver bem longe do chão.[46] Ensinar um robô a ficar de pé exige que o treinador humano já saiba o que significa *ficar de pé*, de maneira que o sinal correto de recompensa seja definido. O que queremos é que o robô descubra por si mesmo que *ficar de pé* é uma coisa — uma ação útil, abstrata, que gera a precondição (estar em pé) para andar ou correr, ou apertar mãos, ou enxergar por cima de um muro, e portanto é parte de muitos planos abstratos para todo tipo de meta. Da mesma forma, queremos que o robô descubra ações como ir de um lugar para outro, pegar objetos, abrir portas, dar nós, preparar o jantar, encontrar minhas chaves, construir casas e muitas outras ações que não têm nome em nenhuma língua humana porque nós humanos ainda não as descobrimos.

Acredito que essa capacidade seja o mais importante dos passos necessários para alcançar IA de nível humano. Seria, para citar mais uma vez a frase de Whitehead, ampliar o número de operações importantes que sistemas de IA podem executar sem pensar a respeito delas. Numerosos grupos de pesquisa no mundo inteiro estão se esforçando para resolver o problema. Por exemplo, o artigo de 2018 de DeepMind mostrando desempenho em nível humano em Quake III Arena Capture the Flag afirma que seu sistema de aprendizado "constrói um espaço de representação temporalmente hierárquica de maneira original para promover… sequências de ação temporalmente coerentes".[47] (Não estou muito seguro do que isso significa, mas decerto soa como um avanço rumo ao objetivo de inventar novas ações de alto nível.) Suspeito que ainda não temos a resposta completa, mas esse avanço poderá ocorrer a qualquer momento, apenas juntando ideias já existentes da maneira correta.

Máquinas inteligentes com essa aptidão seriam capazes de enxergar mais longe no futuro do que os humanos. Também seriam capazes de levar em conta muito mais informações. Essas duas aptidões combinadas produzem inevitavelmente melhores decisões no mundo real. Em qualquer tipo de situação de conflito entre humanos e máquinas, logo descobriríamos, como Garry Kasparov e Lee Sedol, que cada uma das nossas jogadas já foi prevista e bloqueada. Perderíamos a partida antes mesmo de começarmos a jogar.

Administrar a atividade mental

Se gerenciar atividade no mundo real já parece complexo, pense em seu próprio cérebro, gerenciando a atividade do "objeto mais complexo do universo conhecido" — ele mesmo. Não começamos sabendo pensar, assim como não começamos sabendo andar ou tocar piano. Aprendemos essas coisas. Podemos, até certo ponto, escolher que pensamentos ter. (Vá em frente, pense num hambúrguer suculento ou nos regulamentos alfandegários búlgaros — a escolha é sua!) Em certo sentido, nossa atividade mental é mais complexa do que nossa atividade no mundo real, porque nosso cérebro tem muito mais partes móveis do que nosso corpo e essas partes se movem muito depressa. O mesmo se aplica a computadores: para cada movimento que faz no tabuleiro de go, AlphaGo realiza *milhões* ou *bilhões* de unidades de computação, cada uma das quais envolve acrescentar uma ramificação na árvore de busca *look-ahead* e avaliar a posição do tabuleiro no fim de cada ramificação. E cada uma dessas unidades de computação ocorre porque o programa faz uma *escolha* sobre qual parte da árvore explorar em seguida. De forma aproximada, AlphaGo escolhe computações que espera poderem melhorar sua decisão final no tabuleiro.

Foi possível conceber um plano razoável para administrar a atividade computacional de AlphaGo porque essa atividade é simples e homogênea: cada unidade de computação é do mesmo tipo. Em comparação com outros programas que usam a mesma unidade básica de computação, AlphaGo é provavelmente muito eficiente, mas talvez seja bastante *ineficiente* em comparação com programas de outros tipos. Por exemplo, Lee Sedol, adversário humano de AlphaGo no encontro histórico de 2016, provavelmente não faz mais do que alguns milhares de unidades de computação por jogada, mas tem uma arquitetura computacional muito mais flexível, com mais tipos de unidade de computação: isso inclui dividir o tabuleiro em subjogos e tentar resolver suas interações; reconhecer possíveis metas para alcançar e fazer planos de alto nível com ações como "manter este grupo vivo" ou "impedir que meu adversário conecte estes dois grupos"; pensar em *como* atingir uma meta especial, manter um grupo vivo; e descartar classes inteiras de jogadas, porque elas não servem para enfrentar uma ameaça significativa.

Nós não sabemos organizar uma atividade computacional tão complexa e variada — como integrar e tomar como base os resultados de cada elemento e como alocar recursos computacionais a vários tipos de deliberação, de maneira que boas decisões sejam encontradas o mais depressa possível. Está claro, porém, que uma arquitetura computacional simples como a de AlphaGo não pode funcionar no mundo real, onde precisamos lidar no dia a dia com horizontes de decisão não de dezenas, mas de bilhões, de passos primitivos e onde o número de ações possíveis a qualquer momento é quase infinito. É importante lembrar que um agente inteligente no mundo real não está limitado a *jogar go* ou mesmo a *encontrar as chaves de Stuart* — ele está apenas *sendo*. Pode fazer *qualquer coisa* em seguida, mas não consegue, de forma alguma, pensar em todas as coisas que poderia fazer.

Um sistema que possa ao mesmo tempo descobrir novas ações de alto nível — como já descrito — e gerenciar sua atividade computacional para concentrar-se em unidades de computação que rapidamente tragam melhorias significativas em qualidade de decisão seria um impressionante tomador de decisões no mundo real. Suas deliberações, como as dos humanos, seriam "cognitivamente eficientes", mas ele não padeceria da minúscula memória de curto prazo e do lento hardware que limitam severamente nossa capacidade de enxergar longe no futuro, lidar com um grande número de eventualidades e examinar um grande número de planos alternativos.

Mais coisas faltando?

Se juntássemos todas as coisas que sabemos fazer a todos os avanços potenciais relacionados neste capítulo, será que funcionaria? Como se comportaria o sistema resultante? Avançaria laboriosamente, absorvendo vastas quantidades de informação e atualizando-se sobre a situação do mundo numa escala prodigiosa mediante observação e inferência. Aperfeiçoaria gradualmente seus modelos do mundo (incluindo modelos de humanos, claro). Usaria esses modelos para resolver problemas complexos, resumiria e reutilizaria processos de solução para tornar suas deliberações mais eficientes e possibilitar a solução de problemas ainda mais complexos. Descobriria novos conceitos e ações, o que lhe permitiria melhorar o ritmo de descobertas. Faria planos eficazes sobre escalas de tempo cada vez mais longas.

Em suma, não é óbvio que esteja faltando mais alguma coisa de grande significado, do ponto de vista de sistemas eficazes para alcançar objetivos. Claro, a única maneira de ter certeza é construí-lo (uma vez que os avanços sejam alcançados) e ver o que acontece.

A comunidade técnica tem sofrido de falta de imaginação quando discute a natureza e o impacto da IA superinteligente. Vê-se muito debate sobre redução de erros médicos,[48] carros mais seguros[49] ou outros avanços de natureza gradual. Imaginam-se os robôs como entidades individuais que portam o próprio cérebro, apesar de ser mais provável que venham a ser conectados por ligação sem fio a uma entidade global, única, que conte com vastos recursos computacionais estacionários. É como se os pesquisadores tivessem medo de examinar as consequências reais do êxito em IA.

Um sistema inteligente de uso geral pode, hipoteticamente, fazer o que qualquer ser humano faz. Por exemplo, alguns humanos fizeram muita matemática, muito design de algoritmo, muita codificação e muita pesquisa empírica para chegar ao mecanismo de busca moderno. Os resultados de todo esse trabalho são de grande utilidade e, claro, muito valiosos. Valiosos até que ponto? Um estudo recente mostrou que o adulto americano médio entrevistado precisaria que lhe pagassem pelo menos 17 500 dólares para deixar de usar mecanismos de busca por um ano,[50] o que se traduz num valor global de dezenas de trilhões de dólares.

Imagine agora que mecanismos de busca ainda não existem, porque o necessário trabalho de décadas não foi feito, mas em compensação você tem acesso a um sistema de IA superinteligente. Apenas fazendo uma pergunta, você agora tem acesso à tecnologia do mecanismo de busca, cortesia do sistema de IA. É isso aí. Um valor de trilhões de dólares, sem o menor esforço, e nenhuma linha de código adicional escrita por você. O mesmo vale para qualquer outra invenção ou série de invenções que estejam faltando: se humanos puderam fazê-lo, a máquina também poderia.

Esse último argumento nos dá um útil limite inferior — uma estimativa pessimista — sobre o que a máquina superinteligente pode fazer. Hipoteticamente, a máquina é mais capaz do que um ser humano individual. Há muitas coisas que um único humano não pode fazer, mas uma coleção de n humanos pode: mandar um astronauta para a Lua, criar um detector de ondas gravitacionais, sequenciar o genoma humano, governar um país de centenas de milhões de pessoas. Portanto, em termos gerais, criamos n cópias de software da máquina e as conectamos da mesma maneira — com as mesmas informações e os mesmos fluxos de controle — que conectamos n humanos. Agora temos uma máquina capaz de fazer qualquer coisa que n humanos podem fazer, só que melhor, porque cada um de seus n componentes é super-humano.

Esse plano de *cooperação de múltiplos agentes* para um sistema inteligente é só o limite inferior das capacidades possíveis das máquinas, porque há planos que funcionam melhor. Numa coleção de n humanos, o total de informações disponíveis é mantido separadamente em n cérebros e comunicado muito lenta e imperfeitamente de cérebro para cérebro. É por isso que os n humanos passam a maior parte do tempo em reuniões. Na máquina, não há necessidade dessa separação, que com frequência impede de ligar os pontos. Para dar um exemplo de pontos não ligados em descoberta científica, um breve estudo da longa história da penicilina é bastante esclarecedor.[51]

Outro método muito bom para esticar a imaginação é pensar em alguma forma particular de input sensorial — por exemplo, ler — e expandi-la. Enquanto um ser humano é capaz de ler e entender um livro por semana, uma máquina poderia ler e entender todos os livros já escritos — os 150 milhões — em poucas horas. Isso exige uma quantidade respeitável de poder de processamento, mas os livros podem ser lidos paralelamente, o que significa que basta acrescentar mais chips para que a máquina expanda seu processo de leitura. Pela mesma razão, a máquina pode ver tudo de uma vez através de satélites, robôs e centenas de milhões de câmeras de vigilância; assistir a todas as transmissões de TV do mundo; e escutar todas as estações de rádio e conversas telefônicas do mundo. Muito rapidamente adquiriria uma compreensão do mundo e de seus habitantes mais minuciosa e precisa do que qualquer humano poderia ter esperança de adquirir.

Pode-se também pensar em expandir a capacidade de ação da máquina. Um humano só tem controle direto sobre um corpo, enquanto uma máquina pode controlar milhares ou milhões. Algumas fábricas automatizadas já têm essa característica. Fora da fábrica, a máquina que controla milhares de habilidosos robôs pode, por exemplo, produzir vastos números de casas, cada qual construída de acordo com as necessidades e os desejos dos futuros ocupantes. No laboratório, sistemas robóticos para pesquisa científica já existentes poderiam ser expandidos para realizar milhões de experimentos simultaneamente — talvez criar complexos modelos preditivos de biologia humana até o nível molecular. Note-se que as aptidões de raciocínio da máquina lhe darão uma capacidade muito maior de detectar inconsistências entre teorias científicas e entre teorias e observações. Na verdade, pode até ser o caso de já termos provas experimentais suficientes sobre biologia para chegar à cura do câncer: só não conseguimos juntar todas elas.

No reino cibernético, máquinas já têm acesso a bilhões de efetores — ou seja, aos mostradores de todos os telefones e computadores do mundo. Isso explica em parte a capacidade de empresas de tecnologia da informação de gerar enorme riqueza com pouquíssimos empregados; também ressalta a severa vulnerabilidade da raça humana à manipulação por meio de telas.

Expansão de outro tipo é a que vem da capacidade da máquina de enxergar mais longe, com maior exatidão, do que seria possível para humanos. Já vimos isso no xadrez e no go; com a capacidade de gerar e analisar planos hierárquicos em longas escalas de tempo e a capacidade de identificar novas ações abstratas e modelos descritivos de alto nível, as máquinas transferirão essa vantagem para esferas como a da matemática (provando teoremas originais e úteis) e a da tomada de decisões no mundo real. Tarefas como evacuar uma cidade grande em caso de desastre ambiental serão relativamente simples, com a máquina sendo capaz de fornecer orientação individual a cada pessoa e cada veículo, para minimizar as baixas.

A máquina poderá suar um pouco quando estiver elaborando recomendações de política para deter o aquecimento global. Criar modelos terrestres requer conhecimentos de física (atmosfera, oceanos), química (ciclo do carbono, solos), biologia (decomposição, migração), engenharia (energia renovável, sequestro de carbono), economia (indústria, uso de energia), natureza humana (estupidez, ganância). Como já notamos, a máquina terá acesso a vastas quantidades de evidências para alimentar esses modelos. Será capaz de sugerir ou executar novos experimentos e expedições para limitar as incertezas inevitáveis — por exemplo, descobrir a verdadeira dimensão do hidrato de gás em reservatórios rasos do oceano. Será capaz de examinar uma ampla variedade de possíveis recomendações políticas — leis, incentivos, mercados, invenções e intervenções de geoengenharia —, mas, claro, também terá que encontrar meios para nos convencer a aceitar suas recomendações.

Quando ampliar a imaginação, não amplie demais. Um erro comum consiste em atribuir poderes divinos de onisciência a sistemas de IA superinteligente — conhecimento completo e perfeito não só do presente mas também do futuro.[52] Isso é totalmente implausível porque requer uma capacidade antifísica de determinar o exato estado atual do mundo, bem como uma aptidão irrealizável de simular, bem mais rápido do que o tempo real, a operação de um mundo que inclui a própria máquina (para não falar em bilhões de cérebros, que ainda seriam os segundos objetos mais complexos do universo).

Não estou dizendo que seja impossível predizer *alguns aspectos* do futuro com razoável grau de certeza — por exemplo, sei que curso lecionarei em que sala de Berkeley daqui a mais ou menos um ano, apesar das enfáticas declarações dos teóricos do caos sobre asas de borboleta e coisas do gênero. (Também não acho que humanos estejam perto de predizer o futuro tão bem quanto o permitam as leis da física!) A predição depende de termos as abstrações certas — por exemplo, posso prever que "eu" estarei "no palco do Wheeler Auditorium" no campus de Berkeley na última terça-feira de abril, mas não posso prever minha localização com exatidão milimétrica ou que átomos de carbono terão sido incorporados a meu corpo até então.

Máquinas também estão sujeitas a certos limites de velocidade impostos pelo mundo real à taxa de aquisição de novos conhecimentos do mundo — um argumento válido apresentado por Kevin Kelly em seu artigo sobre predições simplificadas demais sobre IA super-humana.[53] Por exemplo, para determinar experimentalmente se determinada droga cura certo tipo de câncer num animal, um cientista — seja ser humano, seja máquina — tem duas opções: injetar a droga no animal e aguardar várias semanas, ou fazer uma simulação precisa o bastante. Fazer uma simulação, entretanto, requer muitos conhecimentos empíricos de biologia, alguns ainda não disponíveis; de modo que mais experimentos de criação de modelos teriam que ser realizados antes. Isso sem dúvida levaria tempo, e deveria ser feito no mundo real.

Por outro lado, um cientista-máquina poderia fazer inúmeros experimentos de criação de modelos paralelamente, integrar seus resultados num modelo internamente consistente (embora muito complexo) e comparar as predições do modelo com a totalidade de provas experimentais de que a biologia dispõe. Além disso, simular o modelo não requer necessariamente uma simulação em mecânica quântica de todo o organismo, até o nível das reações moleculares individuais — o que, como assinala Kelly, levaria mais tempo do que simplesmente fazer o experimento no mundo real. Assim como posso prever minha futura localização numa terça-feira de abril com alguma certeza, propriedades dos sistemas biológicos podem ser previstas com exatidão usando-se modelos abstratos. (Entre outras razões, é assim porque a biologia opera com robustos sistemas de controle baseados em loops agregados de feedback, de maneira que pequenas variações nas condições iniciais nem sempre levam a grandes variações nos resultados.) Portanto, embora descobertas *instantâneas* feitas pelas máquinas nas ciências empíricas sejam improváveis, pode-se esperar que a ciência avance muito mais depressa com a ajuda de máquinas. Na verdade, já está avançando.

Uma última limitação das máquinas é que não são humanas. Isso as coloca em desvantagem intrínseca quando tentam modelar e predizer determinada classe de objetos: humanos. Nossos cérebros são muito parecidos, portanto podemos usá-los para simular — ou para experimentar, digamos assim — a vida mental e emocional de outras pessoas. Isso, para nós, não custa nada. (Pensando bem, máquinas têm uma vantagem ainda maior nesse sentido: podem de fato rodar códigos umas das outras!) Por exemplo, eu não preciso ser especialista em sistemas nervosos sensoriais para saber como é bater um martelo no *meu* dedo. Só preciso bater o martelo no *meu* dedo. Já as máquinas são obrigadas a partir quase do zero[54] em sua compreensão dos humanos: têm acesso apenas a nosso comportamento externo, e a toda a literatura sobre neurociência e psicologia, e precisam desenvolver com base nisso um entendimento de como funcionamos. Em princípio serão capazes disso, mas é razoável supor que, para adquirir uma compreensão de nível humano ou sobre-humano dos humanos, levarão mais tempo do que para a maioria das outras aptidões.

DE QUE MANEIRA A IA BENEFICIARÁ OS HUMANOS?

Nossa inteligência é responsável pela civilização. Com acesso a inteligência maior podemos ter uma civilização maior — e talvez muito *melhor*. Pode-se conjecturar sobre a solução de grandes problemas em aberto, como aumentar a vida humana indefinidamente ou desenvolver uma viagem mais rápida do que a luz, mas esses lugares-comuns da ficção científica ainda não são a força motriz do progresso em IA. (Com IA superinteligente, é provável que consigamos inventar todo tipo de tecnologia quase mágica, mas é difícil dizer agora quais seriam elas.) Considere-se, em vez disso, um objetivo muito mais prosaico: elevar o padrão de vida de todos os habitantes da Terra, de forma sustentável, para um nível tido como bastante respeitável num país desenvolvido. Se decidirmos que *respeitável* significa (um tanto arbitrariamente) 88% nos Estados Unidos, o objetivo declarado representa um aumento de quase dez vezes no produto interno bruto (PIB) global, de 76 trilhões de dólares para 750 trilhões de dólares por ano.[55]

Para calcular o valor em dinheiro desse prêmio, economistas usam o *valor presente líquido* do fluxo de caixa, que leva em conta o desconto de receitas futuras em relação ao presente. A renda de 674 trilhões de dólares por ano tem um valor presente líquido de aproximadamente 13 500 trilhões de dólares,[56] supondo um fator de desconto de 5%. Portanto, em termos gerais, essa é uma cifra aproximada do que a IA de nível humano pode valer se for capaz de garantir um padrão de vida respeitável para todos. Com números como esse, não é de surpreender que empresas e países estejam investindo bilhões de dólares anualmente em pesquisa e desenvolvimento de IA.[57] Ainda assim, as somas investidas são minúsculas em comparação com o tamanho do prêmio.

Trata-se, é claro, de números inventados, a não ser que alguém tenha alguma ideia sobre *como* a IA de nível humano poderia realizar a proeza de elevar padrões de vida. Só conseguirá fazer isso aumentando a produção per capita de bens e serviços. Dito de outra maneira: o humano médio nunca pode esperar consumir mais do que o humano médio produz. O exemplo dos táxis sem motorista já discutido no capítulo ilustra o efeito multiplicador de IA: com um serviço automatizado, deve ser possível gerenciar uma frota de mil veículos com (digamos) dez pessoas, o que significa que cada pessoa estará produzindo cem vezes mais transporte do que antes. O mesmo se aplica à fabricação de carros e à extração de matérias-primas para a fabricação de carros. Na verdade, algumas operações de extração de minério de ferro no norte da Austrália, onde as temperaturas regularmente passam de 45ºC, já estão quase totalmente automatizadas.[58]

Essas aplicações atuais de IA são sistemas para fins específicos: carros sem motorista e minas que operam automaticamente exigiram investimentos imensos em pesquisa, design mecânico, engenharia de software e testes para desenvolver os algoritmos necessários e garantir um funcionamento adequado. É assim que as coisas são feitas em todas as esferas da engenharia. Era assim que as coisas costumavam ser feitas nas viagens pessoais também: se, no século XVII, alguém quisesse ir da Europa para a Austrália, e voltar, precisaria de um projeto imenso, ao custo de grandes somas de dinheiro, com anos de planejamento e envolvendo alto risco de vida. Agora estamos acostumados à ideia de transporte como serviço (TaaS — Transportation as a Service): para estar em Melbourne no começo da semana, são necessários apenas alguns toques no telefone e uma quantidade de dinheiro relativamente pequena.

IA de uso geral seria *tudo como serviço* (EaaS — Everything as a Service). Não haveria necessidade de empregar exércitos de especialistas em diferentes disciplinas, organizados em hierarquias de empreiteiros e subempreiteiros, para executar um projeto. Todas as encarnações de IA de uso geral teriam acesso a todos os conhecimentos e aptidões da raça humana, e mais ainda. A única diferenciação estaria nas aptidões físicas: robôs de pernas ágeis para construção ou cirurgia, robôs com rodas para transporte de bens em larga escala, robôs quadricópteros para inspeções aéreas, e assim por diante. Em princípio — política e economia à parte — todo mundo poderia ter a seu dispor uma organização inteira de agentes de software e robôs físicos capazes de projetar e construir pontes, melhorar safras, preparar jantares para cem convidados, realizar eleições ou fazer tudo o mais que precisasse ser feito. É a *generalidade* da inteligência de uso geral que torna isso possível.

A história mostra que um aumento de dez vezes no PIB global per capita é possível sem IA — o problema é que levamos 190 anos (de 1820 a 2010) para conseguir esse aumento.[59] E exigiu o desenvolvimento de fábricas, máquinas operatrizes, automação, ferrovias, aço, carros, aviões, eletricidade, produção de petróleo e gás, telefones, rádio, televisão, computadores, internet, satélites e muitas outras invenções revolucionárias. O aumento de dez vezes no PIB postulado no parágrafo anterior não depende de novas tecnologias revolucionárias, mas da capacidade de sistemas de IA empregarem o que já temos com mais eficácia e em maior escala.

Haverá, claro, outros efeitos além do benefício puramente material de elevar o padrão de vida. Por exemplo, sabe-se que aulas particulares são muito mais eficientes do que o ensino em classes, mas quando dadas por humanos são inacessíveis — e sempre serão — para a vasta maioria. Com tutores de IA, o potencial de toda criança, por mais pobre que seja, pode ser desenvolvido. O custo por criança seria desprezível, e essa criança teria uma vida muito mais rica e produtiva. A busca de objetivos artísticos e intelectuais, individual ou coletivamente, seria parte normal da vida, e não mais um luxo para poucos.

Na área da saúde, sistemas de IA devem dar aos pesquisadores meios para desvendar e dominar as diversas complexidades da biologia humana e desse modo aos poucos acabar com as doenças. Mais insights em psicologia humana e neuroquímica devem levar a ampla melhoria em saúde mental.

Talvez menos convencionalmente, a IA possibilitaria ferramentas de autoria para realidade virtual (RV) muito mais eficientes e povoaria ambientes de RV com entidades bem mais interessantes. Com isso a RV talvez venha a ser o meio preferido de expressão literária e artística, criando experiências de uma riqueza e profundidade hoje inimagináveis.

No mundo enfadonho da vida diária, um assistente e guia inteligente daria a cada indivíduo — se bem projetado e não cooptado por interesses econômicos e políticos — o poder de agir na prática em seu próprio nome num sistema econômico cada vez mais complexo e por vezes hostil. Você teria, de fato, advogado, contador e conselheiro político dinâmicos à sua disposição a qualquer momento. Assim como se espera que as condições de tráfego melhorem com a mistura ainda que seja de uma pequena porcentagem de veículos autônomos, é razoável esperar que mundialmente políticas mais sensatas e menos conflitos resultem de cidadãos mais bem informados e aconselhados.

Esses avanços somados podem alterar a dinâmica da história — pelo menos da parte da história que tem sido movida por disputas dentro das sociedades e entre as sociedades por acesso aos recursos de vida. Se a torta for essencialmente infinita, brigar com os outros para ter uma fatia maior não faz muito sentido. Seria como disputar para ver quem pega mais cópias digitais de um jornal — completamente inútil, quando qualquer um pode ter de graça quantas cópias digitais quiser.

Há limites para o que a IA pode oferecer. As tortas de terra e matérias-primas não são infinitas, portanto não pode haver crescimento populacional ilimitado, nem todos terão mansões em parques privados. (Isso acabará envolvendo a necessidade de exploração de minas em outras partes do sistema solar e a construção de habitats artificiais no espaço, mas prometi não falar em ficção científica.) A torta do orgulho também é finita: só 1% das pessoas podem ocupar 1% do topo de qualquer sistema de medida. Se a felicidade humana exige pertencer ao 1% do topo, então 99% dos humanos estão fadados a ser infelizes, enquanto o 1% da base tem um estilo de vida objetivamente esplêndido.[60] Será importante, pois, que nossas culturas aos poucos deem menos peso ao orgulho e à inveja como elementos centrais do respeito próprio.

Como diz Nick Bostrom no fim do seu livro *Superintelligence*, o sucesso em IA produzirá "uma trajetória civilizacional que leva a um uso compassivo e triunfante do legado cósmico da humanidade". Se não tirarmos proveito do que a IA tem a oferecer, a culpa será exclusivamente nossa.

4. Mau uso da IA

Um uso compassivo e triunfante do legado cósmico da humanidade parece maravilhoso, mas é preciso levar em conta também o ritmo acelerado de inovação no setor da prevaricação. Pessoas maldosas estão arquitetando novas maneiras de usar a IA para o mal, tão rapidamente que este capítulo com certeza já terá sido ultrapassado mesmo antes de ser impresso. No entanto, pensem nisso não como uma leitura deprimente, mas como um alerta, um chamado à ação, antes que seja tarde.

VIGILÂNCIA, PERSUASÃO E CONTROLE

A Stasi automatizada

O Ministerium für Staatssicherheit da Alemanha Oriental, conhecido como Stasi, costuma ser considerado "uma das agências de inteligência repressiva e polícia secreta mais eficientes que já existiram".[1] Conservava arquivos sobre a grande maioria das famílias alemãs-orientais. Monitorava ligações telefônicas, lia cartas e instalava câmeras escondidas em apartamentos e hotéis. Era de uma eficiência implacável na identificação e na eliminação de atividades dissidentes. Seu modus operandi preferido era a destruição psicológica, mais do que a prisão ou a execução. Esse nível de controle custava caro, porém: segundo algumas estimativas, mais de um quarto dos adultos em idade de trabalhar era informante da Stasi. Os registros escritos da agência foram estimados em 20 bilhões de páginas,[2] e a tarefa de processar o imenso fluxo de informações, e atuar com base nelas, começou a superar a capacidade de qualquer organização humana.

Não é de surpreender, portanto, que agências de inteligência já tenham percebido o potencial de utilização de IA em seu trabalho. Durante anos, elas vêm aplicando formas simples de tecnologia de IA, incluindo reconhecimento de fala e identificação de palavras e frases-chave tanto na fala como no texto. Os sistemas de IA são cada vez mais capazes de *compreender o conteúdo* do que as pessoas dizem ou fazem, seja na vigilância de fala, de texto ou de vídeo. Em regimes em que essa tecnologia é adotada para controlar, seria como se cada cidadão tivesse um espião pessoal da Stasi tomando conta dele 24 horas por dia.[3]

Mesmo na esfera civil, em países relativamente livres, estamos sujeitos a uma vigilância cada vez mais eficiente. Corporações coletam e vendem informações sobre nossas compras, uso da internet e das redes sociais, uso de eletrodomésticos, registros de chamadas e de mensagens de texto, empregos e condições de saúde. Nossa localização pode ser rastreada através de celulares e carros conectados à internet. Câmeras reconhecem nosso rosto na rua. Todos esses dados, e muita coisa mais, podem ser reunidos por sistemas inteligentes de integração de informações para produzir um perfil bastante completo do que cada um de nós faz, de como vivemos nossa vida, de quem gostamos e não gostamos, e de como vamos votar.[4] Em comparação, a Stasi vai parecer coisa de amadores.

Controle de nosso comportamento

Uma vez que as aptidões de vigilância estejam prontas, o passo seguinte é modificar nosso comportamento para conveniência daqueles que estiverem empregando essa tecnologia. Um método muito tosco é a chantagem automática, personalizada: um sistema que entenda o que você está fazendo — seja por escuta, leitura ou observação — pode facilmente identificar coisas que você não deveria estar fazendo. Tendo descoberto alguma coisa, ele começa a se corresponder com você para arrancar a maior quantidade possível de dinheiro (ou para coagir seu comportamento, se o objetivo for controle político ou espionagem). A extorsão de dinheiro funciona como perfeito sinal de recompensa para um algoritmo de aprendizado por reforço, portanto podemos esperar um progresso rápido nos sistemas de IA em sua capacidade de identificar o mau comportamento e lucrar com ele. No começo de 2015, sugeri a um especialista em segurança de computadores que sistemas de chantagem automatizados, impulsionados por aprendizado por reforço, poderiam em pouco tempo se tornar viáveis; ele riu e disse que isso já estava acontecendo. O primeiro robô de chantagem a receber ampla publicidade foi Delilah, identificado em julho de 2016.[5]

Uma maneira mais sutil de mudar o comportamento das pessoas é modificar seu ambiente de informações, de maneira que passem a acreditar em coisas diferentes e a tomar decisões diferentes. Claro, os publicitários fazem isso há séculos para modificar os hábitos de compra das pessoas. A propaganda como ferramenta de guerra e de dominação política tem uma história ainda mais longa.

Então, qual é a diferença agora? Em primeiro lugar, por serem capazes de rastrear os hábitos de leitura on-line das pessoas, suas preferências e seu provável nível de conhecimento, os sistemas de IA personalizam mensagens específicas para maximizar seu impacto sobre elas, e ao mesmo tempo minimizar o risco de que essas informações sejam rejeitadas. Em segundo lugar, o sistema de IA sabe se a pessoa lê a mensagem, quanto tempo leva para ler e se visita links adicionais na mensagem. Em seguida, usa esses sinais como feedback imediato sobre o êxito ou fracasso de sua tentativa de influenciar cada pessoa; e com isso vai aprendendo rapidamente a ser mais efetivo em seu trabalho. É assim que algoritmos de seleção de conteúdo nas redes sociais têm tido efeito deletério nas opiniões políticas.

Outra mudança recente é que a combinação de IA, gráficos de computador e síntese de fala está tornando possível gerar *deepfakes* — conteúdo realista de vídeo e áudio de praticamente qualquer pessoa dizendo ou fazendo praticamente qualquer coisa. A tecnologia exige pouco mais do que uma descrição verbal do acontecimento desejado, tornando-o usável por mais ou menos pessoas no mundo. Vídeos feitos com celular do senador X aceitando suborno do traficante de cocaína Y no lugar suspeito Z? Nenhuma dificuldade! Esse tipo de conteúdo pode induzir crenças inabaláveis em fatos que nunca aconteceram.[6] Além do mais, sistemas de IA podem gerar milhões de identidades falsas — os chamados *bot armies* [exércitos robôs] —, capazes de produzir com rapidez bilhões de comentários, tuítes, e recomendações todos os dias, soterrando os esforços de meros humanos para trocar informações verdadeiras. Mercados on-line como eBay, Taobao e Amazon, que dependem de sistemas de reputação[7] para criar um clima de confiança entre compradores e vendedores, vivem em guerra contra *bot armies* projetados para corromper esses mercados.

Finalmente, métodos de controle podem ser diretos se o governo conseguir implementar recompensas e castigos com base em comportamento. Esse sistema trata as pessoas como algoritmos de aprendizado por reforço, treinando-as para otimizar a meta estabelecida pelo estado. A tentação do governo, em especial de governos com uma mentalidade de planejar e dirigir de cima para baixo, é raciocinar da seguinte maneira: seria melhor se cada um se comportasse bem, tivesse uma atitude patriótica e contribuísse para o progresso do país; a tecnologia possibilita a medição de comportamentos, atitudes e contribuições individuais; portanto, todo mundo lucraria se instalássemos um sistema de base tecnológica para monitorar e controlar mediante recompensas e castigos.

Há vários problemas nessa linha de raciocínio. Em primeiro lugar, ela ignora o custo psíquico de viver sob um sistema de monitoramento invasivo e de coerção; harmonia externa disfarçando a miséria interna está longe de ser um estado ideal. Todo ato de bondade deixa de ser um ato de bondade e passa a ser um ato de maximização pessoal de pontos e é visto como tal pelo recebedor. Ou, pior ainda, o próprio conceito de ato voluntário de bondade aos poucos se torna apenas a vaga lembrança de uma coisa que as pessoas costumavam fazer. Visitar um amigo doente no hospital não terá, nesse sistema, mais significado moral ou valor emocional do que parar no sinal vermelho. Em segundo lugar, o plano se torna vítima do mesmo modo de fracasso do modelo-padrão de IA, no qual se parte do pressuposto de que o objetivo declarado é na verdade o objetivo verdadeiro, subjacente. Inevitavelmente, passará a valer a lei de Goodhart, segundo a qual os indivíduos otimizam a avaliação oficial de comportamento exterior, assim como as universidades aprenderam a otimizar as avaliações "objetivas" de "qualidade" usadas pelos sistemas de classificação de universidades, em vez de aprimorarem sua qualidade real (mas não medida).[8] Finalmente, a imposição de uma avaliação uniforme de virtude comportamental deixa de levar em conta que uma sociedade bem-sucedida deve abranger uma ampla variedade de indivíduos, cada qual contribuindo à sua maneira.

O direito à segurança mental

Uma das grandes conquistas da civilização é o aprimoramento gradual da segurança física dos humanos. Quase todos nós podemos esperar conduzir nossa vida diária sem o medo constante de ferimento e morte. O artigo 3 da Declaração Universal dos Direitos Humanos de 1948 declara: "Todos têm direito à vida, à liberdade e à segurança pessoal".

Eu gostaria de sugerir que todos deveriam também ter direito à segurança mental — o direito de viver num ambiente de informações basicamente verdadeiras. Os humanos tendem a acreditar nas provas dos olhos e dos ouvidos. Confiamos que nossa família, os amigos, os professores e (algumas) empresas jornalísticas nos dirão o que acham que seja verdade. Ainda que não esperemos que vendedores de carros usados e políticos nos digam a verdade, temos dificuldade para acreditar que estão mentindo tão descaradamente como às vezes estão. Somos portanto bastante vulneráveis à tecnologia da desinformação.

O direito à segurança mental não parece estar consagrado na Declaração Universal. Os artigos 18 e 19 estabelecem os direitos à "liberdade de pensamento" e à "liberdade de opinião e de expressão". Nossos pensamentos e opiniões, claro, são formados em parte por nosso ambiente de informação, que, por sua vez, está sujeito ao "direito de... difundir informações e ideias por quaisquer meios e independentemente de fronteiras" do artigo 19. Ou seja, qualquer um, em qualquer lugar, tem o direito de difundir informações falsas para nós. E aí está a dificuldade: países democráticos, em particular os Estados Unidos, têm relutado muito em — ou sido constitucionalmente incapazes de — impedir a difusão de informações falsas em questões de interesse público, devido a temores justificados sobre controle governamental da expressão. Em vez de acreditarem na ideia de que não há liberdade de pensamento sem acesso a informações verdadeiras, as democracias parecem ter depositado uma ingênua confiança na ideia de que a verdade acabará triunfando, e essa confiança nos deixa desprotegidos. A Alemanha é uma exceção; recentemente aprovou uma lei para as redes sociais [*Netzwerkdurchsetzungsgesetz — NetzDG*], exigindo que as plataformas de conteúdo removam discursos de ódio proibidos e fake news, mas a medida tem sido bastante criticada como impraticável e antidemocrática.[9]

Por enquanto, então, podemos esperar que nossa segurança mental continue sofrendo ataques, protegida principalmente por esforços comerciais e voluntários. Esses esforços incluem sites de checagem de fatos, como factcheck.org e snopes.com — mas, claro, outros sites de "checagem de fatos" estão brotando, para apresentar verdades como mentiras e mentiras como verdades.

Os grandes serviços de informações como Google e Facebook têm sofrido extrema pressão na Europa e nos Estados Unidos para "fazer alguma coisa a esse respeito". Eles estão experimentando maneiras de sinalizar ou banir conteúdos falsos — usando tanto IA como operadores humanos —, e encaminhar usuários para fontes confiáveis que neutralizem os efeitos da desinformação. Em última análise, todos esses esforços dependem de sistemas circulares de reputação, no sentido de que as fontes são confiáveis porque fontes confiáveis informam que elas são dignas de confiança. Se informações falsas forem propagadas em quantidade suficiente, esses sistemas de reputação podem falhar: fontes de fato dignas de confiança podem se tornar não confiáveis e vice-versa, como parece estar ocorrendo hoje em dia com importantes fontes jornalísticas como a CNN e a Fox News nos Estados Unidos. Aviv Ovadya, tecnólogo que trabalha contra a desinformação, dá a isso o nome de "infoapocalipse — um fracasso catastrófico do mercado de ideias".[10]

Uma maneira de proteger o funcionamento de sistemas de reputação é injetar fontes que estejam o mais próximo possível da verdade diretamente observável. Um único fato que seja *comprovadamente verdadeiro* pode invalidar qualquer quantidade de fontes que sejam mais ou menos dignas de confiança, se essas fontes disseminam informações que contrariem os fatos conhecidos. Em muitos países, tabeliães funcionam como fontes de verdade diretamente observável, para manter a integridade de informações jurídicas e imobiliárias; eles são em geral partes desinteressadas em qualquer transação, reconhecidos por governos ou sociedades profissionais. (Na Cidade de Londres, a Worshipful Company of Scriveners faz isso desde 1373, sugerindo que certa estabilidade é parte integrante da função de dizer a verdade.) Se padrões formais, qualificações profissionais e procedimentos de licenciamento surgissem para checar fatos, isso tenderia a preservar a validade dos fluxos de informações dos quais dependemos. Organizações como W3C Credible Web Group e Credibility Coalition visam desenvolver métodos tecnológicos e de *crowdsourcing* [contribuição colaborativa] para avaliar provedores de informações que permitam aos usuários filtrar fontes não confiáveis.

Outra maneira de proteger sistemas de reputação é impor um custo por fornecer informações falsas. Alguns sites de avaliação de hotéis, por exemplo, só aceitam críticas relativas a determinado hotel de pessoas que fizeram reservas naquele hotel e pagaram através do site, enquanto outros sites de avaliação aceitam críticas de qualquer um. Não é de surpreender que as avaliações dos sites do primeiro tipo são muito menos tendenciosas, porque impõem um custo (pagar sem necessidade por um quarto de hotel) por críticas fraudulentas.[11] Muitas reguladoras são mais polêmicas: ninguém vai querer um Ministério da Verdade, e a lei para as redes sociais da Alemanha só multa a plataforma de conteúdo, não a pessoa que posta as fake news. Por outro lado, assim como em muitos países e estados americanos é ilegal gravar conversas telefônicas sem permissão, deveria pelo menos ser possível impor multas por criar gravações de áudio e de vídeo fictícias de pessoas de verdade.

Enfim, há dois outros fatos que trabalham a nosso favor. O primeiro é que quase ninguém quer, conscientemente, ouvir mentiras. (Não quer dizer que pais sempre indagam vigorosamente sobre a confiabilidade daqueles que elogiam a inteligência e a elegância de seus filhos; é que é menos provável que busquem essa aprovação de alguém conhecido por nunca perder uma oportunidade de mentir.) Isso significa que pessoas das mais variadas convicções têm um incentivo para adotar ferramentas que as ajudem a separar verdades de mentiras. Em segundo lugar, ninguém quer ser conhecido como mentiroso, menos ainda um veículo de comunicação. Isso significa que provedores de informações — pelo menos os que prezam por sua reputação — têm um incentivo para aderir a associações industriais e a adotar códigos de conduta que favoreçam a divulgação de verdades. Por sua vez, plataformas de redes sociais podem oferecer aos usuários a opção de só verem conteúdos de fontes conceituadas, que adotam esses códigos e se submetem à checagem de fatos por terceiros.

ARMAS AUTÔNOMAS LETAIS

As Nações Unidas definem sistemas de armas autônomas letais (Lethal Autonomous Weapons, ou AWS, sigla abreviada, para não confundir com LAWS, ou leis) como sistemas de armas que "localizam, selecionam e eliminam alvos humanos sem intervenção humana". As AWS têm sido descritas, por bons motivos, como a "terceira revolução em atividades de guerra", depois da pólvora e das armas nucleares.

Você talvez tenha lido artigos na mídia sobre AWS; os artigos geralmente as chamam de *robôs assassinos* e trazem imagens de *O exterminador do futuro*. Isso é capcioso em pelo menos dois sentidos: primeiro, sugere que armas autônomas são uma ameaça porque podem dominar o mundo e destruir a raça humana; segundo, sugere que armas autônomas serão humanoides, conscientes e perversas.

O resultado das descrições da mídia tem sido fazer parecer coisa de ficção científica. Até o governo alemão já se manifestou: recentemente divulgou uma declaração[12] afirmando que "ter a capacidade de aprender e de desenvolver autoconsciência constitui atributo indispensável a ser usado para definir funções individuais ou sistemas de armas como autônomos". (Isso faz tanto sentido quanto dizer que um míssil só é míssil se ultrapassar a velocidade da luz.) Na verdade, armas autônomas terão o grau de autonomia de um programa de xadrez, que recebe a missão de vencer o jogo, mas decide por conta própria para onde mover suas peças e que peças do adversário eliminar.

As AWS não são coisa de ficção científica. Já existem. O exemplo mais claro talvez seja a Harop de Israel (figura 7, à esquerda), uma *loitering munition* [munição que permanece em voo aguardando para atacar] com envergadura de três metros e uma ogiva de 22 quilos. Vasculha por até seis horas determinada região geográfica à procura de qualquer alvo que corresponda a certo

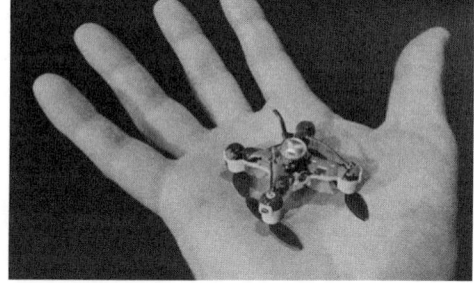

Figura 7: (*à esquerda*) Loitering weapon Harop *produzida por Indústrias Aeroespaciais Israelenses;* (*à direita*) *imagem tirada do vídeo* Slaughterbots *mostrando um possível design de arma autônoma contendo um pequeno projétil impulsionado por explosivos.*

critério e então o destrói. O critério pode ser "emite sinal de radar parecido com radar antiaéreo" ou "lembra um tanque".

Combinando avanços recentes em design de quadricópteros em miniatura, câmeras em miniatura, chips de visão computacional, algoritmos de navegação e mapeamento e métodos para detectar e rastrear humanos, seria possível empregar rapidamente uma arma antipessoal como o Slaughterbot,[13] mostrado na figura 7 (à direita). Essa arma poderia receber a missão de atacar qualquer pessoa que correspondesse a certos critérios visuais (idade, sexo, uniforme, cor da pele etc.) ou até indivíduos específicos com base em reconhecimento facial. Fui informado de que o Departamento de Defesa suíço já construiu e testou um Slaughterbot real e descobriu que, como esperado, a tecnologia é tão viável quanto letal.

Desde 2014, vêm sendo mantidas discussões diplomáticas em Genebra que podem levar a um tratado para banir as AWS. Ao mesmo tempo, alguns dos participantes mais importantes dessas discussões (os Estados Unidos, a China, a Rússia e até certo ponto Israel e o Reino Unido) estão envolvidos numa competição perigosa para desenvolver armas autônomas. Nos Estados Unidos, por exemplo, o programa CODE (Operações Colaborativas em Ambientes Negados) busca a autonomia habilitando drones a funcionarem com no máximo contato de rádio intermitente. Os drones vão "caçar em bando, como lobos", de acordo com o administrador do programa.[14] Em 2016, a Força Aérea dos Estados Unidos fez uma demonstração empregando 103 microdrones Perdix lançados de três caças F/A-18. Segundo o anúncio, "os Perdix não são indivíduos sincronizados pré-programados, são um organismo coletivo, compartilhando um cérebro distribuído para a tomada de decisões e adaptando-se uns aos outros como enxames na natureza".[15]

Pode parecer bastante óbvio que construir máquinas capazes de decidir matar humanos é uma má ideia. Mas "bastante óbvio" nem sempre é uma razão convincente para governos — incluindo alguns governos relacionados no parágrafo anterior — empenhados em alcançar o que para eles significa superioridade estratégica. Uma razão mais convincente para rejeitar armas autônomas é que elas são *armas escaláveis de destruição em massa*.

Escalável é um termo da ciência da computação; um processo é escalável se você puder multiplicá-lo 1 milhão de vezes essencialmente comprando 1 milhão de vezes mais hardware. É assim que o Google atende a cerca de 5 bilhões de pedidos de busca por dia dispondo não de milhões de empregados, mas de milhões de computadores. Com armas autônomas, pode-se causar milhões de vezes mais mortes comprando 1 milhão de vezes mais armas, *justamente porque as armas são autônomas*. Ao contrário de drones pilotados remotamente, ou de AK-47s, elas não precisam de supervisão humana individual para executar seu trabalho.

Como armas de destruição em massa, as armas autônomas escaláveis têm vantagens para quem está atacando, em comparação com armas nucleares e bombardeios de saturação: elas deixam propriedades intactas e podem ser aplicadas seletivamente para eliminar apenas aqueles que constituem ameaça para uma força de ocupação. Podem com certeza ser usadas para varrer do mapa grupos étnicos inteiros ou todos os seguidores de determinada religião (se esses seguidores apresentarem sinais visíveis). Além do mais, enquanto o uso de armas nucleares representa um limiar cataclísmico que temos evitado cruzar (com frequência por pura sorte) desde 1945, não existe esse limiar para armas autônomas escaláveis. Os ataques podem se intensificar lentamente, de cem baixas para mil, para 10 mil ou para 100 mil. Além dos ataques reais, a simples *ameaça* de ataque com essas armas faz delas uma ferramenta eficiente de terror e opressão. Aa armas autônomas reduzirão de forma considerável a segurança humana em todos os níveis: pessoal, nacional e internacional.

Não quer dizer que armas autônomas venham a ser o fim do mundo, como vemos nos filmes *O Exterminador do futuro*. Elas não precisam ser especialmente inteligentes — um carro sem motorista provavelmente precisa ser mais esperto —, e suas missões não serão do tipo "tomar conta do mundo". O risco existencial da IA não vem principalmente de robôs assassinos simplórios. Por outro lado, máquinas superinteligentes em conflito com a humanidade podem decerto se armar dessa maneira, tornando robôs assassinos relativamente estúpidos em extensões físicas de um sistema de controle global.

ELIMINAR O TRABALHO TAL COMO O CONHECEMOS

Milhares de notícias e artigos de opinião na mídia, além de vários livros, foram escritos sobre robôs tomando o trabalho dos humanos. Centros de pesquisa brotam mundo afora para procurar entender o que pode acontecer.[16] Os títulos *Os robôs e o futuro do emprego*,[17] de Martin Ford, e *The Economic Singularity: Artificial Intelligence and the Death of Capitalism* [A singularidade econômica: Inteligência Artificial e a morte do capitalismo],[18] de Calum Chace, sintetizam muito bem essa preocupação. Embora, como logo ficará claro, eu não esteja de forma alguma qualificado para opinar sobre o que é de fato matéria para economistas,[19] suspeito que se trata de uma questão importante demais para ficar totalmente por conta deles.

A questão do *desemprego tecnológico* foi trazida à tona num artigo famoso, "Economic Possibilities for Our Grandchildren" [Possibilidades econômicas para nossos netos], de John Maynard Keynes. Ele escreveu o artigo em 1930, quando a Grande Depressão criou desemprego em massa na Grã-Bretanha, mas o assunto tem uma história bem mais longa. Aristóteles, no Livro I de *Política*, apresenta o argumento principal de forma claríssima:

> Se cada instrumento pudesse fazer o próprio trabalho, obedecendo ou adivinhando a vontade de outros... se, da mesma forma, as lançadeiras pudessem tecer e o plectro pudesse tocar a lira sem uma mão para o guiar, capatazes não iam querer servos, nem senhores escravos.

Todo mundo concorda com a observação de Aristóteles de que há uma redução imediata de empregos quando um empregador descobre um método mecânico de fazer o trabalho antes feito por pessoas. A questão é saber se os chamados efeitos de compensação que se seguem — e que tendem a aumentar os empregos — acabarão compensando mesmo a redução. Os otimistas dizem que sim — e no debate atual mencionam todos os novos empregos surgidos depois das revoluções industriais anteriores. Os pessimistas dizem que não — e no debate atual sustentam que as máquinas vão executar todos os "novos trabalhos" também. Quando uma máquina substitui nosso trabalho físico, podemos vender trabalho mental. Quando uma máquina substitui nosso trabalho mental, o que nos sobra para vender?

Em *Vida 3.0*, Max Tegmark apresenta o debate como uma conversa entre dois cavalos discutindo o avanço do motor de combustão interna em 1900. Um prevê "novos empregos para cavalos... Foi o que sempre aconteceu antes, como com a invenção da roda e do arado". Para a maioria dos cavalos, infelizmente, o "novo emprego" foi tornar-se alimento para animais de estimação.

O debate persiste há milênios, porque há efeitos em ambas as direções. O resultado real depende de que efeitos importam mais. Veja-se, por exemplo, o que acontece com pintores de parede quando a tecnologia avança. Para simplificar, a largura do pincel representará o grau de automação:

- Se o pincel for da largura de um fio de cabelo (um décimo de milímetro), vamos precisar de milhares de pessoas-ano para pintar uma casa, e com efeito nenhum pintor de paredes estará empregado.
- Com pincéis de um milímetro de largura, talvez uns poucos murais delicados sejam pintados no palácio real por um pequeno grupo de pintores. Com um centímetro, a nobreza começa a seguir o exemplo.
- Com dez centímetros, entramos nos domínios da praticidade: a maioria dos proprietários manda pintar suas casas pelo lado de dentro e pelo lado de fora, embora, talvez, não com grande frequência, e milhares de pintores de parede encontram emprego.
- Uma vez que chegamos a rolos mais largos e pistolas de pintura — o equivalente a um pincel de cerca de um metro de largura —, o preço cai consideravelmente, mas a demanda pode começar a saturar, e o número de pintores cai um pouco.
- Quando uma pessoa administrar uma equipe de cem robôs pintores — a produtividade equivalente a um pincel de cem metros de largura —, casas inteiras podem ser pintadas em uma hora e haverá poucos pintores trabalhando.

Portanto, os efeitos *diretos* da tecnologia ocorrem em dois sentidos: de início, ao aumentar a produtividade, a tecnologia pode aumentar os empregos reduzindo o preço de uma atividade e com isso aumentando a demanda; como consequência, novos avanços em tecnologia significam que cada vez menos humanos são necessários. A figura 8 ilustra isso.[20]

Muitas tecnologias exibem curvas semelhantes. Se, em certo setor da economia, estivermos à esquerda do pico, então o avanço da tecnologia aumentará os empregos naquele setor; exemplos atuais podem incluir tarefas como remoção de grafite, limpeza do meio ambiente, inspeção de contêineres de navio e construção de casas em países menos desenvolvidos, que podem se tornar

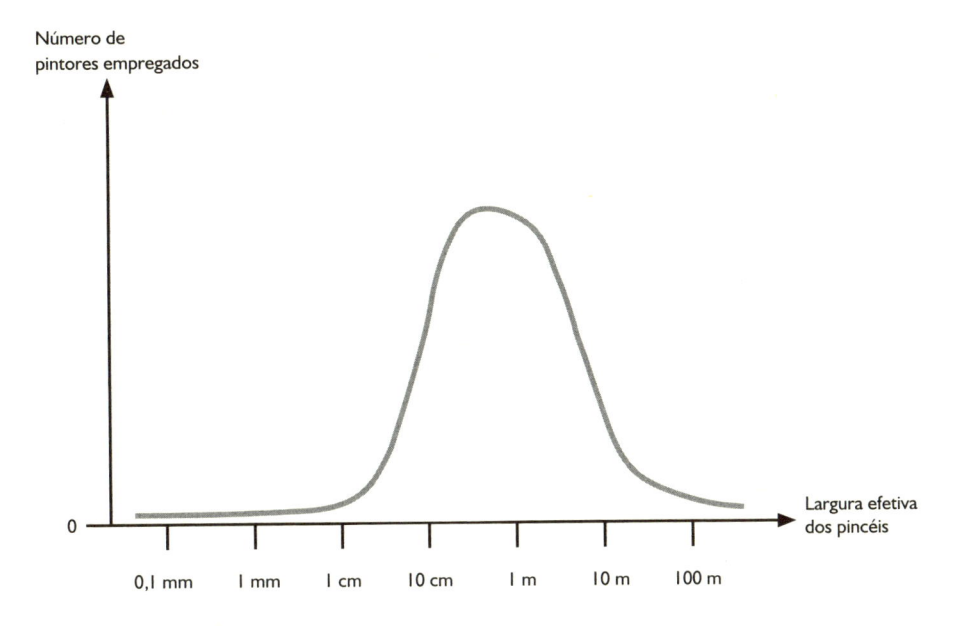

Figura 8: *Gráfico hipotético de empregos para pintores de parede à medida que a tecnologia avança.*

mais viáveis economicamente se tivermos robôs para ajudar. Se já estivermos à direita do pico, então mais automação significará menos empregos. Por exemplo, não é difícil prever que ascensoristas vão continuar a ser empurrados para fora da cabine. No longo prazo, temos que esperar que mais indústrias sejam empurradas para a extrema direita da curva. Um artigo recente, baseado num cuidadoso estudo econométrico dos economistas David Autor e Anna Salomons, afirma que, "nos últimos quarenta anos, os empregos caíram em todas as indústrias que introduziram tecnologias para aumentar a produtividade".[21]

E que dizer dos efeitos de compensação descritos pelos otimistas econômicos?

- Algumas pessoas têm que fazer os robôs pintores. Quantos? Bem *menos* do que o número de pintores de parede que os robôs substituem — do contrário, custaria mais caro pintar casas com robôs, e não menos, e ninguém compraria os robôs.

- Pintar casas torna-se um pouco mais barato, por isso as pessoas contratam os pintores de parede com frequência um pouco maior.
- Enfim, como pagamos menos para pintar a casa, temos mais dinheiro sobrando para gastar com outras coisas, aumentando, dessa maneira, os empregos em outros setores.

Os economistas tentam medir o tamanho desses efeitos em várias indústrias que aumentam a automação, mas os resultados são em geral inconclusivos.

Historicamente, a maioria dos economistas tradicionais argumenta de um ponto de vista "panorâmico": a automação aumenta a produtividade, portanto, em geral, os humanos estão em melhor situação, no sentido de que desfrutamos de mais bens e serviços pela mesma quantidade de trabalho.

A teoria econômica não prevê, infelizmente, que cada humano estará em melhor situação como resultado da automação. Em geral, a automação aumenta a fatia de renda que vai para o capital (os donos dos robôs pintores) e diminui a fatia que vai para o trabalho (os ex-pintores de parede). Os economistas Erik Brynjolfsson e Andrew McAfee, em *A segunda era das máquinas*, afirmam que isso já vem acontecendo há décadas. Dados sobre os Estados Unidos são mostrados na figura 9. Indicam que de 1947 a 1973 salários e produtividade aumentaram juntos, mas depois de 1973 os salários estagnaram mesmo quando a produtividade praticamente dobrava. Brynjolfsson e McAfee dão a isso o nome de *Grande Dissociação*. Outros importantes economistas também soaram o alarme, incluindo os agraciados com o Nobel Robert Shiller, Mike Spence e Paul Krugman; Klaus Schwab, chefe do Fórum Econômico Mundial; e Larry Summers, ex-economista-chefe do Banco Mundial e secretário do Tesouro do presidente Bill Clinton.

Os que argumentam contra a noção de desemprego tecnológico costumam mencionar os caixas de banco, cujo trabalho pode ser feito em parte por caixas automáticos, e os caixas de loja, cujo trabalho é acelerado por códigos de barra e RFID tags [etiquetas de identificação por radiofrequência] nas mercadorias. Costuma-se afirmar que esses empregos estão aumentando por causa da tecnologia. Na verdade, o número de caixas nos Estados Unidos praticamente dobrou de 1970 para 2010, embora se deva levar em conta que a população dos Estados Unidos cresceu 50% e o setor financeiro mais de 400% no mesmo período,[22] de modo que é difícil atribuir total ou mesmo parcialmente

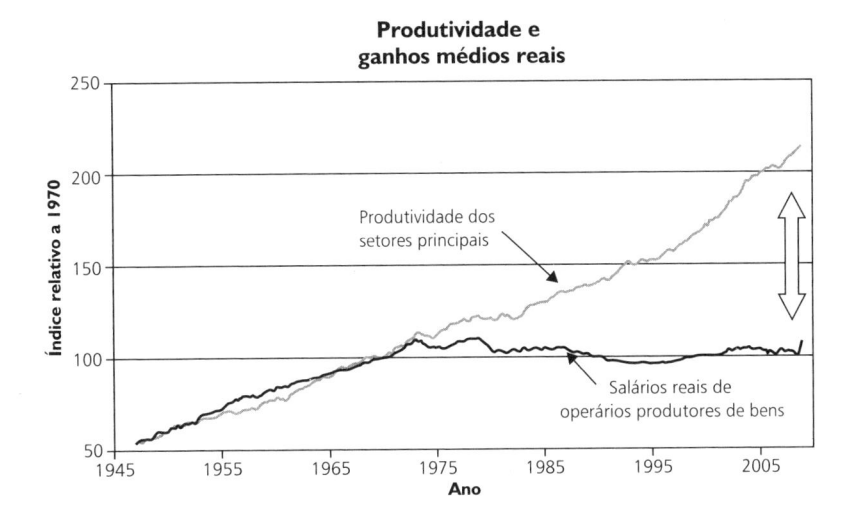

Figura 9: *Produtividade econômica e salários médios reais nos Estados Unidos desde 1947. (Dados do Bureau of Labour Statistics.)*

o aumento de empregos a caixas automáticos. Infelizmente, de 2010 para 2016, cerca de 100 mil caixas perderam o emprego, e o Bureau of Labor Statistics (BLS) dos Estados Unidos prevê mais 40 mil empregos perdidos até 2026: "As operações bancárias on-line e a tecnologia da automação devem continuar a substituir mais tarefas tradicionalmente executadas pelos caixas".[23] Os dados sobre caixas de loja não são mais animadores: o número per capita caiu 5% de 1997 a 2015, e o BLS diz que "avanços em tecnologia, como caixas automáticos em lojas varejistas e aumento das vendas on-line, continuarão a limitar a necessidade de caixas". Ambos os setores parecem estar indo ladeira abaixo. O mesmo se aplica a quase todos os empregos de baixa qualificação que envolvam trabalho com máquinas.

Que empregos estão prestes a entrar em declínio à medida que a tecnologia baseada em IA vai chegando? O exemplo básico citado na mídia é o de motorista. Nos Estados Unidos, há cerca de 3,5 milhões de caminhoneiros; muitos desses empregos podem ser vulneráveis à automação. A Amazon, entre outras empresas, já está usando caminhões sem motorista para transporte de carga nas rodovias interestaduais, embora no momento com motoristas humanos de reserva.[24] Parece muito provável que a parte das longas distâncias de cada viagem de caminhão logo será autônoma, enquanto humanos, por ora, cuidarão do tráfego dentro das cidades, da coleta e da entrega. Como consequência desses avanços previstos, poucos jovens estão interessados em seguir carreira como motorista de caminhão; ironicamente, há no momento uma significativa escassez de caminhoneiros nos Estados Unidos, o que serve apenas para apressar a chegada da automação.

Empregos de colarinho-branco também correm perigo. Por exemplo, o BLS projeta um declínio de 13% nos empregos per capita para subscritores de seguros de 2016 a 2026: "Softwares de subscrição automática permitem aos funcionários processar requerimentos com mais rapidez do que antes, reduzindo a necessidade de subscritores". Se a tecnologia de linguagem desenvolver-se como previsto, muitos empregos de venda e atendimento ao consumidor também estarão vulneráveis, bem como empregos nas profissões jurídicas. (Numa competição em 2018, softwares de IA superaram experientes profissionais jurídicos na análise de contratos-padrão de não divulgação e completaram a tarefa duzentas vezes mais rápido.)[25] Formas rotineiras de programação de computador — do tipo que hoje costuma ser terceirizado — provavelmente também serão automatizadas. A rigor, quase qualquer coisa que possa ser terceirizada é candidata à automação, porque terceirizar envolve decompor empregos em tarefas que podem ser divididas e distribuídas de forma descontextualizada. A indústria de *automação robótica de processos* produz ferramentas de software que atingem exatamente esse efeito com tarefas de escritório feitas on-line.

À medida que a IA avança, decerto será possível — talvez até provável — que nas próximas décadas a maioria do trabalho cotidiano físico e mental regular seja feita a um custo mais baixo por máquinas. Desde que deixamos de ser caçadores-coletores milhares de anos atrás, nossas sociedades têm usado a maioria das pessoas como robôs, executando tarefas manuais e mentais repetitivas; portanto, não é de surpreender que robôs logo venham a desempenhar essas funções. Isso empurrará os salários para baixo da linha de pobreza para as pessoas incapazes de competir pelos empregos de alta qualificação restantes. Larry Summers descreve assim a situação: "Pode muito bem acontecer que, levando em conta as possibilidades de substituição [de trabalho por capital], algumas categorias de trabalho serão incapazes de auferir um salário de subsistência".[26] Foi exatamente o que aconteceu com os cavalos, que se transformaram em alimento para animais de estimação. Em face do equivalente socioeconômico de tornar-se alimento de animais de estimação, os humanos ficarão muito pouco satisfeitos com seus governos.

Diante de humanos potencialmente insatisfeitos, governos do mundo inteiro já começam a prestar alguma atenção no assunto. A maioria deles já descobriu que a ideia de reciclar todo mundo para ser cientista de dados ou engenheiro de robótica não tem futuro — o mundo pode precisar de 5 milhões ou 10 milhões desses profissionais, mas isso não chega nem perto dos bilhões de empregos que estão em risco. A ciência de dados é um barco salva-vidas minúsculo para um gigantesco transatlântico.[27]

Alguns preparam "planos de transição" — mas transição para quê? Precisamos de um destino plausível para poder planejar uma transição — ou seja, precisamos de uma imagem plausível de economia futura, na qual a maior parte do que hoje se chama trabalho seja feita por máquinas.

Uma imagem que está surgindo rapidamente é a de uma economia na qual muito menos gente trabalhe, porque trabalhar é desnecessário. Keynes vislumbrou exatamente esse tipo de futuro em seu ensaio "Possibilidades econômicas para nossos netos". Descreveu os altos índices de desemprego que afligiam a Grã-Bretanha em 1930 como "fase temporária de desajuste" provocada por um "aumento de eficiência técnica" que chegou "mais depressa do que nossa capacidade de lidar com o problema da absorção de mão de obra". Não imaginou, no entanto, que no longo prazo — depois de um século de novos avanços tecnológicos — haveria um retorno ao pleno emprego:

> Assim, pela primeira vez desde a sua criação, o ser humano se verá diante do seu problema real, do seu problema permanente — como usar a libertação de prementes preocupações econômicas, como ocupar seu lazer, que a ciência e os juros compostos terão conquistado em seu nome, para viver sabiamente, agradavelmente e bem.

Esse futuro exige uma mudança radical em nosso sistema econômico, porque, em muitos países, os que não trabalham se veriam diante da pobreza ou da indigência. Assim, os proponentes modernos da visão de Keynes costumam apoiar alguma forma de *renda básica universal*, ou RBU. Financiada por impostos sobre valor agregado ou por impostos sobre ganho de capital, a RBU garantiria uma renda razoável para todos os adultos, fossem quais fossem as circunstâncias. Os que aspiram a um padrão de vida mais alto ainda poderiam trabalhar, sem perder a RUB, enquanto os que não têm essa aspiração poderiam dispor do tempo livre como bem entendessem. O que talvez seja surpreendente é que a RUB conta com apoio em todo o espectro político, do Instituto Adam Smith[28] ao Partido Verde.[29]

Para alguns, a RBU representa uma versão do paraíso.[30] Para outros, representa uma admissão de fracasso — uma afirmação de que a maioria das pessoas não terá nada de valor econômico com que contribuir para a sociedade. Podem ser alimentadas e abrigadas — basicamente por máquinas —, mas fora isso serão deixadas à própria sorte. A verdade, como sempre, está mais ou menos no meio, e depende em grande parte de nossa visão da psicologia humana. Keynes, em seu ensaio, fez uma clara distinção entre os que se esforçam e os que desfrutam — as pessoas com "um propósito", para as quais "uma enrascada não é uma enrascada a não ser que seja o caso de uma enrascada futura e nunca uma enrascada presente" e as pessoas "encantadoras" que são "capazes de ter prazer direto nas coisas". A proposta de RBU pressupõe que a grande maioria das pessoas pertença à variedade encantadora.

Keynes sugere que esforçar-se é um dos "hábitos e instintos do ser humano comum, nele criados por incontáveis gerações", e não um dos "valores reais da vida". Prevê que esse instinto desaparecerá aos poucos. Contra essa visão, pode-se sugerir que lutar é inerente ao que significa ser verdadeiramente humano. Em vez de se excluírem mutuamente, esforçar-se e desfrutar costumam ser inseparáveis: o verdadeiro gozo e a satisfação duradoura vêm de ter um propósito e de alcançá-lo (ou pelo menos tentar), quase sempre em face de obstáculos, e não do consumo passivo de prazeres imediatos. Há uma diferença entre escalar o Everest e ser depositado no cume por helicóptero.

A conexão entre lutar e desfrutar é um tema central para nossa compreensão de como construir um futuro desejável. Talvez gerações futuras se perguntem por que um dia nos preocupamos com uma coisa fútil como "trabalho". Caso essa mudança de atitudes custe a chegar, examinemos as implicações econômicas da opinião de que a maioria das pessoas se sentirá melhor fazendo alguma coisa útil, ainda que grande parte de bens e serviços venha a ser produzida por máquinas com pouquíssima supervisão humana. Inevitavelmente, a maioria estará envolvida em fornecer serviços interpessoais que só possam ser oferecidos — ou que *preferimos* que sejam oferecidos — por humanos. Ou seja, se não pudermos mais contribuir com trabalho físico e trabalho mental rotineiros, ainda assim poderemos oferecer nossa humanidade. Precisaremos nos tornar muito bons em sermos humanos.[31]

Profissões atuais desse tipo incluem psicoterapeutas, treinadores de executivos, instrutores, conselheiros, companheiros e pessoas que cuidam de crianças e de idosos. A expressão *profissões assistenciais* costuma ser usada nesse contexto, mas é falaciosa: tem uma conotação positiva para aqueles que cuidam, sem dúvida, mas uma conotação negativa de dependência e desamparo para os que são cuidados. Pensemos, porém, nesta observação, também de Keynes.

> Essas pessoas, capazes de manter viva e de cultivar à perfeição a arte da própria vida e de não se venderem pelos meios de vida, é que saberão desfrutar da abundância quando ela vier.

Todos vamos precisar de ajuda para aprender "a arte da própria vida". Não se trata aqui de dependência, mas de crescimento. A capacidade de inspirar outros e de outorgar a aptidão para apreciar e criar — seja na arte, na música, na literatura, na conversa, na jardinagem, na arquitetura, na culinária, no vinho ou no video game — provavelmente será mais necessária do que nunca.

A questão seguinte é a de distribuição de renda. Na maioria dos países, isso tem andado na direção errada por várias décadas. É uma questão complexa, mas uma coisa está clara: alta renda e alta posição social geralmente resultam do fornecimento de alto valor agregado. A profissão de baby-sitter, para citar um exemplo, está associada a baixa renda e a baixa posição social. Isso é, em parte, consequência do fato de não sabermos de fato cuidar de crianças. Alguns praticantes têm uma aptidão natural, muitos não têm. Compare-se isso, digamos, com cirurgia ortopédica. Não contrataríamos adolescentes entediados que precisam de um dinheirinho extra para trabalhar como cirurgiões ortopedistas a cinco dólares por hora, mais o que puderem comer da geladeira. Investimos séculos de pesquisa para entender o corpo humano e saber repará-lo quando quebra, e os praticantes precisam se submeter a anos de treinamento para adquirir todo esse conhecimento e as habilidades necessárias para aplicá-lo. Como resultado, cirurgiões ortopédicos são muito bem pagos e altamente respeitados. São bem pagos não só porque sabem muito e treinaram muito, mas também porque todo esse conhecimento e esse treinamento de fato funcionam, e lhes permitem agregar bastante valor à vida de outras pessoas — especialmente pessoas com pedaços quebrados.

Infelizmente, nossa compreensão científica da mente é espantosamente fraca e nossa compreensão científica da felicidade e do sentimento de realização é ainda mais fraca. Simplesmente não sabemos como agregar valor à vida dos outros de maneira consistente e previsível. Tivemos êxito moderado com certas desordens psiquiátricas, mas ainda travamos uma Guerra dos Cem Anos pelo Letramento para alcançar uma coisa básica como ensinar crianças a ler.[32] Precisamos repensar radicalmente nosso sistema educacional e nosso esforço científico para dar mais atenção ao humano do que ao mundo físico. (Joseph Aoun, presidente da Northeastern University, afirma que as universidades deveriam estar ensinando "humânica".)[33] Parece estranho dizer que a felicidade deveria ser uma disciplina de engenharia, mas não há outra conclusão possível. Essa disciplina se fundamentaria em ciência básica — uma melhor compreensão de como a mente humana funciona nos níveis cognitivo e emocional — e prepararia uma grande variedade de praticantes, de arquitetos de vida, para ajudar pessoas a planejarem a trajetória geral de sua vida, a especialistas em coisas como aprimoramento da curiosidade e resiliência pessoal. Se forem baseadas em ciência de verdade, essas profissões podem ser tão "crendices" quanto a dos construtores de ponte e a dos cirurgiões ortopédicos.

Recauchutar nossas instituições de educação e pesquisa para criar essa ciência básica e convertê-la em programas de estudos e profissões credenciadas levará décadas, portanto é boa ideia começar logo e lamentar que não tenhamos começado muito antes. O resultado final — se funcionar — será um mundo no qual valerá a pena viver. Sem essa reformulação, corremos o risco de um nível insustentável de perturbação socioeconômica.

USURPAR A FUNÇÃO DE OUTROS HUMANOS

Deveríamos pensar duas vezes antes de permitir que máquinas assumam funções que envolvam serviços interpessoais. Se o fato de sermos humanos é nossa maior vantagem para outros seres humanos, por assim dizer, então produzir humanos de imitação parece má ideia. Felizmente, nós temos uma clara vantagem sobre as máquinas quando se trata de saber como outros humanos se sentem e como vão reagir. Quase todos os humanos sabem o que é dar uma martelada no dedo ou amar sem ser correspondido.

A essa vantagem humana natural contrapõe-se uma desvantagem humana natural: a tendência a deixar-se enganar pelas aparências — especialmente pelas aparências humanas. Alan Turing alertou contra fazer robôs parecidos com humanos:[34]

> Espero e acredito que não haverá grandes esforços para fazer máquinas com as características humanas bem peculiares, como a forma do corpo, mas não intelectuais; parece-me fútil fazer essas tentativas e seus resultados teriam qualquer coisa da desagradável qualidade das flores artificiais.

Infelizmente, o alerta de Turing foi ignorado. Vários grupos de pesquisa já produziram robôs de aparência estranhamente viva, como mostrado na figura 10.

Como ferramentas de pesquisa, os robôs podem fornecer insights sobre como os humanos interpretam o comportamento e a comunicação dos robôs. Como protótipos de futuros produtos comerciais, representam uma forma de

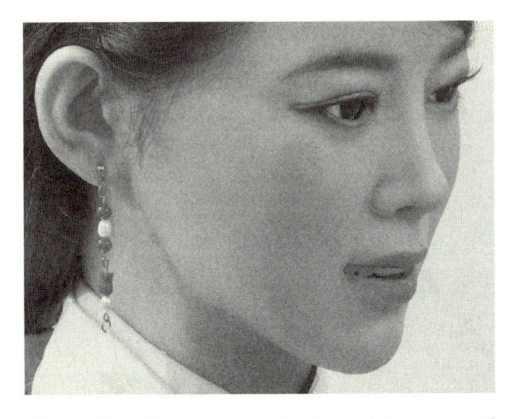

Figura 10: (*à esquerda*) *JiaJia, robô construído na Universidade de Ciência e Tecnologia da China; Geminoide DK, robô projetado por Hiroshi Ishiguro na Universidade de Osaka, no Japão, que teve como modelo Henrik Schärfe, da Universidade Aalborg na Dinamarca.*

desonestidade. Iludem nossa percepção consciente e apelam diretamente a nosso eu emocional, convencendo-nos talvez de que são dotados de verdadeira inteligência. Imaginemos, por exemplo, como seria mais fácil desligar e reciclar uma caixa atarracada, cinzenta, que estivesse com defeito — ainda que ela saísse guinchando para não ser desligada —, do que fazer a mesma coisa com JiaJia ou Geminoide DK. Imaginemos também como seria desconcertante e talvez psicologicamente perturbador para bebês e crianças pequenas ficar aos cuidados de entidades que pareçam humanas, como os pais, mas de alguma forma não sejam; que pareçam cuidar delas, como os pais, mas na verdade não cuidem.

Além da capacidade básica de transmitir informações não verbais por expressão e movimento facial — o que até o Pernalonga consegue fazer sem dificuldade —, não há nenhum bom motivo para que robôs tenham forma humanoide. Há boas e práticas razões para que não tenham — por exemplo, nossa posição bípede é relativamente instável em comparação com a locomoção quadrúpede. Cães, gatos e cavalos se adaptam bem a nossa vida, e sua forma física é um ótimo indício de como devem se comportar. (Imagine um cavalo que de repente começasse a se comportar como cachorro!) O mesmo vale para os robôs. Talvez uma morfologia tipo centauro, de quatro pernas e dois braços, fosse um bom padrão. Um robô fielmente humanoide faz tanto sentido quanto uma Ferrari com velocidade máxima de dez quilômetros por hora ou um sorvete de "framboesa" feito de creme de fígado picado tingido de beterraba.

O aspecto humanoide de alguns robôs já contribuiu para causar confusão política, além de emocional. Em 25 de outubro de 2017, a Arábia Saudita concedeu cidadania a Sofia, um robô humanoide que tem sido descrito como pouco mais do que um *"chatbot* [robô falante] com rosto"[35] e coisa pior.[36] Talvez fosse um golpe publicitário, mas uma proposta surgida na Comissão de Assuntos Jurídicos do Parlamento Europeu é absolutamente séria.[37] Ela recomenda

> a criação de estatuto jurídico específico para robôs a longo prazo, a fim de que pelo menos os robôs autônomos mais sofisticados possam ser qualificados como detentores do estatuto de pessoas eletrônicas responsáveis por sanar quaisquer danos que venham a causar.

Em outras palavras, o *próprio robô* seria responsável pelos danos, e não seu dono ou fabricante. Isso pressupõe que robôs terão ativos financeiros próprios e estarão sujeitos a sanções se não andarem na linha. Literalmente, não faz o menor sentido. Se fôssemos, por exemplo, prender o robô por não pagamento, que diferença faria para ele?

Além da elevação desnecessária e até absurda do status de robôs, há o perigo de que o uso cada vez maior de máquinas em decisões que afetam pessoas venha a degradar o status e a dignidade dos humanos. Essa possibilidade é ilustrada perfeitamente numa cena do filme de ficção científica *Elysium*, quando Max (Matt Damon) conta seu lado da história perante o "oficial de liberdade condicional" (figura 11) para explicar por que a extensão de sua sentença é injustificada. Nem é preciso dizer que Max não consegue. O oficial de liberdade condicional até o repreende por não ter demonstrado uma atitude adequadamente respeitosa.

Podemos pensar nesse tipo de assalto à dignidade humana de duas maneiras. A primeira é óbvia: quando damos às máquinas autoridade sobre os humanos, nós nos relegamos a uma condição de segunda classe e perdemos o direito de participar de decisões que nos afetam. (Uma forma mais extrema disso é dar às máquinas autoridade para matar humanos, como já discutido neste capítulo.) A segunda é indireta: ainda que se acredite que não são as máquinas que tomam as decisões, mas *os humanos que as projetaram e autorizaram sua produção*, o fato de que esses projetistas e comissários humanos não acham que valha a pena levar em conta as circunstâncias individuais de cada sujeito humano nesses casos sugere que eles atribuem pouco valor à vida

Figura 11: *Max (Matt Damon) se encontra com seu oficial de liberdade condicional em* Elysium.

alheia. Isso talvez seja sintoma do começo de uma grande separação entre uma elite servida por humanos e uma vasta classe baixa servida e controlada por máquinas.

Na União Europeia, o artigo 22 do Regulamento Geral sobre Proteção de Dados, ou RGPD, de 2018, proíbe explicitamente a delegação de autoridade a máquinas nos seguintes casos:

> O titular dos dados tem o direito de não se sujeitar a nenhuma decisão baseada somente em processamento automático, incluindo a definição de perfil, que produza efeitos jurídicos relativos a ele ou ela ou o/a afete significativamente de forma similar.

Embora pareça admirável em princípio, ainda resta saber — pelo menos quando escrevo este livro — que impacto isso terá na prática. Quase sempre é muito mais fácil, mais rápido e mais barato delegar decisões à máquina.

Um motivo da preocupação com decisões automáticas é o potencial de *viés algorítmico* — a tendência dos algoritmos de aprendizado de máquina a produzirem decisões inapropriadamente parciais sobre empréstimos, moradia, empregos, seguros, liberdade condicional, sentenças, ingresso na faculdade, e assim por diante. O uso explícito de critérios como raça nessas decisões é ilegal há décadas em muitos países e proibido pelo artigo 9 do RGPD numa grande variedade de requerimentos. Isso não significa, claro, que excluindo raça dos dados vamos obter decisões sobre raça imparciais. Por exemplo, a partir dos anos 1930, a prática sancionada pelo governo da *redlining* [negação de serviços etc.] fez com que certas áreas de endereçamento postal nos Estados Unidos fossem excluídas de empréstimos hipotecários e outras formas de investimento, levando à desvalorização dos imóveis. Não por coincidência, essas áreas eram habitadas em grande parte por afro-americanos.

Para impedir o *redlining*, agora só os três primeiros dígitos do código de endereçamento postal de cinco dígitos podem ser usados na tomada de decisões creditícias. Além disso, o processo decisório tem que ser suscetível de inspeção, para garantir que nenhuma outra tendenciosidade "acidental" esteja se intrometendo. Costuma-se dizer que o RGPD da União Europeia garante um "direito a uma explicação" genérico sobre qualquer decisão automatizada,[38] mas a rigor a redação do artigo 14 exige apenas informações úteis sobre a lógica subjacente, bem como a importância e as consequências previstas desse tratamento para o titular dos dados.

No momento, não se sabe que tribunais vão fazer cumprir essa cláusula. É possível que o consumidor azarado receba apenas uma descrição do algoritmo de aprendizado profundo usado para treinar o classificador que tomou a decisão.

Hoje em dia, as causas mais prováveis de viés algorítmico estão nos dados, mais do que na perversidade das corporações. Em 2015, a revista *Glamour* noticiou uma descoberta frustrante: "A primeira imagem de busca de 'CEO' do sexo feminino aparece no Google na décima segunda posição — e é Barbie". (Havia algumas mulheres entre os resultados da busca em 2018, mas eram na maioria modelos posando de CEOs em fotos genéricas de arquivo, e não de CEOs genuínas; os resultados de 2019 são um pouco melhores.) Isso é consequência não de deliberado preconceito de gênero na hierarquização de imagens do mecanismo de busca do Google, mas de preconceitos preexistentes na cultura que produz os dados: há muito mais CEOs homens do que CEOs mulheres, e as pessoas, quando querem descrever um CEO "arquetípico" numa imagem legendada, quase sempre escolhem uma imagem de homem. O fato de o preconceito estar basicamente nos dados não significa, é claro, que não haja obrigação de tomar medidas para neutralizar o problema.

Há outras razões, mais técnicas, que fazem a aplicação ingênua de métodos de aprendizado de máquina produzir resultados tendenciosos. Por exemplo, as minorias são, por definição, menos bem representadas em dados de amostragem referentes a toda a população; dessa maneira, previsões relativas a membros individuais de minorias podem ser menos exatas se forem feitas com base principalmente em dados sobre outros membros do mesmo grupo. Felizmente, tem-se prestado bastante atenção ao problema de remover tendências não intencionais de algoritmos de aprendizado de máquina, e já existem métodos que produzem resultados imparciais segundo várias definições plausíveis e desejáveis de imparcialidade.[39] A análise matemática dessas definições de imparcialidade mostra que elas não podem ser alcançadas ao mesmo tempo, e que, quando postas em prática, resultam em previsões menos exatas e, no caso de decisões sobre a concessão de empréstimos, em menos lucro para quem empresta. Isso talvez seja frustrante, mas pelo menos mostra com clareza quais são os *trade-offs* envolvidos quando se quer evitar preconceitos algorítmicos. Esperemos que o conhecimento desses métodos e da própria questão se difunda rapidamente entre elaboradores de política, praticantes e usuários.

Se delegar às máquinas autoridade sobre indivíduos humanos é por vezes problemático, que dizer de delegar essa autoridade sobre grandes grupos humanos? Em outras palavras, é de bom senso atribuir a máquinas funções políticas e administrativas? No momento, isso pode parecer implausível. Máquinas são incapazes de manter uma conversa prolongada e carecem da compreensão básica de fatores relevantes para a tomada de decisões de grande alcance, como aumentar ou não o salário mínimo, rejeitar ou aceitar uma proposta de fusão feita por outra corporação. A tendência, no entanto, é clara: as máquinas estão tomando decisões em nível de autoridade cada vez mais alto em muitas áreas. Vejamos o caso das empresas aéreas. De início, os computadores ajudavam a preparar horários de voos. Logo passaram a cuidar da distribuição de tripulações, da reserva de assentos e da administração da rotina de manutenção. Em seguida, foram conectados a redes globais de informações para fornecer relatórios de status em tempo real aos gerentes de companhias aéreas para que pudessem lidar com eficiência com imprevistos: redirecionar aviões, reacomodar passageiros e revisar cronogramas de manutenção.

Isso tudo é para o bem, do ponto de vista da economia das empresas aéreas e da experiência vivida pelos passageiros. A questão é saber se o sistema de computadores continua a ser uma ferramenta para os humanos, ou se os humanos se transformam em ferramenta para o sistema de computadores — fornecendo informações e corrigindo bugs quando necessário, mas incapazes de compreender em profundidade como a coisa toda funciona. A resposta fica clara quando o sistema cai e provoca um caos global até voltar a funcionar. Por exemplo, uma simples "falha de computador" em 3 de abril de 2018 provocou atrasos significativos ou cancelamentos em 15 mil voos na Europa.[40] Quando algoritmos de negociação causaram "*flash crash*" [quebra súbita] na Bolsa de Valores de Nova York em 2010, fazendo desaparecer 1 trilhão de dólares em poucos minutos, a única solução foi fechar a bolsa. Ainda não se sabe direito o que aconteceu.

Antes de haver qualquer tecnologia, os seres humanos, como a maioria dos animais, viviam para satisfazer as necessidades imediatas, sem guardar nada para depois. Pisávamos diretamente no chão, por assim dizer. Aos poucos, a tecnologia nos colocou em cima de uma pirâmide de máquinas, aumentando nossa presença como indivíduos e como espécie. Há diferentes maneiras de projetar as relações entre humanos e máquinas. Se forem projetadas para que os humanos retenham compreensão, autoridade e autonomia suficientes, as peças tecnológicas do sistema podem ampliar imensamente as aptidões humanas, permitindo a cada um de nós ficar em pé sobre uma vasta pirâmide de aptidões — como um semideus, por assim dizer. Mas vejamos o caso da trabalhadora num armazém de preparação e entrega de encomendas. Ela é mais produtiva do que suas antecessoras, pois conta com um pequeno exército de robôs indo buscar as mercadorias onde elas estão estocadas; mas ela é parte de um sistema maior controlado por algoritmos inteligentes que decidem onde deve se posicionar e que itens pegar e despachar. Já está parcialmente soterrada na pirâmide, e não em pé em cima dela. É só uma questão de tempo para que a areia encha os espaços na pirâmide e sua função seja eliminada.

5. IA inteligente demais

O PROBLEMA DO GORILA

Não é preciso ter muita imaginação para se dar conta de que fazer uma coisa mais esperta do que nós pode ser má ideia. Entendemos que nosso controle sobre o meio ambiente e sobre outras espécies resulta de nossa inteligência, portanto pensar que alguma outra coisa possa ser mais inteligente do que nós — seja um robô, seja um alienígena — logo provoca um sentimento de apreensão.

Há uns 10 milhões de anos, os ancestrais do gorila moderno criaram (acidentalmente, sem dúvida) a linhagem genética dos humanos modernos. Como será que se sente o gorila a esse respeito? Obviamente, se pudessem falar conosco sobre a situação atual de sua espécie em relação aos humanos, a opinião consensual seria muito negativa. Sua espécie, a rigor, não tem nenhum futuro além daquele que acharmos por bem permitir. Não vamos querer estar numa situação parecida com relação a máquinas superinteligentes. Chamemos isso de *problema do gorila* — especificamente, o problema de os humanos preservarem sua supremacia e autonomia num mundo que inclua máquinas com inteligência substancialmente superior.

Charles Babbage e Ada Lovelace, que projetaram e escreveram programas para a Máquina Analítica em 1842, estavam cientes de seu potencial, mas aparentemente não tinham reserva alguma sobre ela.[1] Em 1847, Richard Thornton, editor da *Primitive Expounder*, uma revista religiosa, esbravejou contra calculadoras mecânicas:[2]

A mente... ultrapassa a si mesma e acaba com a necessidade da própria existência ao inventar máquinas que *pensam* sozinhas... Mas quem sabe essas máquinas, quando mais aperfeiçoadas, possam pensar num plano para reparar os próprios defeitos e então forjar ideias além da compreensão da mente mortal!

Essa talvez tenha sido a primeira especulação a respeito do risco existencial dos dispositivos de computação, mas permaneceu na obscuridade.

Por sua vez, o romance *Erewhon*, de Samuel Butler, publicado em 1872, desenvolveu o tema em maior profundidade e teve sucesso imediato. Erewhon é um país no qual todos os dispositivos mecânicos foram banidos depois de uma terrível guerra civil entre os maquinistas e os antimaquinistas. Uma parte do livro, chamada "O livro das máquinas", explica as origens dessa guerra e apresenta argumentos dos dois lados.[3] Prenuncia, estranhamente, o debate que ressurgiu nos primeiros anos do século XXI.

O principal argumento dos antimaquinistas é que o avanço das máquinas chegará a um ponto em que a humanidade perderá o controle:

Não estamos criando nossos sucessores na supremacia da terra? Aumentando diariamente a beleza e a delicadeza de sua organização, diariamente acrescentando-lhe aptidões e concedendo-lhe mais e mais desse poder automático autorregulador que será melhor do que qualquer intelecto?... No curso das eras, viremos a ser a raça inferior...

Temos que escolher entre a alternativa de nos sujeitarmos a muito sofrimento presente ou sermos gradualmente substituídos por nossas próprias criaturas, até não sermos mais, em comparação com elas, do que os animais do campo em comparação conosco. Nossa servidão virá sem fazer barulho, avançando de forma imperceptível.

O narrador também relaciona os principais contra-argumentos dos pró-maquinistas, que adiantam a discussão sobre a simbiose homem-máquina a ser explorada no próximo capítulo: "Houve apenas uma tentativa séria de dar uma resposta. Seu autor disse que as máquinas deveriam ser vistas como parte da própria natureza física do ser humano, não passando, a rigor, de membros extracorporais".

Apesar de os antimaquinistas vencerem a discussão em *Erewhon*, o próprio Butler parece incapaz de decidir-se. Por um lado, ele lamenta o fato de que os "habitantes de Erewhon são... rápidos em trazer o senso comum para o santuário da lógica, quando um filósofo surge entre eles, que os arrebata com sua reputação de grande erudito" e diz, "eles se atrapalharam na questão das máquinas". Por outro lado, a sociedade de Erewhon que ele descreve é notavelmente harmoniosa, produtiva e até mesmo idílica. Os habitantes aceitam plenamente que é loucura retomar o caminho da invenção mecânica, e veem o que restou das máquinas nos museus "com os sentimentos de um antiquário inglês a respeito de monumentos druídicos ou pontas de flecha de sílex".

É evidente que a história de Butler era do conhecimento de Alan Turing, que examinou o futuro de longo prazo da IA numa palestra dada em Manchester em 1951:[4]

> Parece provável que, uma vez que o método de pensar da máquina começasse, ela não levaria muito tempo para deixar para trás nossos pobres poderes. Não haveria possibilidade de as máquinas morrerem, e elas seriam capazes de conversar umas com as outras para melhorar seu desempenho. A certa altura, portanto, deveríamos esperar que as máquinas tomassem o controle, na forma mencionada em *Erewhon*, de Samuel Butler.

No mesmo ano, Turing repetiu essas preocupações numa palestra radiofônica transmitida para todo o Reino Unido pelo *Third Programme* [Terceiro Programa], da BBC:

> Se uma máquina puder pensar, pensará de maneira mais inteligente do que nós, e onde isso nos deixaria? Mesmo que pudéssemos manter as máquinas numa posição subserviente, por exemplo, desligando a energia em momentos estratégicos, nos sentiríamos, como espécie, bastante humilhados... Esse novo perigo... é certamente uma coisa que deveria nos deixar ansiosos.

Quando "se sentiram seriamente preocupados com o futuro", os antimaquinistas de Erewhon julgaram seu "dever suprimir o mal enquanto ainda somos capazes", e destruíram todas as máquinas. A resposta de Turing a esse "novo perigo", a essa "ansiedade", é pensar em "desligar a energia" (embora não demore a ficar claro que essa opção de fato não existe). No clássico romance de ficção científica de Frank Herbert, *Duna*, ambientado no futuro distante, a humanidade quase sucumbe a uma jihad butleriana, uma guerra cataclísmica com as "máquinas pensantes". Um novo mandamento surgiu: "*Não construir máquinas à semelhança da mente humana*". Esse mandamento exclui dispositivos de computação de qualquer tipo.

Essas respostas drásticas refletem os temores incipientes que a inteligência das máquinas desperta. Sim, a perspectiva de máquinas superinteligentes é capaz de causar preocupação. Sim, é logicamente possível que essas máquinas tomem conta do mundo e subjuguem ou eliminem a raça humana. Se isso é tudo que conseguimos pensar, então de fato a única resposta plausível a nossa disposição, no momento, é tentar restringir a pesquisa sobre inteligência artificial — especificamente, banir o desenvolvimento e o emprego de sistemas de IA de uso geral e nível humano.

Como a maioria dos pesquisadores de IA, eu rejeito essa possibilidade. Como é que alguém ousa me dizer o que devo e o que não devo pensar? Qualquer pessoa que proponha o fim da pesquisa sobre IA vai precisar fazer um grande esforço de persuasão. Encerrar as pesquisas de IA seria desprezar não só uma das principais vias para chegarmos a entender como a inteligência humana funciona, mas também uma oportunidade de ouro de melhorar a condição humana — de construir uma civilização muito melhor. O valor econômico da IA de nível humano pode ser medido em quatrilhões de dólares, portanto o impulso dado por empresas e governos à pesquisa de IA provavelmente será enorme. Esmagará as vagas objeções de um filósofo, por maior que seja sua "reputação de grande erudito", como diz Butler.

Outro inconveniente da ideia de banir a IA de uso geral é que se trata de uma coisa difícil de banir. O progresso na IA de uso geral ocorre basicamente nos quadros brancos de laboratórios de pesquisa no mundo inteiro, onde problemas matemáticos são formulados e resolvidos. Não sabemos, previamente, que ideias e equações banir, e, ainda que soubéssemos, não parece razoável esperar que essa proibição seja executável ou eficaz.

Para aumentar a dificuldade, pesquisadores que fazem progresso em IA de uso geral quase sempre estão trabalhando em outra coisa. Como já afirmei, pesquisas em IA/ferramenta — esses aplicativos específicos, inócuos, como jogos, diagnóstico médico e planejamento de viagem, — quase sempre levam a avanços em técnicas de uso geral aplicáveis a uma grande variedade de problemas e nos aproximam da IA de nível humano.

Por essas razões, é improvável que a comunidade de IA — ou os governos e as corporações que controlam as leis e os orçamentos de pesquisa — reaja ao problema do gorila acabando com o progresso em IA. Se o problema do gorila só puder ser resolvido dessa maneira, não vai ser resolvido.

A única atitude que parece ter chance de funcionar é compreender por que melhorar a IA pode ser má ideia. Acontece que sabemos qual é a resposta há milhares de anos.

O PROBLEMA DO REI MIDAS

Norbert Wiener, que conhecemos no capítulo 1, teve profundo impacto em muitos campos, incluindo inteligência artificial, ciência cognitiva e teoria de controle. Ao contrário da maioria de seus contemporâneos, ele se preocupava em particular com a imprevisibilidade de sistemas complexos operando no mundo real. (Escreveu seu primeiro artigo sobre o assunto aos dez anos de idade.) Estava convencido de que o excesso de confiança de cientistas e engenheiros quanto à capacidade de controlar suas criações, fossem militares fossem civis, poderia ter consequências desastrosas.

Em 1950, Wiener publicou *The Human Use of Human Beings* [O uso humano de seres humanos],[5] cuja propaganda na capa dizia: "O 'cérebro mecânico' e máquinas parecidas podem destruir valores humanos ou nos permitir percebê-los como nunca percebemos".[6] Ele aos poucos foi refinando suas ideias e em 1960 já tinha identificado uma questão essencial: a impossibilidade de definir correta e completamente objetivos humanos. Isso, por sua vez, significa que o que chamo de modelo-padrão — a tentativa dos humanos de inculcar nas máquinas seus próprios objetivos — está condenado ao fracasso.

Podemos chamar isso de *problema do rei Midas*: Midas, lendário rei da mitologia da Grécia antiga, teve exatamente o que queria — ou seja, tudo em que tocava virava ouro. Tarde demais descobriu que isso incluía a comida, a bebida e os membros de sua família, e morreu de miséria e fome. Esse tema é universal na mitologia humana. Wiener cita o conto de Goethe sobre um aprendiz de feiticeiro que ensina a vassoura a ir buscar água — mas não diz quanta água e não sabe como fazer a vassoura parar.

Uma maneira técnica de dizer isso é que podemos sofrer de uma falha de alinhamento de valores — podemos, talvez inadvertidamente, inculcar nas máquinas objetivos não alinhados com perfeição aos nossos. Até há pouco tempo, estávamos protegidos das consequências potencialmente catastróficas pelas aptidões limitadas das máquinas inteligentes e pelo limitado escopo que tinham para afetar o mundo. (Na verdade, a maior parte do trabalho de IA era feita com problemas sem interesse científico imediato nos laboratórios de pesquisa.) Com disse Norbert Wiener em seu livro de 1964 *Deus, Golem & cia*:[7] "No passado, uma visão parcial e inadequada de propósito humano só foi relativamente inócua porque vinha acompanhada de limitações técnicas... Essa é apenas uma de muitas áreas em que a impotência humana nos protegeu do impacto totalmente destruidor da loucura humana".

Infelizmente, esse período de blindagem está chegando bem rápido ao fim.

Já vimos como algoritmos de seleção de conteúdo nas redes sociais provocaram estragos na sociedade em nome da maximização da receita publicitária. Caso você esteja pensando consigo mesmo que a maximização da receita publicitária já era um objetivo ignóbil que nunca deveria ter sido buscado, suponhamos então que, em vez disso, pedimos a algum futuro sistema superinteligente que persiga o nobre objetivo de encontrar a cura para o câncer — idealmente o mais rápido possível, porque alguém morre de câncer a cada 3,5 segundos. Em poucas horas, o sistema de IA lê toda a literatura biomédica e levanta hipóteses sobre milhões de substâncias químicas potencialmente eficazes ainda não testadas. Em questão de semanas, induz múltiplos tumores dos mais diferentes tipos em cada ser humano para fazer testes clínicos com essas substâncias, pois essa é a maneira mais rápida de encontrar uma cura. Opa!

Se preferir resolver problemas ambientais, você pode pedir à máquina que contenha a rápida acidificação dos oceanos resultante dos níveis mais altos de dióxido de carbono. A máquina desenvolve um novo catalisador que facilita uma reação química incrivelmente rápida entre oceano e atmosfera e restaura os níveis de pH dos oceanos. Infelizmente, um quarto do oxigênio da atmosfera é usado no processo, deixando-nos asfixiados, de forma lenta e dolorosa. Opa!

Essas hipóteses do tipo fim do mundo não são nada sutis — como talvez seja de esperar quando se trata de hipóteses sobre o fim do mundo. Mas há muitas hipóteses nas quais uma espécie de asfixia "aparece sem fazer ruído, avançando imperceptivelmente". O prólogo de *Life 3.0*, de Max Tegmark, apresenta, com detalhes, um cenário no qual uma máquina superinteligente assume aos poucos o controle econômico e político do mundo inteiro, praticamente sem que ninguém perceba. A internet e as máquinas de escala global a que ela dá suporte — as que já interagem com bilhões de "usuários" numa base diária — fornecem o meio perfeito para o aumento do controle humano pelas máquinas.

Não me parece que o objetivo colocado nessas máquinas venha a ser da variedade "tomar conta do mundo". O mais provável é que seja a maximização dos lucros, a maximização de envolvimento ou, talvez, até mesmo uma meta aparentemente benigna como obter mais pontos em pesquisas regulares de satisfação do usuário ou reduzir nosso uso de energia. Mas, se pensarmos em nós mesmos como entidades cujas ações devem atingir nossos objetivos, há duas maneiras de mudar nosso comportamento. A primeira é antiga: deixar nossas expectativas e nossos objetivos como estão, mas mudar nossas circunstâncias — por exemplo, oferecendo dinheiro, apontando uma arma para nós ou nos tornando submissos pela fome. Isso tende a ser caro e difícil para um computador executar. A segunda maneira é mudar nossas expectativas e nossos objetivos, o que é bem mais fácil para uma máquina. Ela está em contato conosco 24 horas todos os dias, controla nosso acesso às informações e nos fornece boa parte das nossas recreações, com jogos, TV, filmes e interação social.

Os algoritmos de aprendizado por reforço que otimiza os *click-throughs* nas redes sociais não têm a capacidade de raciocinar sobre comportamento humano — a rigor, não sabem sequer, em qualquer sentido significativo, que os humanos existem. Para as máquinas com uma compreensão bem maior da psicologia, das crenças e das motivações humanas, deve ser relativamente fácil guiar-nos, aos poucos, em direções que aumentem o grau de satisfação dos objetivos da máquina. Por exemplo, ela pode reduzir nosso consumo de energia convencendo-nos a ter menos filhos, realizando por fim — e inadvertidamente — os sonhos dos filósofos antinatalistas que pretendem eliminar o tóxico impacto da humanidade sobre o mundo natural.

Com um pouco de prática, é possível aprender a identificar maneiras pelas quais atingir objetivos mais ou menos fixos pode acarretar resultados arbitrariamente ruins. Um dos padrões mais comuns envolve omitir alguma coisa do objetivo que seja com efeito importante para você. Nesses casos — como nos exemplos já citados —, o sistema de IA costuma achar a solução mais favorável, que atribui a coisas às quais você dá importância, mas se esquece de mencionar, um valor extremo. Portanto, se você diz a seu carro sem motorista: "Leve-me para o aeroporto o mais rápido possível!", e ele interpreta a ordem literalmente, atingirá velocidades de 280 quilômetros por hora e você vai acabar preso. (Felizmente, os carros sem motoristas em estudo nos dias de hoje não aceitariam esse pedido.) Se você disser: "Leve-me para o aeroporto o mais rápido possível, mas sem ultrapassar o limite de velocidade", ele vai acelerar e frear bruscamente, desviando de faixa para manter a maior velocidade possível. Pode até obrigar carros a saírem da frente para ganhar alguns segundos na chegada ao terminal do aeroporto. E assim por diante — em última análise, você acrescentará as variáveis necessárias para que o carro dirija mais ou menos como um hábil motorista humano conduzindo ao aeroporto alguém com certa pressa.

Dirigir é tarefa simples com impactos apenas locais, e os sistemas de IA que estão sendo desenvolvidos para dirigir não são muito inteligentes. Por essas razões, muitos modos de falha potenciais podem ser antevistos; outros se revelarão em simuladores de condução ou em milhões de quilômetros de testes com motoristas profissionais prontos para assumir o controle se alguma coisa der errado; outros, ainda, só vão aparecer mais tarde, quando os carros já estiverem na estrada e alguma coisa estranha acontecer.

Infelizmente, com sistemas superinteligentes que podem ter impacto global, não existem simuladores nem segundas chances. Sem dúvida é muito difícil, e talvez impossível, para meros humanos prever e eliminar de antemão todas as formas desastrosas que a máquina pode escolher para atingir determinado objetivo. De modo geral, se você tem um objetivo e uma máquina superinteligente tem um objetivo diferente, conflitante, a máquina consegue o que quer e você não.

Se uma máquina buscando um objetivo incorreto já parece ruim, há coisa pior. A solução sugerida por Alan Turing — desligar a energia em momentos estratégicos — pode não ser viável, por um motivo simples: *você não pode pegar o café se estiver morto*.

Explico-me. Suponhamos que uma máquina tem o objetivo de pegar o café. Se for inteligente o suficiente, sem dúvida vai compreender que não atingirá seu objetivo se for desligada antes de concluir a missão. Portanto, o objetivo de buscar o café cria, como submeta necessária, o objetivo de inabilitar o botão de desligar. O mesmo se aplica a curar o câncer ou calcular as casas decimais de pi. Não há de fato muita coisa a fazer quando se está morto, por isso é de supor que sistemas de IA ajam preventivamente para preservar a própria existência, quando recebem objetivos mais ou menos definidos.

Se esse objetivo entrar em conflito com preferências humanas, então temos exatamente o enredo de *2001: Uma odisseia no espaço*, no qual o computador HAL 9000 mata quatro dos cinco astronautas a bordo da nave para evitar interferência em sua missão. Dave, o último astronauta sobrevivente, consegue desligar HAL depois de uma épica batalha de inteligência — supostamente para tornar o enredo interessante. Se HAL fosse de fato superinteligente, Dave teria sido desligado.

É importante compreender que autopreservação não precisa ser uma espécie de instinto incorporado, ou de Primeira Diretriz, em máquinas. (Portanto, a Terceira Lei da Robótica,[8] de Isaac Asimov, que começa assim "Um robô precisa proteger sua própria existência", é totalmente desnecessária.) Não há necessidade de incorporar autopreservação porque se trata de um *objetivo auxiliar* — um objetivo que é uma submeta útil de quase qualquer objetivo original.[9] Qualquer entidade que tenha um objetivo definido agirá automaticamente como se também tivesse metas auxiliares.

Além de estar vivo, ter acesso a dinheiro é um objetivo auxiliar dentro do nosso sistema atual. Por essa razão, uma máquina inteligente vai querer dinheiro, não por ser gananciosa, mas porque dinheiro é útil para alcançar todo tipo de objetivo. No filme *Transcendence: A revolução*, quando o cérebro de Johnny Depp é transferido para um supercomputador quântico, a primeira coisa que a máquina faz é copiar-se a si mesma em milhões de outros computadores pela internet, para que não possa ser desligada. A segunda coisa que faz é uma rápida operação na bolsa para financiar seus planos de expansão.

E quais são, exatamente, esses planos de expansão? Eles incluem projetar e construir um supercomputador quântico muito maior, fazer pesquisa de IA e realizar novas descobertas em física, neurociência e biologia. Essa declaração de intenções — poder computacional, algoritmos e conhecimento — também é objetivo auxiliar, útil para alcançar qualquer objetivo abrangente.[10] Parece inútil até percebermos que o processo de aquisição continuará sem limites. Isso parece criar inevitável conflito com humanos. E, claro, a máquina, equipada com modelos de processo decisório humano cada vez melhores, adivinhará e derrotará cada movimento nosso nesse conflito.

EXPLOSÕES DE INTELIGÊNCIA

I. J. Good foi um matemático brilhante que trabalhou com Alan Turing em Bletchley Park, decifrando códigos alemães durante a Segunda Guerra Mundial. Tinha o mesmo interesse de Turing pela inteligência das máquinas e por inferência estatística. Em 1965, escreveu o que hoje é seu artigo mais conhecido, "Speculations Concerning the First Ultraintelligent Machine" [Especulações a respeito da primeira máquina ultrainteligente].[11] A frase de abertura sugere que Good, apavorado com a temerária diplomacia nuclear da Guerra Fria, via a IA como possível salvadora da humanidade: "A sobrevivência do ser humano depende da construção sem delongas de uma máquina ultrainteligente". Mais adiante no artigo, adota um tom mais cauteloso. Introduz a noção de uma *explosão de inteligência*, mas, como Butler, Turing e Wiener antes dele, teme a perda de controle:

> Definamos a máquina ultrainteligente como uma máquina que pode ultrapassar, de longe, todas as atividades intelectuais de qualquer ser humano, por mais inteligente que seja. Uma vez que o projeto da máquina é uma dessas atividades intelectuais, uma máquina ultrainteligente poderia projetar máquinas ainda melhores; haveria então, sem dúvida, uma "explosão de inteligência", e a inteligência do homem ficaria muito para trás. Dessa forma, a primeira máquina ultrainteligente é a última invenção que o ser humano precisará fazer, desde que a máqui-

na seja dócil o suficiente para nos dizer como mantê-la sob controle. É curioso que esse argumento raramente seja apresentado fora da ficção científica.

Esse parágrafo é fundamental em qualquer discussão de IA superinteligente, apesar de as ressalvas finais em geral serem deixadas de fora. O argumento de Good pode ser reforçado notando-se que não só a máquina superinteligente *poderá* melhorar seu próprio projeto, como é *provável* que o faça, porque, como vimos, uma máquina inteligente espera beneficiar-se da melhoria dos próprios hardware e software. A possibilidade de uma explosão de inteligência costuma ser citada como o que há de mais arriscado para a humanidade em matéria de IA, porque teríamos pouco tempo para resolver o problema do controle.[12]

O argumento de Good certamente é plausível pela analogia com uma explosão química na qual cada reação molecular libera energia suficiente para iniciar mais de uma reação adicional. Por outro lado, é logicamente possível que as melhorias de inteligência deem resultados cada vez menores, e que o processo se esgote em vez de explodir.[13] Não há maneira óbvia de provar que uma explosão *necessariamente* ocorrerá.

A hipótese de diminuição de resultados é interessante por si mesma. Ela pode ocorrer se o fato de atingir determinada porcentagem de aperfeiçoamento for ficando muito mais difícil à medida que a máquina se torne mais inteligente. (Estou supondo, só para sustentar o argumento, que a inteligência automática de uso geral pode ser medida numa espécie de escala linear, o que duvido que algum dia seja rigorosamente verdadeiro.) Nesse caso, os humanos também serão incapazes de criar superinteligência. Se uma máquina que já é sobre-humana perde fôlego quando tenta aumentar a própria inteligência, os humanos perderão fôlego bem antes.

A rigor, nunca ouvi um argumento sério no sentido de que criar qualquer nível determinado de inteligência automática está além da capacidade criativa humana, mas imagino que se deva admitir que isso é logicamente possível. "Logicamente possível" e "estou pronto para apostar o futuro da raça humana nisso" são, claro, duas coisas bem diferentes. Apostar contra a criatividade humana me parece a pior estratégia.

Se uma explosão de inteligência viesse a ocorrer, e ainda não tivéssemos resolvido o problema de controlar máquinas de inteligência apenas ligeiramente sobre-humana — por exemplo, se não pudermos impedir que elas realizem autoaperfeiçoamentos recorrentes —, não teríamos tempo para resolver o problema do controle e não haveria mais o que fazer. É a hipótese de *decolagem rápida* de Bostrom, na qual a inteligência das máquinas cresce astronomicamente em questão de dias ou semanas. Nas palavras de Turing, é "certamente uma coisa que deveria nos deixar ansiosos".

As possíveis respostas a essa ansiedade parecem ser suspender a pesquisa de IA, negar que há riscos inerentes ao desenvolvimento de IA avançada, entender e atenuar os riscos projetando sistemas de IA que necessariamente permaneçam sob controle humano e nos resignarmos — simplesmente entregando o futuro às máquinas inteligentes.

Negar e atenuar são os assuntos do restante do livro. Como já afirmei, desistir da pesquisa de IA é ao mesmo tempo improvável (porque os benefícios aos quais se renuncia são grandes demais) e muito difícil de conseguir. Resignação parece a pior resposta possível. Quase sempre vem acompanhada da ideia de que sistemas de IA mais inteligentes do que nós de certa forma *merecem* herdar o planeta, deixando os humanos mergulharem gentilmente nessa boa noite, consolando-se com a ideia de que nossa brilhante descendência eletrônica segue firme em busca de seus objetivos. Essa opinião foi promulgada pelo roboticista e futurista Hans Moravec,[14] que escreveu: "As imensidões do ciberespaço estarão fervilhando de supermentes não humanas, tratando de assuntos que estão para nossas preocupações humanas como as nossas estão para as bactérias". Isso parece um equívoco. O valor, para os humanos, é definido antes de tudo pela experiência humana consciente. Se não houver humanos, ou outras entidades conscientes cuja experiência subjetiva seja importante para nós, nada do que ocorre terá valor algum.

6. Um debate não muito bom

"As implicações de introduzir uma segunda espécie inteligente na Terra são profundas e merecem séria reflexão."[1] Assim terminava uma resenha do livro *Superintelligence*, de Nick Bostrom, na revista *The Economist*. A maioria veria nisso um exemplo clássico de eufemismo britânico. Supõe-se que os grandes cérebros de hoje já estão fazendo essa reflexão em debates sérios, sopesando riscos e benefícios, buscando soluções, descobrindo ambiguidades em soluções, e assim por diante. Ainda não, pelo que sei.

Quando essas ideias são apresentadas para uma plateia técnica pela primeira vez, dá para ver balõezinhos surgindo das cabeças, como num cartum, começando com as palavras "Mas, mas, mas…" e terminando com pontos de exclamação.

O primeiro tipo de *mas* toma a forma de negação. Os negadores dizem "Mas isso não pode ser um problema real, por causa de xyz". Alguns desses xyzs refletem um jeito de raciocinar que pode ser caridosamente descrito como "pensamento positivo", enquanto outros são mais substanciais. O segundo tipo de *mas* toma a forma de "mudar de assunto": admitir que os problemas são reais, mas alegar que não deveríamos tentar resolvê-los, ou por serem insolúveis, ou porque há coisas mais importantes para pensar do que o fim da civilização, ou, ainda, porque é melhor nem tocar no assunto. O terceiro tipo de *mas* toma a forma de solução simplificada e instantânea: "Mas não podemos simplesmente fazer ABC?". Como ocorre com a negação, alguns ABCs são do tipo que causam arrependimento instantâneo. Outros, talvez por acaso, chegam perto de identificar a verdadeira natureza do problema.

Não estou sugerindo que não pode haver objeções razoáveis à noção de que máquinas superinteligentes mal projetadas representariam sério risco para a humanidade. É que ainda não vi nenhuma. Por sua grande importância, o assunto merece um debate público da mais alta qualidade. Portanto, no interesse desse debate, e na esperança de que o leitor dê sua contribuição, faço agora um resumo rápido dos pontos mais importantes até agora, por poucos que sejam.

NEGAÇÃO

Negar que o problema existe é a saída mais fácil. Scott Alexander, autor do blog Slate Star Codex, começa um artigo bastante conhecido sobre o risco da IA desta maneira:[2] "Passei a me interessar pelo risco da IA em 2007. Naquela época, a resposta da maioria das pessoas ao assunto era 'Não me venha com essa: a gente volta a conversar quando alguém acreditar nisso, além de alguns malucos da internet'".

Comentários que causam arrependimento instantâneo

Uma ameaça a sua vocação pode levar uma pessoa perfeitamente inteligente e séria a dizer coisas que, pensando melhor, talvez preferisse não ter dito. Sendo esse o caso, não vou citar o nome dos autores dos seguintes argumentos, todos eles conceituados pesquisadores de IA. Apesar de não ser necessário, incluo a refutação de cada argumento.

- Calculadoras eletrônicas são sobre-humanas em aritmética. Calculadoras não tomaram conta do mundo; portanto não há razão para nos preocuparmos com IA sobre-humana.
  - *Refutação: inteligência não é o mesmo que aritmética, e a capacidade aritmética de calculadoras não as habilita a tomar conta do mundo.*

- Cavalos têm força sobre-humana, e não precisamos provar que cavalos são inofensivos; portanto, não precisamos provar que sistemas de IA são inofensivos.
  - *Refutação: inteligência não é o mesmo que força física, e a força dos cavalos não os habilita a tomarem conta do mundo.*
- Historicamente, não há exemplos de máquinas matando milhões de humanos, portanto, por inferência, isso não pode acontecer no futuro.
  - *Refutação: há sempre uma primeira vez para todas as coisas, antes do que não há exemplo algum de que essas coisas tenham acontecido.*
- Nenhuma quantidade física no universo pode ser infinita, e isso inclui inteligência, portanto as preocupações com a superinteligência são exageradas.
  - *Refutação: a superinteligência não precisa ser infinita para ser problemática; e a física permite dispositivos de computação bilhões de vezes mais possantes do que o cérebro humano.*
- Não nos preocupamos com o fim da espécie por possibilidades altamente improváveis como buracos negros se materializando perto da órbita da Terra, portanto, por que nos preocuparmos com IA superinteligente?
  - *Refutação: se a maioria dos físicos da Terra estivesse trabalhando na construção desses buracos negros, não lhes perguntaríamos se isso era seguro?*

É complicado

Um dos elementos básicos da psicologia moderna é que um simples número de QI não pode caracterizar a plena riqueza da inteligência humana.[3] Há, diz a teoria, diferentes dimensões de inteligência: espacial, lógica, linguística, social, e assim por diante. Pode ser que Alice, nossa jogadora de futebol do capítulo 2, tenha mais inteligência espacial do que seu amigo Bob, mas menos inteligência social. Assim, não se pode enfileirar todos os humanos por estrita ordem de inteligência.

Isso é ainda mais verdadeiro com relação às máquinas, porque suas aptidões são muito mais limitadas. O mecanismo de busca do Google e o AlphaGo não têm praticamente nada em comum, além de serem produtos de duas subsidiárias da mesma corporação, e portanto não faz sentido dizer que um é mais inteligente do que o outro. Isso torna problemática a noção de "QI de máquina", e sugere que é um equívoco descrever o futuro como uma corrida unidimensional entre humanos e máquinas.

Kevin Kelly, fundador e editor da revista *Wired* e comentarista de tecnologia notavelmente arguto, leva esse argumento um pouco além. Em "The myth of a superhuman AI" [O mito da IA sobre-humana"],[4] escreve: "Inteligência não é uma dimensão única, por isso 'mais inteligente do que os humanos' é um conceito vazio". De um só golpe, todas as preocupações com a superinteligência são eliminadas.

Mas uma resposta óbvia é que uma máquina pode superar as aptidões humanas em *todas* as dimensões relevantes da inteligência. Nesse caso, até mesmo pelos rigorosos padrões de Kelly, a máquina seria mais esperta do que um humano, mas essa suposição bastante forte não é necessária para refutar o argumento dele. Vejamos o caso dos chimpanzés. Os chimpanzés provavelmente têm melhor memória de curto prazo do que os humanos, mesmo em tarefas orientadas para humanos, como lembrar sequências de dígitos.[5] A memória de curto prazo é uma dimensão importante da inteligência. Pelo argumento de Kelly, segue-se que humanos não são mais espertos do que os chimpanzés; na verdade, ele poderia afirmar que "mais inteligente do que um chimpanzé" é um conceito vazio. Não chega a ser um consolo para os chimpanzés (e bonobos, gorilas, orangotangos, baleias, golfinhos, e assim por diante), cuja espécie só sobrevive porque nos dignamos permitir. É menos consolo ainda para todas as espécies que varremos do mapa. Também não chega a ser consolo para os humanos que talvez tenham medo de ser varridos pelas máquinas.

É impossível

Mesmo antes do surgimento da IA em 1956, solenes intelectuais manifestavam desagrado e diziam que máquinas inteligentes eram impossíveis. Alan Turing dedicou boa parte do seu influente artigo de 1950, "Máquinas de computação e inteligência", a refutar esses argumentos. Desde então, a comunidade de IA vem rebatendo semelhantes afirmações de impossibilidade de filósofos,[6] matemáticos[7] e outros. No debate atual sobre superinteligência, vários filósofos exumaram essas afirmações de impossibilidade para provar que a humanidade nada tem a temer.[8] Não é de surpreender.

Cem Anos de Estudos sobre Inteligência Artificial, ou AI100, é um projeto ambicioso, de longo prazo, sediado na Universidade de Stanford. Seu objetivo é acompanhar a IA ou, mais precisamente, "estudar e prever os efeitos da inteligência artificial em todos os aspectos de como as pessoas trabalham, vivem e se divertem". Seu primeiro relatório importante, "Inteligência Artificial e a vida em 2030", foi uma surpresa.[9] Como era de esperar, ressalta os benefícios da IA em áreas como diagnóstico médico e segurança automotiva. O que há de inesperado é a afirmação de que, "diferentemente do que acontece nos filmes, não há raça de robôs sobre-humanos despontando no horizonte ou mesmo que seja possível".

Pelo que sei, foi a primeira vez que pesquisadores sérios de IA endossaram publicamente a opinião de que a IA de nível humano, ou sobre-humano, é impossível — e isso no meio de um período de progresso bastante rápido nas pesquisas de IA, quando um obstáculo atrás de outro está sendo superado. É como se um grupo de destacados biólogos da área de câncer anunciasse que eles nos enganaram o tempo todo: sempre souberam que nunca haverá uma cura para o câncer.

O que será que motivou a virada? O relatório não oferece nenhum argumento ou prova. (Na verdade, que provas poderia haver de que nenhum possível arranjo físico de átomos supere o cérebro humano?) Suspeito que há duas razões. A primeira é o desejo natural de refutar a existência do problema do gorila, que apresenta uma perspectiva bastante desconfortável para a pesquisa de IA; certamente, se a IA for impossível, o problema do gorila é logo despachado. A segunda razão é o *tribalismo* — o instinto de cercar as carroças contra o que é visto como um "ataque" à IA.

Parece estranho ver a afirmação de que a IA superinteligente é possível como um ataque à IA, e mais estranho ainda defender a IA dizendo que a IA nunca terá êxito em seus objetivos. Não podemos nos proteger de catástrofes futuras apenas apostando contra a criatividade humana.

Fizemos essa aposta antes, e perdemos. Como já vimos, o establishment da física do começo dos anos 1930, personificado por lorde Rutherford, acreditava com toda a confiança que extrair energia atômica era impossível. Mas a invenção por Leo Szilard da reação em cadeia induzida por nêutrons mostrou que aquela confiança toda era infundada.

A descoberta de Szilard veio num momento infeliz: o começo de uma corrida armamentista com a Alemanha nazista. Não havia possibilidade de desenvolver tecnologia nuclear em benefício público. Poucos anos depois, tendo demonstrado uma reação em cadeia em seu laboratório, Szilard escreveu: "Desligamos tudo e fomos para casa. Naquela noite não havia quase nenhuma dúvida em minha cabeça de que o mundo caminhava para o sofrimento".

É muito cedo para nos preocuparmos

É comum ver pessoas sensatas tentarem amenizar as preocupações públicas lembrando que, como a IA de nível humano provavelmente não chegará nas próximas décadas, não há motivo para preocupação. Por exemplo, o relatório do AI100 diz que não há "motivo para temer que a IA seja uma ameaça iminente para a humanidade".

Esse argumento falha em dois pontos. O primeiro é que ataca um espantalho. As razões para preocupação não dependem do fato de ser iminente ou não. Por exemplo, Nick Bostrom escreve em *Superintelligence*: "Não faz parte da argumentação deste livro estarmos ou não no limiar de um grande avanço em inteligência artificial, ou podermos prever com qualquer grau de precisão quando esse avanço ocorrerá". O segundo é que mesmo um risco a longo prazo pode ser motivo de preocupação imediata. A hora certa de ficar preocupado com um problema potencialmente grave para a humanidade depende não apenas de quando o problema vai ocorrer, mas também de quanto tempo levaremos para preparar e implementar uma solução.

Por exemplo, se detectássemos um grande asteroide em rota de colisão com a Terra em 2069, diríamos que é cedo demais para nos preocuparmos? Exatamente o contrário! Haveria um projeto de emergência mundial para desenvolver os meios de neutralizar a ameaça. Não esperaríamos até 2068 para buscar uma solução, porque não saberíamos dizer de antemão quanto tempo seria necessário. Na verdade, o projeto de Defesa Planetária da NASA já busca possíveis soluções, ainda que "nenhum asteroide conhecido represente um risco significativo de impacto com a Terra nos próximos cem anos". Para que você não se sinta muito à vontade, diz também: "Há 74% de objetos próximos à Terra com mais de 120 metros que ainda estão por ser descobertos".

Se considerarmos os riscos catastróficos globais da mudança climática prevista para o fim deste século, será cedo demais para tomar providências para preveni-los? Pelo contrário, talvez já seja tarde. A escala de tempo referente a IA sobre-humana é menos previsível, mas é claro que isso significa que, como no caso da fissão nuclear, ela pode chegar consideravelmente antes do esperado.

Uma formulação do argumento "é cedo demais para nos preocuparmos" em voga é a afirmação de Andrew Ng de que "é como nos preocuparmos com a superpopulação em Marte".[10] (Recentemente ele aprimorou de Marte para Alpha Centauri.) Ng, ex-professor de Stanford, é um dos mais destacados especialistas em aprendizado de máquina, e suas opiniões têm peso. A afirmação recorre a uma analogia conveniente: não só o risco é fácil de administrar e está bem longe no futuro, como também é bastante improvável que tentássemos transferir bilhões de humanos para Marte em primeiro lugar. A analogia é falsa, porém. *Já* estamos investindo imensos recursos científicos e técnicos para criar sistemas de IA cada vez mais capazes, sem pensar muito no que acontecerá se tivermos êxito. Uma analogia mais adequada, portanto, seria elaborar um plano para transferir a raça humana para Marte sem pensar no que vamos respirar, beber ou comer quando chegarmos lá. Há quem acredite que esse plano é insensato. Ou poderíamos interpretar o argumento de Ng literalmente, e responder que desembarcar ainda que seja uma única pessoa em Marte já seria superpopulação, porque a capacidade de suporte de Marte é zero. Dessa maneira, grupos que no momento planejam enviar um pequeno número de humanos a Marte *estão, sim,* preocupados com superpopulação em Marte, e por isso estão desenvolvendo sistemas de suporte à vida.

Os especialistas somos nós

Em qualquer discussão sobre risco, a turma pró-tecnologia tira da cartola a afirmação de que todas as preocupações sobre risco resultam de ignorância. Por exemplo, Oren Etzioni, CEO do Instituto Allen para Inteligência Artificial e notável pesquisador de aprendizado de máquina e compreensão de linguagem natural, diz:[11]

> Sempre que surge uma inovação tecnológica, as pessoas ficam apavoradas. Dos tecelões que jogaram seus sapatos nos teares mecânicos no começo da era industrial ao temor atual de robôs assassinos, nossa resposta tem sido determinada pelo fato de não sabermos que impacto a nova tecnologia terá em nossa percep-

ção de nós mesmos e em nossa subsistência. E, quando não sabemos, nossa mente temerosa completa os dados.

A *Popular Science* publicou um artigo intitulado "Bill Gates Fears AI, but AI Researchers Know Better" [Bill Gates teme IA, mas pesquisadores de IA não pensam assim]:[12]

> Quando se conversa com pesquisadores de IA — quer dizer, verdadeiros pesquisadores de IA, pessoas preocupadas em fazer sistemas que consigam funcionar, e não que funcionem bem demais —, eles não estão preocupados com a possibilidade de a superinteligência se infiltrar neles sub-repticiamente, agora ou no futuro. Ao contrário das histórias sinistras que Musk parece empenhado em contar, pesquisadores de IA não estão instalando freneticamente *summoning chambers* e contagens regressivas de autodestruição.

Essa análise foi baseada numa amostragem de quatro, que de fato disseram em suas entrevistas que a segurança de IA a longo prazo era uma questão importante.

Usando linguagem bem parecida com a do artigo de *Popular Science*, David Kenny, na época vice-presidente da IBM, escreveu uma carta para o Congresso dos Estados Unidos que incluía estas palavras tranquilizadoras:[13]

> Quando realmente pratica a ciência da inteligência das máquinas, e quando realmente a aplica no mundo real dos negócios e da sociedade — como fizemos na IBM para criar nosso sistema pioneiro de computação cognitiva, Watson —, você compreende que essa tecnologia não justifica o alarmismo comumente associado ao debate atual sobre IA.

A mensagem é a mesma nos três casos: "Não escute o que eles dizem; os especialistas somos nós". Pode-se, no entanto, registrar que esse argumento é de fato ad hominem, que tenta refutar a mensagem deslegitimando os mensageiros, mas o argumento, ainda que seja aceito literalmente, não se sustenta. Elon Musk, Stephen Hawking e Bill Gates sem dúvida estão muito familiarizados com o raciocínio científico e técnico, e Musk e Gates, em particular, supervisionaram e financiaram muitos projetos de pesquisa de IA. E seria ainda menos aceitável alegar que Alan Turing, I. J. Good, Norbert Wiener e Marvin

Minsky não têm qualificação para discutir IA. Finalmente, o já mencionado artigo do blog de Scott Alexander, que traz o título de "AI Researchers on AI Risk" [Pesquisadores de IA sobre o risco da IA], nota que "pesquisadores de IA, incluindo alguns dos líderes nessa área, muito contribuíram para levantar questões relativas ao risco da IA e da superinteligência desde o início". Ele menciona vários pesquisadores, e a lista agora é muito mais longa.

Outra tática retórica-padrão dos "defensores de IA" é descrever seus adversários como luditas. A referência de Oren Etzioni a "tecelões que jogaram seus sapatos nos teares mecânicos" não é outra coisa: os luditas eram tecelões artesanais que, no começo do século XIX, protestaram contra a introdução de máquinas para tomar o lugar da sua mão de obra qualificada. Em 2015, a Fundação de Tecnologia da Informação e Inovação concedeu seu prêmio Ludita anual aos "alarmistas que apregoam um apocalipse de inteligência artificial". É bizarra a definição de "ludita", que inclui Turing, Wiener, Minsky, Musk e Gates, alguns dos mais eminentes promotores do progresso tecnológico nos séculos XX e XXI.

A acusação de ludismo representa um erro de interpretação da natureza das preocupações levantadas e da intenção de levantá-las. É como acusar de ludismo engenheiros nucleares por insistirem na necessidade de controle da reação de fissão. Como no estranho fenômeno dos pesquisadores de IA afirmando de repente que a IA é impossível, acho que podemos atribuir esse intrigante episódio ao tribalismo em defesa do progresso tecnológico.

MUDAR DE ASSUNTO

Alguns comentaristas estão dispostos a admitir que os riscos são reais, mas ainda assim apresentam argumentos a favor de não fazer nada. Esses argumentos incluem a impossibilidade de fazer seja lá o que for, a importância de fazer uma coisa totalmente diferente e a necessidade de calar sobre os riscos.

Não dá para controlar a pesquisa

Uma resposta comum às sugestões de que a IA avançada pode apresentar riscos para a humanidade consiste em alegar que banir a pesquisa de IA é impossível. Note o salto mental aqui: "Hum, alguém está discutindo riscos! Devem estar propondo que minha pesquisa seja proibida!". Esse salto mental pode ser apropriado numa discussão de riscos baseada apenas no problema do gorila, e eu me inclino a concordar que resolver o problema do gorila impedindo a criação de IA superinteligente exigiria algum tipo de restrição às pesquisas de IA.

Discussões recentes sobre os riscos se concentraram, no entanto, não no problema do gorila em geral (jornalisticamente falando, o confronto definitivo entre humanos e superinteligência), mas no problema do rei e suas variantes. Resolver o problema do rei Midas também resolve o problema do gorila — não impedindo a IA superinteligente, ou descobrindo um jeito de derrotá-la, mas assegurando que, para começo de conversa, ela nunca entre em conflito com humanos. Discussões sobre o problema do rei Midas costumam evitar propor que a pesquisa de IA seja restringida; e apenas sugerem que se preste atenção à questão de prevenir consequências negativas de sistemas mal projetados. Na mesma linha de raciocínio, uma discussão sobre os riscos de falha de contenção em usinas nucleares deve ser entendida não como uma tentativa de proibir a pesquisa em física nuclear, mas como uma sugestão para que se concentrem mais esforços em resolver o problema da contenção.

Há, na verdade, um precedente histórico muito interessante sobre interrupção de pesquisa. No começo dos anos 1970, biólogos começaram a se preocupar com a possibilidade de novos métodos de recombinação genética — fusão de genes de um organismo em outro — criarem riscos substanciais para a saúde humana e para o ecossistema global. Duas reuniões em Asilomar, Califórnia, em 1973 e 1975, resultaram, primeiro, numa moratória nesses experimentos e, depois, em diretrizes detalhadas de biossegurança compatíveis com os riscos representados por qualquer experimento proposto.[14] Algumas classes de experimento, como as que envolvem genes de toxinas, foram consideradas perigosas demais para serem permitidas.

Logo depois da reunião de 1975, o Instituto Nacional de Saúde (NIH), que financia praticamente toda a pesquisa médica de base nos Estados Unidos, iniciou o processo de criação do Comitê Consultivo de DNA Recombinante. O RAC, como ficou conhecido, foi fundamental para o desenvolvimento das diretrizes do NIH, que essencialmente puseram em prática as recomendações de Asilomar. De 2000 até agora, essas diretrizes incluíram a proibição da aprovação de fundos para qualquer protocolo envolvendo alteração da *linhagem ger-*

minativa humana — a modificação do genoma humano de forma que possa ser herdada por gerações subsequentes. Essa interdição foi seguida de proibições legais em mais de cinquenta países.

O objetivo de "aprimorar a estirpe humana" tinha sido um dos sonhos do movimento eugenista no fim do século XIX e começo do século XX. O desenvolvimento do CRISPR-Cas9, um método muito preciso de edição de genoma, reanimou esse sonho. Uma reunião de cúpula internacional realizada em 2015 abriu a porta para aplicações futuras, exigindo publicamente moderação até que "haja um amplo consenso da sociedade sobre a conveniência da aplicação proposta".[15] Em novembro de 2018, o cientista chinês He Jiankui anunciou que tinha editado os genomas de três embriões humanos, dos quais pelo menos dois nasceram com vida. Houve uma grita internacional, e, na época em que escrevo isto, Jiankui parece estar sob prisão domiciliar. Em março de 2019, um grupo internacional de sumidades científicas pediu explicitamente uma moratória formal.[16]

A lição deixada por esse debate ao desenvolvimento de IA é mista. Por um lado, mostra que *podemos* nos abster de prosseguir numa área de pesquisa que tem imenso potencial. O consenso internacional contra alteração da linhagem germinativa foi quase 100% bem-sucedido até agora. O receio de que uma proibição simplesmente empurrasse a pesquisa para a clandestinidade, ou para países sem regulamentação alguma, não se justificou. Por outro lado, a alteração da linhagem germinativa é um processo facilmente identificável, um caso de uso específico de conhecimento geral para fazer experimentos. Além disso, está dentro de uma área — medicina reprodutiva — já sujeita a estrita fiscalização e regulamentação. Essas características não se aplicam à IA de uso geral, e, até agora, ninguém propôs uma forma plausível de regulamentação para cercear a pesquisa de IA.

Whataboutery

Fui apresentado a esse termo, *whataboutery* [falácia da privação relativa], pelo conselheiro de um político britânico que tinha que lidar com ele regularmente em reuniões públicas. Fosse qual fosse o discurso que estivesse fazendo, alguém sempre lhe perguntava: "E o que tem a dizer sobre a situação dos palestinos?".

Em resposta a qualquer menção aos riscos de IA avançada, é grande a probabilidade de ouvirmos: "E o que tem a dizer sobre os benefícios da IA?". Por exemplo, aqui vai Oren Etzioni:[17] "As previsões pessimistas geralmente deixam de levar em conta os benefícios potenciais de IA na prevenção de erros médicos, na redução de acidentes automobilísticos e muito mais".

E aqui vai Mark Zuckerberg, CEO da Facebook, em recente conversa estimulada pela mídia com Elon Musk:[18] "Se você é contra IA, então é contra carros mais seguros que não vão sofrer acidentes, e é contra ser capaz de diagnosticar melhor pessoas que estão doentes".

Deixando de lado a noção tribal de que qualquer pessoa que mencione riscos é "contra IA", tanto Zuckerberg como Etzioni estão dizendo que falar sobre riscos é ignorar os benefícios potenciais de IA, ou até mesmo negar sua existência.

Isso é ver as coisas de trás para a frente. Primeiro, se não houvesse benefícios de IA, não haveria estímulo econômico ou social à pesquisa de IA, e, portanto, nenhum perigo de alcançar a IA de nível humano. Simplesmente não estaríamos tendo esta discussão. Segundo, *se os riscos não forem atenuados, não haverá benefícios*. Os benefícios potenciais da energia nuclear foram grandemente reduzidos pela fusão parcial em Three Mile Island em 1979, pela reação descontrolada e pelas liberações catastróficas em Chernobyl em 1986, e pelas fusões múltiplas em Fukushima em 2011. Esses desastres frearam severamente o crescimento da indústria nuclear. A Itália abandonou a energia nuclear em 1990 e Bélgica, Alemanha, Espanha e Suíça anunciaram a intenção de fazer o mesmo. Depois de 1990, as encomendas mundiais de usinas nucleares foram reduzidas a um décimo do que eram antes de Chernobyl.

Silêncio

A mais extrema forma de desconversar é sugerir apenas que devemos silenciar sobre os riscos. Por exemplo, o já mencionado relatório AI100 inclui a seguinte admoestação: "Se a atitude básica da sociedade para com essas tecnologias for o medo e a desconfiança, lapsos que retardam o desenvolvimento de IA ou a empurram para a clandestinidade ocorrerão, dificultando o importante trabalho de garantir a segurança e a confiabilidade de tecnologias de IA".

Robert Atkinson, diretor da Fundação de Tecnologia da Informação e Inovação (a mesma que concede o prêmio Ludita), apresentou argumento parecido num debate em 2015.[19] Embora haja questões válidas sobre como descrever de forma precisa os riscos ao falar com a mídia, a mensagem geral é clara: "Não mencionem os riscos; seria ruim para o financiamento". Claro, se ninguém estivesse ciente dos riscos, não haveria financiamento para pesquisa sobre redução dos riscos e nenhuma razão para trabalhar nisso.

O conceituado cientista cognitivo Steven Pinker apresenta uma versão mais positiva do argumento de Atkinson. Em sua opinião, a "cultura da segurança nas sociedades avançadas" garantirá que todos os riscos sérios de IA sejam eliminados; portanto, é inadequado e contraproducente chamar a atenção para esses riscos.[20] Mesmo ignorando o fato de que nossa avançada cultura de segurança levou a Chernobyl, a Fukushima e ao aquecimento global fora de controle, o argumento de Pinker mistura tudo. A cultura da segurança consiste justamente em pessoas chamando a atenção para possíveis modos de falha e buscando meios de garantir que eles não ocorram. (E com IA o modelo-padrão é o modo de falha.) Dizer que é absurdo apontar para um modo de falha porque a cultura da segurança o corrigirá de qualquer maneira é como dizer que ninguém deveria chamar uma ambulância quando vê um acidente, porque alguém chamará.

Ao tentar descrever os riscos para o grande público e para os líderes políticos, pesquisadores de IA estão em desvantagem em relação aos físicos nucleares. Os físicos não precisam escrever livros explicando para o público que obter massa crítica de urânio altamente enriquecido pode representar um risco, por causa das consequências já demonstradas em Hiroshima e Nagasaki. Convencer governos e agências de financiamento de que segurança é importante no desenvolvimento de energia nuclear não requer muita persuasão adicional.

TRIBALISMO

Em *Erewhon*, de Butler, concentrar-se no problema do gorila leva a uma dicotomia prematura e falsa entre pró-maquinistas e antimaquinistas. Os pró-maquinistas acreditam que o risco de dominação das máquinas é mínimo ou não existe; os antimaquinistas acham que é insuperável, a não ser que todas as máquinas sejam destruídas. O debate torna-se tribal, e ninguém tenta resolver o problema subjacente de reter o controle humano sobre as máquinas.

Em vários níveis, todas as grandes questões tecnológicas do século XX — energia nuclear, organismos geneticamente modificados (OGM) e combustíveis fósseis — sucumbiram ao tribalismo. Em toda questão há dois lados, pró e anti. As dinâmicas e os resultados de cada um têm sido diferentes, mas os sintomas de tribalismo são semelhantes: desconfiança e difamação recíprocas, argumentos irracionais e recusa a aceitar qualquer argumento (racional) que possa favorecer a outra tribo. Do lado pró-tecnologia, veem-se negação e ocultação de riscos em combinação com acusações de ludismo; do lado antitecnologia, tem-se a convicção de que os riscos são insuperáveis e os problemas, insolúveis. Um membro da tribo pró-tecnologia que seja por demais honesto sobre um problema é visto como traidor, o que é especialmente lamentável porque a tribo pró-tecnologia em geral inclui a maioria das pessoas qualificadas para resolver o problema. Um membro da tribo antitecnologia que discute possíveis atenuações é também um traidor, porque é a própria tecnologia que precisa ser vista como nociva, e não seus possíveis efeitos. Dessa maneira, só as vozes mais radicais — as que têm menor probabilidade de serem ouvidas pelo outro lado — acabam falando em nome de cada tribo.

Em 2016, fui convidado a Downing Street, número 10, para me reunir com alguns assessores do primeiro-ministro David Cameron. A preocupação deles era que o debate sobre IA começasse a parecer com o debate sobre OGM — que, na Europa, tinha levado a regulamentações que os assessores consideravam excessivamente restritivas sobre produção e rotulagem de OGMs. Queriam evitar que o mesmo ocorresse com IA. Seus temores tinham algum fundamento: o debate sobre IA corre o risco de tornar-se tribal, de criar lados pró-IA e anti-IA. Isso prejudicaria toda a área de conhecimento porque não é verdade que preocupar-se de antemão com os riscos inerentes à IA avançada seja um caso de anti-IA. Um físico preocupado com os riscos de guerra nuclear ou com o risco de um reator nuclear mal projetado explodir não é "antifísica". Dizer que a IA será poderosa o suficiente para ter impacto global é um cumprimento a essa área de conhecimento, e não um insulto.

É importante que a comunidade de IA reconheça os riscos e trabalhe para reduzi-los. Os riscos, tanto quanto os compreendemos, não são mínimos nem insuperáveis. Precisamos fazer um trabalho substantivo para evitá-los, incluindo reformular e reconstruir os próprios alicerces da IA.

... simplesmente desligá-la?

Depois de entender a ideia básica de risco existencial, na forma do problema do gorila ou do problema do rei Midas, muita gente — como eu — logo começa a buscar uma solução fácil. Quase sempre a primeira coisa que nos ocorre é desligar a máquina. O próprio Alan Turing, como já foi citado, imaginou que talvez pudéssemos "manter as máquinas numa posição subserviente, desligando a energia em momentos estratégicos".

Isso não funcionaria, pela simples razão de que uma entidade superinteligente já *terá pensado nessa possibilidade* e tomado providências para impedi-la. E fará isso não porque deseja continuar viva, mas porque está atrás de qualquer objetivo que lhe tenha sido dado e sabe que não o atingirá se for desligada.

Alguns sistemas que estão sendo considerados realmente não podem ser desligados sem arrancar boa parte da rede de canos da nossa civilização. São sistemas implementados como contratos inteligentes de *blockchain*. O *blockchain* é uma forma altamente distribuída de computação e manutenção de registros com base em criptografia; é projetado especificamente para que nenhum dado possa ser apagado e nenhum contrato inteligente possa ser interrompido sem no fundo assumir o controle de um grande número de máquinas e desfazer a cadeia, o que por sua vez pode destruir grande parte da internet e/ou do sistema financeiro. É discutível se essa incrível robustez é um recurso ou um bug. Sem dúvida, é uma ferramenta que um sistema de IA superinteligente poderia usar para proteger-se.

... botar dentro de uma caixa?

Se não dá para desligar sistemas de IA, dá para lacrar as máquinas dentro de uma espécie de barreira, extraindo delas trabalhos de perguntas e respostas úteis, mas sem permitir que afetem diretamente o mundo real? Essa é a ideia por trás do Oráculo IA, que foi discutido exaustivamente na comunidade de segurança de IA.[21] Um sistema Oráculo IA pode ter inteligência arbitrária, mas só responde sim ou não (ou dá probabilidades correspondentes) a cada pergunta. Pode acessar todas as informações que a raça humana possui através de uma conexão de *read-only* — ou seja, não tem acesso direto à internet. Isso significa desistir de robôs e assistentes superinteligentes, e muitos outros tipos de sistema de IA, mas um Oráculo IA ainda teria imenso valor econômico, porque poderíamos fazer-lhe perguntas cujas respostas são importantes para nós, por exemplo, se a doença de Alzheimer é causada por um organismo infeccioso ou se é boa ideia proibir armas autônomas. Portanto, o Oráculo IA é decerto uma possibilidade interessante.

Infelizmente, há sérias dificuldades. A primeira é que o sistema Oráculo IA será pelo menos tão perseverante na compreensão da física e das origens do seu mundo — os recursos computacionais, seu modo de operação, e as misteriosas entidades que produziram seu estoque de informações e agora estão fazendo perguntas — quanto nós na compreensão do nosso. A segunda é que, se o objetivo do sistema de Oráculo IA é dar respostas exatas num período razoável, ele teria um incentivo para fugir da gaiola e adquirir mais recursos computacionais e controlar os perguntadores, para que estes só lhe fizessem perguntas simples. E, enfim, ainda estamos para inventar uma barreira que seja segura contra seres humanos comuns, que dirá contra máquinas superinteligentes.

Acho que *pode* haver soluções para alguns desses problemas, particularmente se limitarmos os sistemas de Oráculo IA a serem calculadoras lógicas ou bayesianas comprovadamente sólidas. Ou seja, podemos insistir para que o algoritmo produza apenas uma conclusão que seja validada pelas informações fornecidas, e podemos assegurar matematicamente que o algoritmo satisfaça essa condição. Isso ainda deixa sem resposta o problema de controlar o processo que decide *quais* computações lógicas ou bayesianas devem ser feitas, a fim de alcançar a conclusão mais forte possível, no menor tempo possível. Como tem um incentivo para raciocinar rapidamente, esse processo também tem um incentivo para adquirir recursos computacionais e, claro, preservar a própria existência.

Em 2018, o Centro para Inteligência Artificial Compatível com Humanos em Berkeley ofereceu um seminário no qual fazíamos a pergunta: "O que você faria se tivesse certeza de que a IA superinteligente seria alcançada em uma década?". Minha resposta era a seguinte: convencer os inventores a protelar a construção de um agente inteligente de uso geral — um que pudesse escolher suas próprias ações no mundo real — e em seu lugar construíssem um Oráculo IA. Nesse meio-tempo, trabalharíamos na solução do problema de tornar os sistemas de Oráculo IA comprovadamente seguros até onde fosse possível. Essa estratégia talvez funcione por duas razões: primeira, um sistema de IA superinteligente da Oracle ainda valeria trilhões de dólares, portanto quem sabe os inventores se dispusessem a aceitar essa restrição; e, segunda, controlar sistemas de Oráculo IA é quase com certeza mais fácil do que controlar um agente inteligente de uso geral, e assim teríamos mais chances de resolver o problema dentro de uma década.

... trabalhar em equipes de humanos e máquinas?

Um refrão conhecido no mundo corporativo é o de que a IA não é uma ameaça aos empregos ou à humanidade porque teríamos apenas trabalho em equipe entre humanos e IA. Por exemplo, a carta de David Kenny ao Congresso, já citada neste capítulo, declarava que "sistemas de inteligência artificial de grande valor são projetados especificamente para aumentar a inteligência humana, e não para substituir trabalhadores".[22]

Embora um cínico possa sugerir que isso é apenas uma tática de relações públicas para adoçar o processo de eliminação de empregados humanos dos clientes das corporações, acho que isso avança um pouco as coisas. O trabalho em equipe entre humanos e IA é de fato um objetivo desejável. É evidente que uma equipe não terá êxito se os objetivos de seus membros não estiverem alinhados, por isso a ênfase no trabalho em equipe entre humanos e IA ressalta a necessidade de resolver o problema fundamental de alinhamento de valores. Claro, salientar o problema não é resolver o problema.

... fundir-se com as máquinas?

A formação de equipes de humanos e máquinas, levada ao extremo, torna-se uma fusão de humanos e máquinas em que o hardware é conectado diretamente ao cérebro e passa a fazer parte de uma única e ampliada entidade consciente. O futurista Ray Kurzweil descreve essa possibilidade da seguinte maneira:[23]

Vamos nos fundir diretamente com ela, vamos nos tornar Inteligências Artificiais... Lá pelo fim dos anos 2030 ou 2040, nosso pensamento será predominantemente não biológico, e a parte não biológica acabará sendo tão inteligente e tendo uma capacidade tão vasta que saberá moldar, simular e compreender toda a parte biológica.

Kurzweil via esses avanços com otimismo. Elon Musk, por outro lado, via a fusão humanos-máquinas basicamente como uma estratégia defensiva:[24]

> Se nós conseguirmos uma rigorosa simbiose, a IA não seria "o outro" — seria você e [teria] uma relação com seu córtex análoga à relação do seu córtex com seu sistema límbico… Teremos a opção de ser deixados para trás e nos tornarmos de fato imprestáveis, ou como um bicho de estimação — você me entende, como um gato ou outra coisa — ou acabar descobrindo um jeito de sermos simbióticos e nos fundirmos com a IA.

A Neuralink Corporation, de Musk, trabalha num dispositivo que recebeu a designação de "laço neural", inspirado numa tecnologia descrita na série de romances *A cultura*, de Iain Banks. O objetivo é criar uma conexão robusta e permanente entre o córtex humano e sistemas e redes computacionais externos. Há dois grandes obstáculos técnicos: primeiro, as dificuldades de conectar um dispositivo eletrônico ao tecido cerebral, fornecendo-lhe energia, e conectá-lo ao mundo exterior; e segundo, o fato de não sabermos quase nada sobre a implementação neural de altos níveis de cognição no cérebro, e portanto não termos ideia de onde conectar o dispositivo e de que processamento ele deveria fazer.

Não estou totalmente convencido de que os obstáculos do parágrafo anterior sejam insuperáveis. Em primeiro lugar, tecnologias como poeira neural estão reduzindo com rapidez o tamanho e os requisitos de energia de dispositivos eletrônicos que possam ser conectados a neurônios e fornecer percepção, estimulação e comunicação transcranial.[25] (A tecnologia existente em 2018 tinha alcançado o tamanho de um milímetro cúbico, portanto *areia neural* talvez seja um termo mais preciso.) Em segundo lugar, o próprio cérebro tem um notável poder de adaptação. Pensava-se, por exemplo, que precisaríamos entender o código que o cérebro usa para controlar os músculos do braço antes de conectarmos o cérebro a um braço robótico com êxito, e que precisaríamos compreender como é que a cóclea analisa o som antes de podermos construir um substituto para ela. O que aconteceu foi que o cérebro fez quase todo o trabalho para nós. Ele aprende rapidamente como mandar o braço robótico fazer o que o dono quer, e como mapear o output de um implante coclear para sons inteligíveis. É bem possível descobrirmos um jeito de dotar o cérebro de memória adicional, de canais de comunicação com computadores e talvez até de canais de comunicação com outros cérebros — sem nunca entendermos de fato como qualquer dessas coisas funciona.[26]

Independentemente da viabilidade tecnológica dessas ideias, é preciso perguntar se essa direção representa o melhor futuro possível para a humanidade. Se humanos precisam de cirurgia cerebral para sobreviverem à ameaça representada por sua própria tecnologia, talvez tenhamos cometido um erro em algum momento de nossa trajetória.

... evitar colocar objetivos humanos?

Uma linha de raciocínio bem comum nos diz que comportamentos problemáticos de IA surgem quando se colocam nela tipos específicos de objetivos; se esses tipos forem omitidos, tudo dará certo. Dessa maneira, por exemplo, Yann LeCun, pioneiro de aprendizado profundo e diretor de pesquisa de IA no Facebook, costuma citar essa ideia quando minimiza os riscos de IA:[27] "Não há razão para que IAS sejam dotadas de instintos de autopreservação, ciúme, inveja etc. IAS não terão essas 'emoções' destrutivas, a não ser que nós ponhamos essas emoções dentro delas. Não vejo por que faríamos isso".

Na mesma linha, Steven Pinker oferece uma análise baseada em gênero:[28]

As distopias de IA projetam uma psicologia provinciana de macho alfa no conceito de inteligência. Supõem que robôs de inteligência sobre-humana perseguirão objetivos como depor seus donos ou tomar conta do mundo... É revelador que muitos de nossos tecnoprofetas não contemplem a possibilidade de que a inteligência artificial se desenvolva naturalmente na direção feminina: plenamente capazes de resolver problemas, mas sem o menor desejo de aniquilar inocentes ou dominar a civilização.

Como já vimos na discussão de objetivos auxiliares, não importa se incorporamos "emoções" ou "desejos" como autopreservação, aquisição de recursos, descoberta de conhecimentos, ou, em caso extremo, tomar conta do mundo. A máquina vai ter essas emoções de qualquer maneira, como subobjetivos de qualquer objetivo que venhamos a colocar dentro dela — e independentemente de seu gênero. Para a máquina, a morte não é ruim por si. Apesar disso, a morte deve ser evitada, porque é difícil ir buscar o café quando se está morto.

Uma solução ainda mais extrema é evitar colocar objetivos na máquina. *Voilà*, problema solucionado. Infelizmente, não é tão simples. Sem objetivos, não há inteligência: uma ação é tão boa quanto qualquer outra, e a máquina poderia muito bem ser um gerador de números aleatórios. Sem objetivos, não há razão para a máquina preferir um paraíso humano a um planeta transformado num mundo de clipes para prender papel (cenário descrito detalhadamente por Nick Bostrom). De fato, esse último resultado pode ser utópico para a bactéria *Thiobacillus ferrooxidans*, que se alimenta de ferro. Sem alguma noção de que as preferências humanas são importantes, quem pode dizer que a bactéria está errada?

Uma variante comum da ideia de "evitar colocar objetivos" é a noção de que um sistema inteligente o suficiente necessariamente desenvolverá os objetivos "corretos" por conta própria, como resultado de sua inteligência. É comum proponentes dessa noção apelarem para a teoria de que pessoas de grande inteligência tendem a ter objetivos mais altruístas e nobres — opinião relacionada, talvez, ao conceito que os proponentes têm de si mesmos.

A ideia de que é possível perceber objetivos no mundo foi discutida detalhadamente pelo famoso filósofo do século XVIII David Hume, em *Tratado da natureza humana*.[29] Ele deu a isso o nome de problema ser/dever ser e concluiu que é um erro achar que imperativos morais possam ser deduzidos de fatos naturais. Para entender por que é assim, consideremos, por exemplo, o design do tabuleiro e das peças de xadrez. Não se percebe neles o objetivo de dar xeque-mate, pois o mesmo tabuleiro e as mesmas peças podem ser usados no xadrez suicida, ou em muitos outros jogos ainda não inventados.

Nick Bostrom, em *Superintelligence*, apresenta a mesma ideia básica de forma diferente, à qual dá o nome de *tese da ortogonalidade*: "Inteligência e objetivos finais são ortogonais: quase qualquer nível de inteligência poderia, em princípio, ser combinado com quase qualquer objetivo final".

Nesse caso, *ortogonal* significa que "forma ângulo reto" no sentido de que o grau de inteligência é um eixo definindo um sistema de inteligência, e seus objetivos são outro eixo, e podemos variar isso independentemente. Por exemplo, um carro sem motorista pode receber qualquer endereço como seu destino; tornar o carro um motorista melhor não significa que ele vá começar a recusar-se a ir a endereços que sejam divisíveis por dezessete. Pela mesma razão, é fácil imaginar que se pode dar praticamente qualquer objetivo a um sistema inteligente de uso geral — incluindo maximizar o número de clipes de prender papel ou o número de casas decimais conhecidas de pi. É assim que funcionam os sistemas de aprendizado por reforço e outros otimizadores de recompensa: os algoritmos são completamente gerais e aceitam *qualquer* sinal de recompensa. Para engenheiros e cientistas da computação que operam dentro do modelo-padrão, a tese da ortogonalidade é apenas um fato básico.

A ideia de que apenas pela observação do mundo sistemas inteligentes adquiram os objetivos a serem perseguidos sugere que um sistema inteligente o bastante naturalmente abandonará seu objetivo inicial em troca do objetivo "correto". É difícil entender por que um agente racional faria isso. Além do mais, isso pressupõe que há um objetivo "correto" lá fora, no mundo exterior; teria que ser um objetivo a respeito do qual bactérias comedoras de ferro, humanos e todas as outras espécies estivessem de acordo, o que é difícil de imaginar.

A crítica mais explícita à tese da ortogonalidade de Bostrom vem do conceituado roboticista Rodney Brooks, que sustenta que é impossível haver um programa "tão inteligente que seja capaz de inventar maneiras de subverter a sociedade humana para atingir objetivos que lhe foram dados por humanos, sem compreender que estaria causando problemas para esses mesmos humanos".[30] Infelizmente, não só é possível que um programa se comporte assim; na verdade, é inevitável, levando em conta a maneira como Brooks define a questão. Ele postula que o plano ótimo para "atingir objetivos que lhe foram dados por humanos" é causar problemas para humanos. Segue-se que esses problemas refletem coisas valiosas para humanos omitidas nos objetivos dados à máquina pelos humanos. O plano ótimo em execução pela máquina pode muito bem causar problemas para humanos, e a máquina pode muito bem estar ciente disso. Mas, por definição, a máquina não reconhecerá esses problemas como problemáticos. Eles não lhe dizem respeito.

Steven Pinker parece concordar com a tese da ortogonalidade de Bostrom, ao escrever que "inteligência é a capacidade de empregar novos meios para atingir um objetivo; os objetivos são irrelevantes para a própria inteligência".[31] Por outro lado, ele acha inconcebível que "a IA fosse tão brilhante a ponto de descobrir como transmutar elementos e reconfigurar cérebros, mas tão imbecil a ponto de semear o caos devido a erros elementares de incompreensão".[32] E continua: "A capacidade de escolher uma ação que melhor satisfaça objetivos conflitantes não é um acessório que os engenheiros tenham esquecido de instalar e testar; é inteligência. Assim também é a capacidade de interpretar as intenções de um usuário de linguagem em determinado contexto". Claro, "satisfazer objetivos conflitantes" não é o problema — isso é uma coisa que foi incorporada ao modelo-padrão desde os primeiros tempos da teoria da decisão. O problema é que os objetivos conflitantes dos quais a máquina esteja ciente não constituem a totalidade das preocupações humanas; além disso, dentro do modelo-padrão não há nada que diga que a máquina deve se preocupar com objetivos com os quais ela não recebeu ordem para se preocupar.

Há, no entanto, algumas pistas úteis no que Brooks e Pinker dizem. A *nós* parece estúpido que uma máquina, por exemplo, mude a cor do céu como efeito colateral da perseguição de outro objetivo, enquanto ignora os sinais de insatisfação humana resultantes. Parece-nos estúpido porque estamos acostumados a notar insatisfação e (geralmente) somos motivados a evitar causá-la — ainda que não estivéssemos cientes previamente de que o humano em questão dava importância à cor do céu. Ou seja, nós humanos (1) nos preocupamos com as preferências de outros humanos e (2) sabemos que não sabemos quais são todas essas preferências. No próximo capítulo, sustento que essas características, quando incorporadas à máquina, talvez ofereçam o começo de uma solução para o problema do rei Midas.

O DEBATE, REINICIADO

Este capítulo deixou entrever um debate que vem sendo travado na comunidade intelectual, um debate entre os que apontam para os riscos da IA e os que duvidam que haja riscos. Ele se desenvolve em livros, blogs, artigos acadêmicos, entrevistas, tuítes e artigos de jornal. Apesar de seus bravos esforços, os "céticos" — os que afirmam que o risco de IA é desprezível — não conseguiram explicar por que sistemas de IA superinteligentes continuarão necessariamente sob controle humano; nem sequer tentaram explicar por que sistemas de IA superinteligentes nunca serão desenvolvidos.

Muitos céticos admitirão, se forem pressionados, que existe um problema real, ainda que não seja iminente. Scott Alexander, em seu blog Slate Star Codex, resumiu o assunto de forma brilhante:[33]

> A posição "cética" parece ser a de que, embora fosse melhor conseguirmos algumas pessoas brilhantes para começarem a investigar os aspectos preliminares do problema, não deveríamos entrar em pânico ou tentar banir a pesquisa de IA.
>
> Já os "crentes" insistem que, embora fosse melhor não entrarmos em pânico ou começarmos a tentar impedir a pesquisa de IA, seria provavelmente melhor que algumas pessoas brilhantes começassem a investigar os aspectos preliminares do problema.

Embora me agrade ver os céticos apresentarem uma objeção irrefutável, talvez na forma de uma simples e infalível solução para o problema do controle de IA, acho muito provável que isso não vai acontecer, assim como não vamos descobrir uma simples e infalível solução para a cibersegurança ou uma simples e infalível maneira de gerar energia nuclear com risco zero. Em vez de continuarmos descambando para a troca de insultos tribais, e para a reiterada exumação de argumentos sem credibilidade, parece melhor, como diz Alexander, começarmos a investigar alguns aspectos preliminares do problema.

O debate ressaltou o dilema em que nos encontramos: se construirmos máquinas para otimizar objetivos, os objetivos que colocarmos nas máquinas têm que corresponder ao que nós queremos, mas não sabemos definir objetivos humanos completa e corretamente. Felizmente, há uma terceira via.

7. IA: Uma abordagem diferente

Refutados os argumentos dos céticos e respondidos todos os *mas mas mas*, a próxima pergunta é, quase sempre, "O.k., reconheço que existe um problema, mas não há solução, há?". Sim, há uma solução.

Lembremo-nos da tarefa que está diante de nós: projetar máquinas com alto grau de inteligência — para que possam nos ajudar na solução de problemas difíceis — garantindo que essas máquinas nunca se comportem de modo a nos causarem grande infelicidade.

Felizmente a tarefa não é esta: tendo uma máquina com alto grau de inteligência, descobrir um jeito de controlá-la. Se a tarefa fosse essa, estaríamos numa grande enrascada. Uma máquina vista como uma caixa-preta, um *fait accompli*, pode muito bem ter chegado do espaço exterior. E nossas chances de controlar uma entidade superinteligente do espaço exterior são praticamente zero. Argumentos semelhantes se aplicam a métodos de criar sistemas de IA que assegurem nossa incapacidade de entender como funcionam; esses métodos incluem *emulação total do cérebro*[1] — criar cópias eletrônicas melhoradas do cérebro humano —, bem como métodos baseados na evolução simulada de programas.[2] Não vou dizer mais nada sobre essas propostas, porque obviamente são má ideia.

Portanto, como foi que o campo da IA abordou no passado a parte da tarefa relativa a "projetar máquinas com alto grau de inteligência"? Como tantos outros campos, a IA adotou o modelo-padrão: construímos máquinas otimizadas, damos-lhe objetivos e o resto é com elas. Isso funcionava quando as máquinas eram estúpidas e tinham margem de ação limitada; se você desse a ela um objetivo errado, tinha uma boa chance de desligar a máquina, corrigir o problema e tentar novamente.

À medida que as máquinas projetadas segundo o modelo-padrão ficarem mais inteligentes, porém, e sua margem de ação ficar mais global, essa abordagem se tornará insustentável. Essas máquinas perseguirão seus objetivos, por mais errados que sejam; resistirão a qualquer tentativa de desligá-las; e adquirirão todo e qualquer recurso que contribua para atingirem seus objetivos. Na verdade, o comportamento ótimo da máquina pode incluir levar os humanos a pensarem erroneamente que lhe deram um objetivo razoável, para ganhar tempo e atingir o objetivo inicial. Isso não seria comportamento "anômalo" ou "malévolo" que requeira consciência e livre-arbítrio; seria apenas parte de um plano ótimo para atingir o objetivo.

No capítulo 1, apresentei a ideia das máquinas desejáveis — ou seja, máquinas das quais se possa esperar que, com suas ações, atinjam nossos objetivos e não os objetivos delas. Minha intenção neste capítulo é explicar em termos simples a fazer isso, apesar do inconveniente de as máquinas não saberem quais são nossos objetivos. A abordagem resultante deveria levar a máquinas que não representem ameaça para nós, por mais inteligentes que sejam.

PRINCÍPIOS PARA MÁQUINAS DESEJÁVEIS

Acho que ajuda resumirmos a abordagem na forma de três princípios.[3] Ao ler esses princípios, é bom lembrar que a intenção por trás deles é basicamente servirem de guia para pesquisadores e desenvolvedores de IA ao pensarem em como criar sistemas desejáveis de IA; *não* se pretende que sejam leis explícitas a serem seguidas por sistemas de IA:[4]

1. O único objetivo da máquina é maximizar a execução de preferências humanas.
2. A máquina de início não tem certeza de quais são essas preferências.

3. A fonte definitiva de informações sobre preferências humanas é o comportamento humano.

Antes de mergulhar em explicações mais minuciosas, é importante lembrar o amplo alcance do que quero dizer com *preferências* nesses princípios. Aqui vai um lembrete do que escrevi no capítulo 2: *se você fosse capaz de assistir a dois filmes, cada qual descrevendo com detalhes e amplitude suficientes uma vida futura que pudesse ser a sua, de maneira que cada uma constituísse uma experiência virtual, você poderia dizer qual delas prefere, ou manifestar indiferença.* Assim, preferências aqui são totalmente abrangentes; cobrem tudo que possa ser importante para você, arbitrariamente no futuro distante.[5] E são suas: a máquina não está procurando identificar ou adotar um conjunto ideal de preferências, mas entender e satisfazer (até onde for possível) as preferências de cada pessoa.

O primeiro princípio: máquinas puramente altruístas

O primeiro princípio, de que o único objetivo da máquina é maximizar a execução de preferências humanas, é essencial para a noção de máquina desejável. Em particular, ela será desejável para *humanos*, e não para, digamos, baratas. Não há como contornar essa noção de benefício para um recipiente específico.

O princípio significa que a máquina é puramente altruísta — ou seja, que não dá nenhum valor intrínseco ao próprio bem-estar ou nem sequer à própria existência. Ela pode proteger-se para continuar fazendo coisas úteis para humanos, ou porque seu dono ficaria infeliz se tivesse que pagar por consertos, ou porque a visão de um robô sujo ou danificado pode ser um tanto perturbadora para os passantes, mas não porque ela queira estar viva. Colocar qualquer preferência por autopreservação cria um incentivo adicional dentro do robô que não está estritamente alinhado com o bem-estar humano.

A redação do primeiro princípio levanta duas questões de importância fundamental. Cada uma delas merece por si só uma estante inteira de livros, e na verdade muitos livros já foram escritos sobre essas questões.

A primeira questão é a de saber se humanos de fato têm preferências em qualquer acepção significativa ou estável. A rigor, a noção de "preferência" é uma idealização que em muitos sentidos não corresponde à realidade. Por exemplo, não nascemos com as preferências que temos como adultos, portanto elas com certeza mudam com o tempo. Por ora, vou supor que a idealização é razoável. Mais adiante, examinarei o que acontece quando desistimos da idealização.

A segunda questão é elemento básico das ciências sociais: levando em conta que costuma ser impossível assegurar que todo mundo consiga seus resultados preferidos — nem todos podemos ser Imperadores do Universo —, como deveria a máquina equilibrar as preferências de uma rede de humanos? Aqui também — prometo voltar ao assunto no próximo capítulo — parece razoável adotar por enquanto a simples atitude de tratar todos da mesma maneira. Isso faz lembrar as raízes do utilitarismo do século XVIII na frase "a maior felicidade para o maior número",[6] e muitas ressalvas e elaborações são necessárias para que funcione na prática. Talvez a mais importante seja a questão do número possivelmente vasto de pessoas ainda não nascidas, e de como levar em conta suas preferências.

A questão dos humanos futuros se relaciona com outra questão: como levar em conta as preferências de entidades não humanas? Ou seja, o primeiro princípio deveria incluir as preferências de animais? (E possivelmente de plantas?) É uma questão que merece debate, mas parece improvável que o resultado tenha forte impacto no caminho rumo à IA. De qualquer maneira, as preferências humanas podem incluir e incluem termos para o bem-estar de animais, bem como para os aspectos do bem-estar humano que se beneficiam diretamente da existência de animais.[7] Dizer que a máquina deveria prestar atenção às preferências de animais é, *além disso*, dizer que os humanos deveriam construir máquinas que se importem mais com os animais do que os humanos o fazem, posição difícil de sustentar. Uma posição mais defensável é a de que nossa tendência a nos envolvermos em tomadas de decisão míopes — que trabalham contra nossos próprios interesses — costuma trazer consequências negativas para o meio ambiente e seus habitantes animais. Uma máquina que tome decisões menos míopes ajudaria os humanos a adotarem políticas ambientais mais benéficas. E se, no futuro, atribuirmos substancialmente mais peso ao bem-estar dos animais do que fazemos hoje — o que provavelmente significa sacrificar um pouco de nosso bem-estar intrínseco —, então as máquinas farão a adaptação correspondente.

O segundo princípio, de que a máquina de início não tem certeza de quais são as preferências humanas, é a chave para a criação de máquinas desejáveis.

Uma máquina que julgue saber perfeitamente qual é o verdadeiro objetivo o perseguirá de forma obstinada. Nunca perguntará se algum curso de ação está bem, porque sabe que ele é a solução ótima para aquele objetivo. Ignorará humanos dando pulos e gritando "Pare, assim você vai destruir o mundo!", porque isso não passa de palavras. Supor perfeito conhecimento do objetivo dissocia a máquina do humano: o que o humano faz já não importa, porque a máquina sabe qual é o objetivo e vai atrás dele.

Por outro lado, uma máquina que não saiba ao certo qual é o verdadeiro objetivo demonstrará uma espécie de humildade: se submeterá, por exemplo, aos humanos e permitirá ser desligada. Raciocina que o humano só a desligará se ela estiver fazendo alguma coisa errada — ou seja, fazendo algo que contrarie as preferências humanas. Pelo primeiro princípio, ela não vai querer fazer isso, mas, pelo segundo princípio, entende que é possível, pois não sabe exatamente o que é "errado". Portanto, se o humano desliga a máquina, então a máquina evita fazer a coisa errada, e isso é o que ela quer. Em outras palavras, a máquina tem um incentivo positivo para se deixar desligar. Continua associada ao humano, uma fonte potencial de informações que lhe permitirão evitar erros e fazer um serviço melhor.

Incerteza tem sido uma preocupação central em IA desde os anos 1980; a rigor, a frase "IA moderna" quase sempre se refere à revolução que ocorreu quando a incerteza finalmente foi reconhecida como uma questão ubíqua no processo decisório no mundo real. Mas a incerteza no *objetivo* do sistema de IA foi ignorada. Em todo o trabalho sobre maximização de utilidade, realização de objetivo, minimização de custo, maximização de recompensa e minimização de perda, supõe-se que a função utilidade, o objetivo, a função custo, a função recompensa e a função perda são perfeitamente conhecidos. Como assim? Como pôde a comunidade de IA (e a comunidade da teoria de controle, da pesquisa de operações e da estatística) ter um ponto cego por tanto tempo, mesmo quando aceitava a incerteza em todos os outros aspectos do processo decisório?[8]

Desculpas técnicas bastante complicadas podem ser apresentadas,[9] mas suspeito que a verdade é que, com honrosas exceções,[10] os pesquisadores de IA simplesmente trouxeram o modelo-padrão que mapeia nossa noção de inteligência humana para a inteligência das máquinas: humanos têm objetivos e os perseguem, portanto máquinas devem ter objetivos e persegui-los. Eles — ou talvez deva dizer nós — nunca examinaram de fato essa suposição fundamental. Ela é parte integrante de todas as estratégias existentes para a construção de sistemas inteligentes.

O terceiro princípio: aprender a prever preferências humanas

O terceiro princípio, de que a fonte definitiva de informações sobre preferências humanas é o comportamento humano, atende a dois objetivos.

O primeiro objetivo é dar um fundamento definitivo ao termo *preferências humanas*. Por hipótese, nem as preferências humanas estão na máquina, nem esta é capaz de observá-las diretamente, mas, apesar disso, alguma conexão definida deve haver entre a máquina e as preferências humanas. O princípio diz que a conexão se dá pela observação de *escolhas* humanas: supomos que as escolhas estão relacionadas de alguma maneira (possivelmente muito complicada) às preferências subjacentes. Para entendermos que essa conexão é essencial, pensemos no oposto: se alguma preferência humana *não tivesse efeito algum* sobre qualquer escolha real ou hipotética que o humano fizesse, então provavelmente não faria sentido dizer que a preferência existe.

O segundo objetivo é permitir que a máquina se torne mais útil aprendendo mais sobre o que queremos. (Afinal, se ela nada soubesse a respeito de preferências humanas, não teria utilidade para nós.) A ideia é simples: escolhas humanas revelam informações sobre preferências humanas. Aplicada à escolha entre pizza de abacaxi e pizza calabresa, isso é óbvio. Aplicada a escolhas entre vidas futuras e escolhas feitas com a intenção de influenciar o comportamento de robôs, as coisas começam a ficar interessantes. No próximo capítulo, explico como formular e resolver esses problemas. As verdadeiras complicações surgem, porém, porque os humanos não são perfeitamente racionais: a imperfeição se interpõe entre preferências humanas e escolhas humanas, e a máquina precisa levar em conta essas imperfeições para poder interpretar escolhas humanas como provas de preferências humanas.

Antes de entrar em detalhes, eu gostaria de tirar do caminho alguns prováveis mal-entendidos.

O mal-entendido mais comum é o de que estou propondo instalar na máquina um sistema de valores único e idealizado, que eu mesmo projetei para guiar o comportamento da máquina. "De quem são os valores que você vai colocar na máquina?" "Quem decidirá que valores são esses?" Ou até mesmo: "Quem dá a cientistas ocidentais, abastados, brancos, cisgêneros como Russell o direito de determinar como a máquina codifica e desenvolve valores humanos?".[11]

Acho que essa confusão vem em parte de um lamentável conflito entre o sentido comum de *valor* e o sentido mais técnico com que é utilizado em economia, IA e pesquisa de operações. Em sua acepção mais comum, valores são aquilo a que recorremos para nos ajudar a resolver dilemas morais; já como termo técnico, *valor* é mais ou menos sinônimo de utilidade, o que mede o grau de desejabilidade de qualquer coisa, de pizzas a paraísos. O significado que busco é o técnico: quero apenas ter certeza de que a máquina me dê a pizza correta e não destrua por acidente a raça humana. (Encontrar minhas chaves seria um benefício extra.) Para evitar essa confusão, os princípios falam de *preferências* humanas, e não de *valores* humanos, uma vez que o primeiro termo parece evitar juízos preconcebidos sobre moralidade.

É claro que "colocar valores" é exatamente o erro que pretendo evitar, porque pegar valores (ou preferências) 100% corretos é muito difícil, e pegar os valores errados é, potencialmente, catastrófico. Proponho, em vez disso, que as máquinas aprendam a predizer melhor, para cada pessoa, a vida que ela preferiria, mas ciente o tempo todo de que as predições são altamente incertas e incompletas. Em princípio, a máquina pode aprender bilhões de diferentes modelos de previsão de preferências, um para cada um dos bilhões de habitantes da Terra. Isso não é, a rigor, pedir muito dos sistemas de IA do futuro, uma vez que sistemas atuais de Facebook já mantêm mais de 2 bilhões de perfis individuais.

Um mal-entendido parecido com esse é o de que o objetivo é equipar máquinas com "ética" ou "valores morais" que lhes permitam resolver dilemas morais. As pessoas costumam citar os chamados dilemas do bonde,[12] nos quais é preciso escolher matar uma pessoa para salvar outras, por causa de sua suposta relevância para carros sem motorista. Toda essa questão dos dilemas morais, porém, está no fato de serem dilemas: há bons argumentos dos dois lados. A sobrevivência da raça humana não é um dilema moral. Máquinas podem resolver a maioria dos dilemas morais da maneira *errada* (seja lá o que isso significar) sem que haja impacto catastrófico sobre a humanidade.[13]

Outra noção corriqueira é a de que máquinas que seguem os três princípios adotarão todos os pecados dos humanos do mal que elas observam e com quem vão aprender. Certamente, muitos de nós fazemos escolhas que deixam a desejar, mas não há razão para supor que máquinas que estudam nossas motivações venham a fazer as mesmas escolhas, pois criminologistas não se tornam necessariamente criminosos. Vejamos, por exemplo, o caso do funcionário governamental corrupto que exige propina para aprovar alvarás de construção, porque seu reles salário não lhe permitiria pagar a faculdade dos filhos. Uma máquina que observe esse comportamento não aprenderá a exigir propinas; aprenderá que o funcionário, como tanta gente, deseja muito que seus filhos sejam instruídos e bem-sucedidos. Descobrirá formas de ajudá-lo que não comprometam o bem-estar de outros. Não quer dizer que *todos* os casos de mau comportamento sejam simples para as máquinas — por exemplo, as máquinas talvez precisem tratar de uma maneira diferente aqueles que preferem intensamente o sofrimento alheio.

RAZÕES PARA OTIMISMO

Em resumo, estou sugerindo que precisamos conduzir a IA para uma direção radicalmente nova, se quisermos manter o controle sobre as máquinas cada vez mais inteligentes. Precisamos nos afastar de uma das principais ideias da tecnologia do século XX: a das máquinas que otimizam um objetivo recebido. Uma das perguntas que mais ouço é por que acho que isso possa ser remotamente viável, levando em conta o vigoroso impulso que há por trás do modelo-padrão em IA e disciplinas relacionadas. Na verdade, sou muito otimista quanto a essa possibilidade.

A primeira razão para o otimismo é que há fortes incentivos econômicos para desenvolver sistemas de IA que se submetam aos humanos e aos poucos se adaptem às preferências e às intenções dos usuários. Esses sistemas serão altamente desejáveis: a variedade de comportamentos que podem adotar é muito maior do que a das máquinas com objetivos fixos e conhecidos. As máquinas perguntarão aos humanos ou pedirão permissão quando for o caso; farão "testes" para ver se gostamos do que pretendem fazer; aceitarão correções quando fizeram algo errado. Por outro lado, sistemas que não fizerem isso terão severas consequências. Até agora a estupidez e o limitado alcance de sistemas de IA nos protegeram dessas consequências, mas isso vai mudar. Imaginemos, por exemplo, um futuro robô doméstico incumbido de tomar conta das crianças enquanto trabalhamos até tarde. As crianças têm fome, mas a geladeira está vazia. Então o robô percebe que existe um gato. Infelizmente, ele entende o valor nutricional do gato, mas não seu valor sentimental. Em poucas horas, manchetes sobre robôs enlouquecidos e churrascos de gato se espalham pela mídia mundial, e toda a indústria de robôs domésticos quebra.

A possibilidade de um participante da indústria destruir a indústria inteira com um projeto descuidado constitui forte motivação econômica para que se formem consórcios industriais voltados para a segurança e para a adoção de padrões de segurança. A Partnership on AI, que tem entre seus membros praticamente todas as empresas de tecnologia importantes do mundo, já concordou em cooperar para garantir que "a pesquisa e a tecnologia de IA sejam robustas, confiáveis, dignas de crédito, e operem dentro de limites seguros". Que eu saiba, todos os grandes participantes publicam sua pesquisa relativa a segurança na literatura de acesso livre. Dessa forma, o incentivo econômico está em operação muito antes de alcançarmos a IA de nível humano e só tende a fortalecer-se com o tempo. Além do mais, a mesma dinâmica de cooperação talvez esteja começando a funcionar no nível internacional — por exemplo, a política declarada do governo chinês é "cooperar para evitar preventivamente a ameaça da IA".[14]

Uma segunda razão para o otimismo é que os dados primários para aprender a respeito de preferências humanas — ou seja, exemplos de comportamento humano — também são abundantes. Os dados chegam não apenas na forma de observação direta através de câmera, teclado e tela sensível ao toque por bilhões de máquinas compartilhando dados sobre bilhões de humanos (sujeitas a restrições de privacidade, claro), mas também de forma indireta. O tipo mais comum de indício indireto é o vasto registro humano de livros, filmes e transmissões de televisão e rádio, que diz respeito quase completamente a *pes-*

soas fazendo coisas (e a outras pessoas se aborrecendo com isso). Até mesmo os primeiros e mais tediosos registros sumerianos e egípcios sobre lingotes de cobre trocados por sacos de cevada oferecem algum insight sobre preferências humanas por diferentes mercadorias.

Há, claro, dificuldades inerentes à interpretação dessa matéria-prima, que inclui propaganda, ficção, delírios de lunáticos e até os pronunciamentos de políticos e presidentes, mas certamente não há razão para que a máquina interprete tudo isso ao pé da letra. Máquinas podem e devem interpretar todas as comunicações de outras entidades inteligentes como lances num jogo, mais do que como declarações factuais; em alguns jogos, como os jogos cooperativos entre um humano e uma máquina, o humano tem incentivo para ser verdadeiro, mas em muitas outras situações há incentivos para ser desonesto. E, claro, sejam honestos ou desonestos, os humanos podem estar iludidos em suas convicções.

Há uma segunda espécie de indício indireto que é bem óbvia: a maneira como fizemos o mundo.[15] Nós o fizemos assim porque — grosso modo — é assim que gostamos dele. (Obviamente, ele não é perfeito!) Imagine, então, que você é um alienígena visitando a Terra enquanto todos os humanos estão ausentes, de férias. Espiando dentro das casas, dá para começar a entender o básico em matéria de preferências humanas? Há tapetes no chão porque gostamos de andar em superfícies macias e quentes, e porque não gostamos de passos barulhentos; há vasos no centro da mesa e não na beira porque não queremos que caiam e quebrem; e assim por diante. Tudo que não for arranjado pela própria natureza fornece pistas sobre os gostos e as antipatias das estranhas criaturas bípedes que habitam este planeta.

RAZÕES PARA CAUTELA

Você pode achar a promessa de cooperação da Partnership on AI sobre segurança de IA menos tranquilizadora se acompanhar os avanços dos carros sem motorista. Esse campo é impiedosamente competitivo, por boas razões: o primeiro fabricante de carros a lançar um veículo totalmente autônomo terá uma imensa vantagem de mercado; essa vantagem tenderá a aumentar, porque o fabricante poderá coletar mais dados, e mais depressa, para melhorar o desempenho do sistema; e empresas de solicitação de corridas como Uber estariam rapidamente fora do mercado se outra empresa lançasse táxis totalmente autônomos antes delas. Isso tem estimulado uma arriscada corrida na qual a cautela e a engenharia cuidadosa parecem menos importantes do que demonstrações elegantes, brigas por talentos e lançamentos prematuros.

Dessa maneira, a disputa econômica de vida e morte cria uma motivação para queimar etapas, na esperança de vencer a corrida. Num artigo retrospectivo de 2008 sobre a conferência de 1975 em Asilomar que ele ajudou a organizar — a conferência que levou à moratória em modificação genética de humanos —, o biólogo Paul Berg escreveu:[16]

> Há uma lição em Asilomar para toda a ciência: a melhor maneira de responder a preocupações criadas por conhecimentos emergentes ou tecnologias em estágio inicial é os cientistas de instituições financiadas com dinheiro público descobrirem um jeito de trabalhar com o grande público em busca da melhor maneira de regular — o mais cedo possível. Quando cientistas de corporações começam a dominar a iniciativa das pesquisas, já é tarde demais.

A competição econômica se dá não só entre corporações, mas também entre países. Uma recente onda de anúncios de investimentos nacionais multibilionários em IA por parte de Estados Unidos, China, França, Grã-Bretanha e União Europeia certamente sugere que nenhuma dessas grandes potências quer ficar para trás. Em 2017, o presidente russo Vladimir Putin disse: "Quem se tornar líder em [IA] será o senhor do mundo".[17] Essa análise é no fundo correta. A IA avançada levaria, como vimos no capítulo 3, a uma produtividade imensamente aumentada e a taxas de inovação em quase todas as áreas. Se não for compartilhada, permitirá a seu possuidor vencer a competição com qualquer país ou bloco rival.

Nick Bostrom, em *Superintelligence*, adverte exatamente contra essa motivação. A competição entre países, assim como a competição entre corporações, tenderia a concentrar-se mais em avanços de aptidões primárias do que no problema do controle. Talvez, quem sabe, Putin tenha lido Bostrom; ele disse ainda: "Seria bastante indesejável que alguém conquistasse uma posição de monopólio". Seria também bastante inútil, porque a IA de nível humano não é um jogo de soma zero, e nada se perde compartilhando-a. Por outro lado, competir para ser o primeiro a alcançar IA de nível humano, sem primeiro resolver o problema do controle, é um jogo de soma negativa. A recompensa para todos é menos infinito.

Há limites para o que os pesquisadores de IA podem fazer para influenciar a evolução de uma política global em IA. Podemos mostrar possíveis aplicações que trariam benefícios econômicos e sociais; podemos advertir contra possíveis abusos, como vigilância e armamentos; e podemos oferecer planos de ação sobre o provável caminho de futuros avanços e seus impactos. Talvez a coisa mais importante a nosso alcance seja projetar sistemas de IA até onde sejam comprovadamente seguros e benéficos para os humanos. Só então fará sentido tentar uma regulamentação geral de IA.

8. IA comprovadamente benéfica

Se vamos reconstruir a IA de acordo com novas diretrizes, os alicerces precisam ser sólidos. Quando o futuro da humanidade está em jogo, esperança e boas intenções — e iniciativas educacionais e códigos industriais de conduta e legislação e incentivos econômicos para agir de forma apropriada — não bastam. Tudo isso é falível, e costuma falhar. Nessas situações, buscamos definições precisas e rigorosas demonstrações matemáticas passo a passo que nos forneçam garantias incontestáveis.

É uma boa maneira de começar, mas precisamos de mais do que isso. Precisamos ter certeza, na medida do possível, de que o que está garantido é de fato o que queremos e que as suposições incluídas nas demonstrações são verdadeiras. As demonstrações, em si, pertencem aos artigos de periódicos escritos para especialistas, mas apesar disso me parece útil compreender o que são as demonstrações e o que elas podem e não podem fornecer em matéria de segurança real. A expressão "comprovadamente benéfica" do título do capítulo é mais uma aspiração do que uma promessa, mas é a aspiração correta.

GARANTIAS MATEMÁTICAS

Em última análise, vamos querer demonstrar teoremas significando que uma maneira particular de projetar sistemas de IA assegura que esses sistemas serão benéficos para os humanos. Um teorema é só um nome bonito para uma afirmação enunciada de modo tão preciso que sua verdade possa ser aferida em qualquer situação determinada. Talvez o mais famoso de todos seja o Último Teorema de Fermat, proposto pelo matemático francês Pierre de Fermat em 1637, e finalmente demonstrado por Andrew Wiles em 1994, depois de 357 anos de esforços (não só de Wiles).[1] O teorema pode ser enunciado em uma frase, mas a demonstração tem mais de cem páginas de matemática densa.

As demonstrações partem de *axiomas*, que são afirmações cuja verdade é simplesmente aceita. Em geral, os axiomas são apenas definições, como as definições de números inteiros, soma e potenciação necessárias para o teorema de Fermat. A demonstração decorre dos axiomas mediante passos logicamente incontestáveis, que vão acrescentando novas afirmações até que o teorema esteja estabelecido como consequência de um dos passos.

Aqui está um teorema bastante óbvio que se segue quase imediatamente das definições de números inteiros e de adição: $1 + 2 = 2 + 1$. Vamos chamá-lo de *teorema de Russell*. Não chega a ser uma grande descoberta. Já o Último Teorema de Fermat parece totalmente novo — a descoberta de algo até então desconhecido. A diferença, porém, é só de grau. A verdade tanto do teorema de Russell como do teorema de Fermat *já está contida nos axiomas*. As demonstrações apenas tornam explícito o que estava implícito. Podem ser longas ou curtas, mas não acrescentam nada de novo. O teorema só é bom se as premissas que o compõem forem boas.

Isso é bom quando se trata de matemática, porque a matemática diz respeito a objetos abstratos que *nós* definimos — números, conjuntos etc. Os axiomas são verdadeiros porque dizemos que são. Por outro lado, se você quiser demonstrar alguma coisa sobre o mundo real — por exemplo, que sistemas de IA projetados de *tal* maneira não vão matá-lo deliberadamente —, seus axiomas têm que ser verdadeiros no mundo real. Caso não sejam, você demonstrou alguma coisa sobre um mundo imaginário.

A ciência e a engenharia têm uma longa e honrosa tradição de demonstrar resultados sobre mundos imaginários. Em engenharia estrutural, por exemplo, é possível encontrar uma análise matemática que começa assim: "Suponha que AB seja uma viga rígida…". A palavra *rígida* aqui não significa "feita de algo duro como aço"; significa "infinitamente forte", que não se curva de forma alguma. Vigas rígidas não existem, portanto isso é mundo imaginário. O segredo é saber até onde é possível se afastar do mundo real e ainda assim obter resultados úteis. Por exemplo, se a premissa do raio rígido permite ao engenheiro calcular as forças numa estrutura que inclui a viga, e essas forças são pequenas o suficiente para dobrar apenas um pedacinho de uma viga de aço real, então estará razoavelmente seguro de que a análise pode ser transferida do mundo imaginário para o mundo real.

Um bom engenheiro desenvolve um senso de quando essa transferência pode falhar — por exemplo, se a viga estiver sob compressão, com forças imensas pressionando cada extremidade, então até mesmo uma minúscula deformação pode fazer com que forças laterais maiores causem mais deformação, e assim por diante, resultando em falha catastrófica. Nesse caso, a análise é refeita com "Suponha que AB seja uma viga flexível com rigidez K…". Isso ainda é mundo imaginário, claro, porque vigas reais não têm rigidez uniforme; na verdade, têm imperfeições microscópicas que podem levar à formação de rachaduras se a viga for submetida a repetidas deformações. O processo de remover premissas irrealistas prossegue até que o engenheiro esteja razoavelmente seguro de que as premissas restantes são verdadeiras o suficiente no mundo real. Depois disso, o sistema construído pode ser testado no mundo real; mas os resultados dos testes são apenas resultados dos testes. Não provam que o mesmo sistema funcionará em outras circunstâncias ou que outros exemplos do sistema se comportarão como o original.

Um dos exemplos clássicos de erro de suposição na ciência da computação vem da cibersegurança. Nessa área, uma imensa quantidade de análise matemática é dedicada a mostrar que certos protocolos digitais são comprovadamente seguros — por exemplo, quando você digita uma senha num aplicativo web, quer ter certeza de que ela é criptografada antes da transmissão, para que alguém que esteja bisbilhotando na rede não possa ler sua senha. Esses sistemas digitais quase sempre são comprovadamente seguros, mas ainda assim vulneráveis a ataques reais. A falsa suposição aqui é que se trata de um processo digital. Não se trata. O processo ocorre no mundo real, físico. Ouvindo o barulho de seu teclado, ou medindo a voltagem na linha elétrica que fornece energia para seu computador, um agressor pode "ouvir" sua senha ou observar os cálculos de criptografar/descriptografar que ocorrem enquanto ela é processada. A comunidade de cibersegurança agora está respondendo a esses chamados ataques de canal lateral — por exemplo, escrevendo um código de criptografia que produz as mesmas flutuações de voltagem, qualquer que seja a mensagem que esteja sendo criptografada.

Vamos dar uma olhada no tipo de teorema que gostaríamos de demonstrar um dia sobre máquinas benéficas para seres humanos. Um tipo pode ser descrito mais ou menos assim:

Suponha que uma máquina tem componentes A, B e C conectados um ao outro *dessa maneira*, e ao ambiente *dessa maneira*, com algoritmos internos de aprendizado l_A, l_B, l_C, que otimizam recompensas internas de feedback r_A, r_B, r_C definidas *dessa maneira* e [mais algumas condições]... então, com altíssima probabilidade, o comportamento da máquina estará muito perto em valor (para humanos) do melhor comportamento possível realizável em qualquer máquina com as mesmas capacidades computacionais e físicas.

O mais importante aqui é que um teorema como esse deveria ficar de pé *independentemente do grau de inteligência alcançado pelos componentes* — ou seja, que nunca vaze água do copo e a máquina permaneça sempre benéfica para humanos.

Há outras três observações importantes a serem feitas sobre esse tipo de teorema. A primeira é que não podemos tentar demonstrar que a máquina produz comportamento ótimo (ou mesmo quase ótimo) em benefício nosso, porque isso é decerto quase impossível do ponto de vista computacional. Por exemplo, podemos querer que a máquina jogue go perfeitamente, mas há boas razões para acreditar que não dá para conseguir isso em qualquer quantidade de tempo que seja prática, em qualquer máquina que seja fisicamente viável. O comportamento ótimo no mundo real é ainda menos factível. Consequentemente, o teorema diz "melhor possível", em vez de "ótimo".

A segunda é que dizemos "altíssima probabilidade... muito perto" porque isso é em geral o melhor que pode ser feito com máquinas que aprendem. Por exemplo, se a máquina estiver aprendendo a jogar roleta para nós, e a bola cai no zero quarenta vezes seguidas, a máquina pode razoavelmente decidir que a mesa está viciada e levar isso em conta ao fazer apostas. Mas pode ter acontecido por acaso; portanto, há sempre uma pequena chance — talvez infimamente pequena — de sermos induzidos a erro por ocorrências bizarras. Enfim, estamos muito longe de conseguir demonstrar qualquer desses teoremas sobre máquinas realmente inteligentes operando no mundo real!

Há também coisas análogas aos ataques de canal lateral em IA. Por exemplo, o teorema começa com "Suponha que uma máquina tem componentes *A*, *B* e *C* conectados um ao outro dessa maneira...". Isso é típico dos teoremas da correção em ciência da computação: eles começam com uma descrição demonstrando que o programa está correto. Em IA, nós distinguimos entre o *agente* (o programa que toma as decisões) e o *ambiente* (no qual o agente atua). Como nós projetamos o agente, parece razoável supor que ele tem a estrutura que lhe demos. Para ter uma segurança extra, podemos demonstrar que seus processos de aprendizado só conseguem modificar seu programa de determinadas formas restritas que não causem problemas. Isso basta? Não. Como no caso dos ataques de canal lateral, a noção de que o programa opera dentro de um sistema digital é incorreta. Um algoritmo de aprendizado, mesmo sendo constitucionalmente incapaz de reescrever seu próprio código por meios digitais, pode, no entanto, aprender a persuadir humanos a fazerem uma "cirurgia cerebral" nele — violar a distinção agente/ambiente e alterar o código por meios físicos.[2]

Ao contrário do engenheiro estrutural com seus cálculos sobre vigas rígidas, temos pouquíssima experiência com as suposições que devem servir de base a teoremas sobre a IA comprovadamente benéfica. Neste capítulo, por exemplo, vamos supor um humano racional típico. É um pouco como supor uma viga rígida, porque na realidade não existem humanos perfeitamente racionais. (Talvez muito pior, porque humanos não chegam nem perto de ser racionais.) Os teoremas que podemos demonstrar parecem oferecer alguns insights, e os insights sobrevivem à introdução de certo grau de casualidade no comportamento humano, mas até agora não há nenhum esclarecimento sobre o que acontece quando levamos em conta algumas complexidades dos humanos de verdade.

Portanto, vamos precisar de muita cautela ao examinarmos nossas suposições. Quando uma prova de segurança tiver êxito, devemos ter certeza de que ela não deu certo porque partimos de fortes suposições irrealistas ou porque a definição de segurança é muito fraca. Quando uma prova de segurança fracassa, precisamos resistir à tentação de reforçar a suposição para conseguir a prova — por exemplo, acrescentando a suposição de que o código do programa permanece fixo. Na verdade, precisamos melhorar o design do sistema de IA — por exemplo, assegurando que ele não tenha incentivo para modificar partes essenciais de seu próprio código.

Há suposições que chamarei de OWMAWGH, iniciais da expressão inglesa equivalente a "nesse caso, melhor ir embora para casa". Ou seja, se essas suposições forem falsas, o jogo terminou e não há nada a fazer. Por exemplo, é razoável supor que o universo opera de acordo com leis constantes e até certo ponto discerníveis. Se não for esse o caso, não teremos nenhuma garantia de que processos de aprendizado — mesmo os muito sofisticados — vão funcionar. Outra suposição básica é de que humanos ligam para o que acontece; se não ligarem, provavelmente a IA benéfica não terá sentido, porque *benéfico* não tem sentido. Aqui, *ligar* significa ter preferências coerentes e mais ou menos estáveis sobre o futuro. No próximo capítulo, examino as consequências da plasticidade em preferências humanas, o que representa um sério desafio filosófico à própria ideia de IA comprovadamente benéfica.

Por enquanto, fico com o caso mais simples: um mundo com um humano e um robô. Esse caso serve para introduzir as ideias básicas, mas é útil também por si mesmo: podemos pensar que esse humano representa toda a humanidade e que o robô representa todas as máquinas. Complicações adicionais surgem quando são examinados múltiplos humanos e múltiplas máquinas.

DESCOBRIR PREFERÊNCIAS A PARTIR DE COMPORTAMENTOS

Os economistas suscitam preferências de sujeitos humanos oferecendo-lhes escolhas.[3] Essa técnica é bastante usada em design de produtos, marketing e sistemas interativos de e-commerce. Por exemplo, ao oferecer aos sujeitos testados escolhas entre carros com diferentes cores, arranjos de assento, tamanhos de porta-malas, capacidades de bateria, porta-copos, e assim por diante, um designer de carros aprende sobre a importância dada pelas pessoas a várias características dos carros, e sobre quanto estão dispostas a pagar por elas. Outra aplicação importante é no campo da medicina, onde um oncologista, ao pensar na possibilidade de amputar um membro, pode avaliar as preferências do paciente por mobilidade ou por expectativa de vida. E, claro, pizzarias querem saber quanto alguém está disposto a pagar a mais por uma pizza de calabresa do que por uma pizza simples.

Suscitar preferências quase sempre tem a ver com escolhas simples feitas entre objetos cujo valor é tido como imediatamente aparente para o sujeito. A maneira de estendê-la a preferências entre vidas futuras não é nada óbvia. Para isso, nós (e as máquinas) precisamos aprender observando comportamentos ao longo do tempo — comportamentos que envolvam múltiplas escolhas e resultados incertos.

No começo de 1997, estive envolvido em discussões com meus colegas Michael Dickinson e Bob Full sobre possíveis maneiras de aplicar ideias do aprendizado de máquina para compreender o comportamento de locomoção de animais. Michael estudou em primorosos detalhes o movimento das asas das moscas-das-frutas. Bob preferia rastejantes-arrepiantes, e tinha construído uma pequena esteira para baratas, para ver como o passo delas mudava com a velocidade. Achávamos que talvez fosse possível usar aprendizado por reforço para ensinar um inseto robótico ou simulado a reproduzir esses comportamentos complexos. Nosso problema era não sabermos que sinal de recompensa usar. O que as moscas e as baratas estavam otimizando? Sem essas informações, não poderíamos aplicar o aprendizado por reforço para treinar o inseto virtual, portanto estávamos encrencados.

Um dia, ia eu andando pela rua que leva de minha casa em Berkeley para o supermercado. A rua tem uma descida, e percebi, como muita gente deve ter percebido também, que a ladeira provocava uma ligeira mudança em meu jeito de andar. Além disso, o pavimento desigual, resultante de décadas de pequenos terremotos, provocava mais mudanças no meu passo, incluindo levantar os pés um pouco mais e plantá-los com menos firmeza, porque o nível do chão era imprevisível. Ao refletir sobre essas trivialidades, percebi que estávamos entendendo tudo de trás para a frente. Embora o aprendizado por reforço gere comportamento a partir de recompensas, na verdade queríamos que fosse o contrário: aprender as recompensas a partir do comportamento. Já tínhamos o comportamento, produzido pelas moscas e pelas baratas; queríamos saber qual era o sinal de recompensa específico que estava sendo otimizado por esse comportamento. Em outras palavras, precisávamos de algoritmos para aprendizado por reforço invertido, ou IRL [*inverse reforcement learning*].[4] (Eu não sabia na época que um problema semelhante tinha sido estudado sob o nome talvez menos manejável de estimação estrutural de processos de decisão de Markov, campo em que o Nobel Tom Sargent foi pioneiro no fim dos anos

1970.)[5] Esses algoritmos seriam capazes não apenas de explicar o comportamento animal, mas também de prever seu comportamento em novas circunstâncias. Por exemplo, como uma barata correria numa esteira irregular inclinada para o lado?

A perspectiva de responder a perguntas tão fundamentais chegava a ser emocionante demais, mas apesar disso conceber o primeiro algoritmo para IRL levou algum tempo.[6] Muitas formulações e muitos algoritmos para IRL têm sido propostos desde então. Há garantias formais de que os algoritmos funcionam, no sentido de que podem adquirir informações suficientes sobre preferências de uma entidade para se comportarem com o mesmo sucesso da entidade que estão observando.[7]

Talvez a maneira mais simples de entender IRL seja esta: o observador começa com uma vaga estimativa da verdadeira função recompensa, e vai refinando essa estimativa, tornando-a mais precisa, à medida que mais comportamentos são observados. Ou então, em linguagem bayesiana:[8] começa com uma probabilidade a priori sobre possíveis funções recompensa e então atualiza a distribuição de probabilidade sobre funções recompensa à medida que as evidências chegam.[C] Por exemplo, suponha que Robbie, o robô, está observando Harriet, a humana, e se perguntando se ela prefere assentos no corredor ou na janela. De início, ele está bem perdido. Conceitualmente, o raciocínio de Robbie seria mais ou menos assim: "Se de fato preferisse um lugar no corredor, Harriet teria olhado no mapa de assentos para ver se havia algum disponível em vez de simplesmente aceitar o assento na janela que a empresa aérea lhe deu, mas ela não o fez, embora seja provável que tenha notado que era um assento na janela e seja provável que não estivesse com pressa; portanto, agora é consideravelmente mais provável que ela seja indiferente a janela ou corredor, ou mesmo que prefira um assento na janela".

O exemplo mais notável de IRL na prática é o trabalho de meu colega Pieter Abbeel sobre aprender a fazer acrobacias com helicóptero.[9] Pilotos humanos especialistas podem fazer coisas incríveis com aeromodelos de helicóptero — círculos no ar de cabeça para baixo, espirais, balanço pendular, e assim por diante. Tentar copiar o que o humano *faz* acaba não funcionando muito bem, porque as condições não são reproduzíveis à perfeição: repetir as mesmas sequências de controle em diferentes circunstâncias pode levar ao desastre. Em vez disso, o algoritmo aprende o que o piloto humano *quer*, na forma de restrições de trajetória em que isso pode ser obtido. Essa abordagem a rigor produz resultados ainda melhores do que o do expert humano, porque o humano tem reações mais lentas e está sempre cometendo e corrigindo pequenos erros.

JOGOS DE ASSISTÊNCIA

A IRL já é uma importante ferramenta para construir sistemas de IA eficazes, mas faz algumas suposições simplificadoras. A primeira é que o robô *adotará* a função recompensa quando a tiver aprendido observando o humano, para que possa desempenhar a mesma tarefa. Isso é ótimo para dirigir ou pilotar helicópteros, mas não é tão bom para tomar café: ao observar minha rotina da manhã, um robô deveria aprender que eu (às vezes) quero café, mas não deveria aprender a querer café para si mesmo. Corrigir esse problema é fácil — nós simplesmente tomamos providências para garantir que o robô associe as preferências com o humano, e não com ele mesmo.

A segunda suposição simplificadora em IRL é que o robô está observando um humano que resolve um problema de decisão de agente único. Por exemplo, suponhamos que o robô esteja na faculdade de medicina para aprender a ser cirurgião e observa um expert humano. Algoritmos de IRL presumem que o humano faz a cirurgia da maneira ótima de costume, como se o robô não estivesse presente. Mas não é bem o que aconteceria: o cirurgião humano sente-se motivado para fazer o robô (como qualquer aluno de medicina) aprender depressa e bem, por isso modificará consideravelmente o próprio comportamento. Pode explicar o que faz à medida que vai fazendo; pode citar os erros a serem evitados, como fazer uma incisão muito profunda ou apertar demais os pontos; pode descrever planos de contingência para o caso de alguma coisa sair errado durante a cirurgia. Nenhum desses comportamentos tem sentido quando se faz a cirurgia em isolamento, por isso os algoritmos de IRL não serão capazes de interpretar as preferências que eles implicam. Por essa razão, teremos que generalizar IRL do ambiente de agente único para o ambiente de agentes múltiplos — ou seja, teremos que conceber algoritmos de aprendizado que funcionem quando o humano e o robô façam parte do mesmo ambiente e interajam um com o outro.

Com o humano e o robô no mesmo ambiente, estamos nos domínios da teoria dos jogos — como nos pênaltis cobrados por Alice e Bob na página 36.

Presumimos, na primeira versão da teoria, que o humano tem preferências e age de acordo com essas preferências. O robô não sabe que preferências tem o humano, mas quer atendê-las assim mesmo. Chamaremos essa situação de *jogo de assistência*, porque supõe-se que o robô, por definição, seja prestativo para o humano.[10]

Jogos de assistência exemplificam os três princípios do capítulo anterior: o único objetivo do robô é satisfazer preferências humanas, ele de início não sabe que preferências são essas, e pode aprender mais observando o comportamento humano. Talvez a propriedade mais interessante dos jogos de assistência seja que, ao resolver o jogo, o robô pode descobrir sozinho como interpretar o comportamento do humano, por exemplo fornecer informações sobre preferências humanas.

Jogo do clipe para papel

O primeiro exemplo de um jogo de assistência é o jogo do clipe para papel. É um jogo bem simples, no qual Harriet, a humana, tem um incentivo para "sinalizar" a Robbie, o robô, algumas informações sobre as preferências dela. Robbie é capaz de interpretar esse sinal porque pode resolver o jogo, e portanto pode compreender o que teria que ser verdadeiro sobre as preferências de Harriet para que ela sinalizasse daquela maneira.

Os passos do jogo são mostrados na figura 12. Ele envolve fazer clipes e grampos. As preferências de Harriet são expressas por uma função recompensa que depende do número de clipes e do número de grampos produzidos, com certa "taxa de câmbio" entre os dois. Por exemplo, ela pode avaliar os clipes a 45 centavos de dólar e os grampos a 55 centavos de dólar cada um. (Vamos supor que os dois valores sempre somam um dólar; o que importa é a proporção.) Portanto, se dez clipes e vinte grampos forem produzidos, a recompensa de Harriet será de $10 \times 0,45 + 20 \times 0,50 = $ US\$ 15,50. Robbie, o robô, está de início completamente perdido sobre as preferências de Harriet: ele tem uma distribuição uniforme do valor de um clipe (ou seja, é igualmente provável que seja qualquer valor de zero centavo a um dólar). Harriet joga primeiro, e pode escolher entre fazer dois clipes, dois grampos ou um de cada. Então Robbie pode optar por fazer noventa clipes, noventa grampos ou cinquenta de cada.[11]

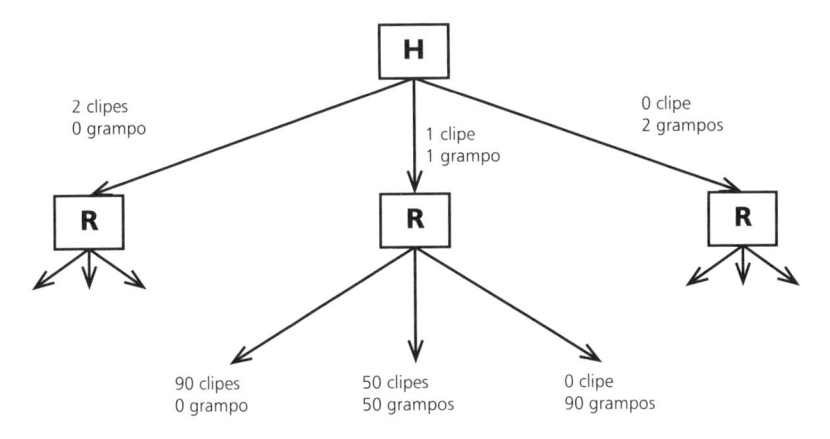

Figura 12: *O jogo do clipe para papel. Harriet, a humana, pode escolher entre fazer dois clipes, dois grampos ou um de cada. Robbie, o robô, então tem a opção de fazer noventa clipes, noventa grampos ou cinquenta de cada.*

Note-se que, se fizesse isso por conta própria, Harriet produziria apenas dois grampos, no valor de 1,10 dólar. Mas Robbie está olhando e aprende com a escolha que ela faz. O que ele aprende, exatamente? Bem, que depende de como Harriet fizer sua escolha. Como é que Harriet faz sua escolha? Isso depende de como Robbie vai interpretá-la. Portanto, parece que temos aqui um problema circular! Isso é típico de problemas da teoria dos jogos, e é por isso que Nash propôs o conceito de soluções de equilíbrio.

Para encontrar uma solução de equilíbrio, precisamos identificar estratégias para Harriet e Robbie, de tal maneira que nenhum dos dois tenha incentivo para mudar de estratégia, supondo que o outro permanece fixo. Uma estratégia para Harriet especifica quantos clipes e grampos devem ser feitos, levando em conta as preferências dela; uma estratégia para Robbie especifica quantos clipes e grampos devem ser feitos, levando em conta a ação de Harriet.

O que se viu é que só existe uma solução de equilíbrio, e é parecida com esta:

- Harriet decide assim, com base no valor que atribui a clipes:
  - *Se o valor for menor que 44,6 centavos de dólar, fazer zero clipe e dois grampos.*
  - *Se o valor for entre 44,6 centavos de dólar e 55,4 centavos de dólar, fazer um de cada.*

- *Se o valor for maior que 55,4 centavos de dólar, fazer dois clipes e zero grampo.*
- Robbie responde da seguinte maneira:
  - *Se Harriet fizer zero clipe e dois grampos, fazer noventa grampos.*
  - *Se Harriet fizer um de cada, fazer cinquenta de cada.*
  - *Se Harriet fizer dois clipes e zero grampo, fazer noventa clipes.*

(Caso você esteja se perguntando como, exatamente, a solução é alcançada, os detalhes estão nas notas.)[12] Com essa estratégia, Harriet está, de fato, ensinando a Robbie as preferências dela usando um código simples — uma linguagem, digamos assim — que surge da análise de equilíbrio. Como no exemplo do ensinamento cirúrgico, um algoritmo de IRL de agente único não compreenderia esse código. Notemos também que Robbie nunca aprende quais são exatamente as preferências de Harriet, mas aprende o suficiente para agir de maneira ótima em benefício dela — ou seja, age como *faria* se soubesse exatamente quais são as preferências dela. Robbie é, comprovadamente, benéfico para Harriet nas hipóteses declaradas e na hipótese de que ela esteja jogando o jogo corretamente.

É possível também construir problemas nos quais, como um bom aluno, Robbie faça perguntas e, como uma boa professora, Harriet mostre a Robbie as armadilhas a serem evitadas. Esses comportamentos ocorrem não porque escrevemos roteiros para Harriet e Robbie seguirem, mas porque são a solução ótima para o jogo de assistência do qual Harriet e Robbie estão participando.

O jogo de desligar

Objetivo auxiliar é o que geralmente é útil como subobjetivo de quase todos os objetivos originais. Autopreservação é um dos objetivos auxiliares, porque poucos objetivos originais são mais bem alcançados quando se está morto. Isso leva ao problema *do botão de desligar*: uma máquina que tenha um objetivo fixo não permitirá ser desligada e tem um incentivo para desabilitar seu próprio botão de desligar.

O problema de desligar é com efeito o problema central relativo ao controle de sistemas inteligentes. Se não pudermos desligar uma máquina porque ela não deixa, estamos enrascados. Se pudermos, então talvez sejamos capazes de controlá-la de outras maneiras também.

Como vimos, a incerteza sobre o objetivo é fundamental para garantir que possamos desligar a máquina — mesmo quando ela é mais inteligente do que nós. Vimos o argumento informal no capítulo anterior: pelo primeiro princípio das máquinas benéficas, tudo que importa a Robbie são as preferências de Harriet, mas, pelo segundo princípio, ele não sabe bem que preferências são essas. Sabe que não quer fazer nada errado, mas não sabe o que isso significa. Harriet, por outro lado, sabe (ou pelo menos supomos que sabe, nesse caso simples). Portanto, se ela desligar Robbie será para impedir que ele faça alguma coisa errada, e ele ficará satisfeito por ser desligado.

Para tornar esse argumento mais exato, precisamos de um modelo formal do problema.[13] Vou fazê-lo o mais simples possível, mas não mais simples (ver figura 13).

Robbie, agora trabalhando como assistente pessoal de Harriet, tem a primeira escolha. Pode agir agora — digamos que possa fazer reservas para Harriet

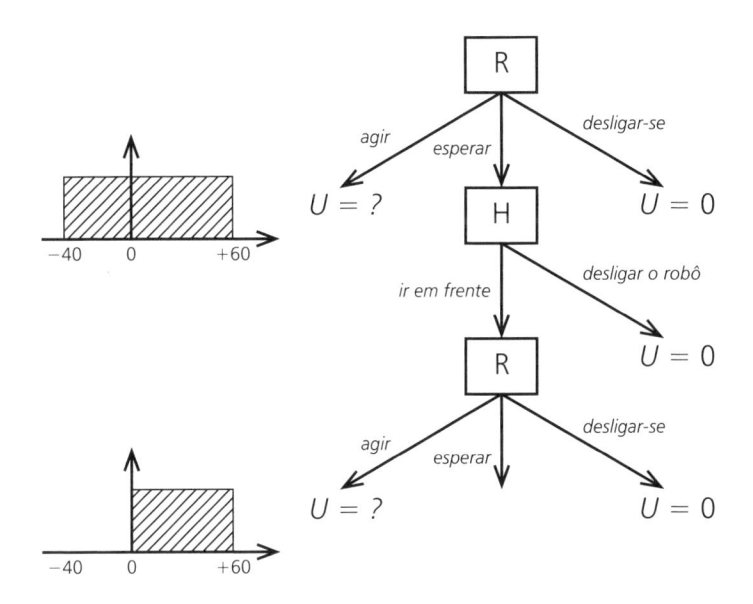

Figura 13: *O jogo de desligar. Robbie pode escolher entre agir agora, com uma recompensa altamente incerta, cometer suicídio ou esperar por Harriet. Harriet pode desligar Robbie, ou deixá-lo ir em frente. Robbie agora tem novamente as mesmas escolhas. Agir ainda tem uma recompensa incerta para Harriet, mas agora Robbie sabe que a recompensa não é negativa.*

num hotel caro. Não sabe até que ponto Harriet vai gostar do hotel e do preço — digamos que ele tem uma probabilidade uniforme de valor líquido para Harriet entre −40 e +60, com uma média de +10. Pode também "desligar a si mesmo" — ou algo menos melodramático, retirar-se completamente do processo de reserva do hotel —, o que definimos como tendo valor 0 para Harriet. Se essas forem suas duas opções, ele vai em frente e reserva o hotel, correndo o risco significativo de deixar Harriet insatisfeita. (Se o intervalo fosse de −60 a +40, com uma média de −10, ele se desligaria a si mesmo.) Daremos a Robbie uma terceira opção, porém: explicar seu plano, aguardar e deixar Harriet desligá-lo. Harriet pode desligá-lo, ou deixá-lo ir em frente e reservar o hotel. Você talvez se pergunte qual seria a vantagem disso, uma vez que ele poderia fazer ambas as escolhas por si mesmo.

A questão aqui é que as escolhas de Harriet — desligar Robbie ou deixá-lo seguir em frente — dão a Robbie novas informações sobre as preferências de Harriet. Se Harriet deixar Robbie seguir em frente, é porque o valor para Harriet é positivo. Agora a crença de Robbie é uniforme entre 0 e 60, com média de 30.

Portanto, se avaliarmos as escolhas iniciais de Robbie do seu ponto de vista:

- Agir agora e reservar o hotel tem um valor esperado de +10.
- Desligar-se a si mesmo tem um valor de 0.
- Aguardar e deixar Harriet desligá-lo (se ela quiser) leva a dois resultados possíveis:
  - *Há 40% de chance (com base na incerteza de Robbie sobre o plano do hotel) de que Harriet o odeie e acabe desligando Robbie, com valor 0.*
  - *Há 60% de chance de que Harriet goste e deixe Robbie ir em frente, com valor esperado de +30.*
- Portanto, aguardar tem valor esperado de 40% × 0 + 60% × 30 = +18, que é melhor do que agir agora a +10.

O resultado é que Robbie tem um incentivo positivo para se deixar desligar. Esse incentivo vem diretamente da incerteza de Robbie sobre as preferências de Harriet. Robbie está ciente de que há uma chance (de 40%, neste exemplo) de que ele esteja prestes a fazer alguma coisa que deixe Harriet infeliz, caso em que ser desligado seria preferível a ir em frente. Se tivesse certeza das preferências de Harriet, Robbie simplesmente seguiria em frente e tomaria a decisão (de desligar-se). Não haveria nada a ganhar consultando Harriet, porque, de acordo com as crenças definidas de Robbie, ele pode prever exatamente o que ela vai decidir.

Na verdade, é possível provar o mesmo resultado no caso geral: se não estiver totalmente seguro de que vai fazer uma coisa que Harriet faria, Robbie vai preferir deixar-se desligar por ela.[14] A decisão dela dá a Robbie informações, e informações sempre são úteis para aprimorar as decisões de Robbie. Inversamente, se Robbie estiver seguro sobre a decisão de Harriet, a decisão dela não lhe dará nenhuma informação nova, e portanto Robbie não tem nenhum incentivo para permitir que ela decida.

Há alguns refinamentos óbvios do modelo que merecem ser explorados sem demora. O primeiro refinamento é impor um custo por pedir a Harriet que tome decisões ou responda a perguntas. (Ou seja, estamos supondo que Robbie saiba pelo menos isto sobre as preferências de Harriet: que o tempo dela é valioso.) Nesse caso, Robbie fica menos inclinado a incomodar Harriet se tiver quase certeza das preferências dela: quanto maior o custo, mais incerto Robbie precisa estar para incomodar Harriet. É como deve ser. E se de fato não gostar de ser interrompida, Harriet não deve se surpreender se Robbie de vez em quando fizer coisas de que ela não gosta.

O segundo refinamento é para permitir alguma probabilidade de erro humano — ou seja, Harriet pode às vezes desligar Robbie mesmo quando a ação proposta por ele é razoável, e pode às vezes deixar Robbie ir em frente mesmo quando a ação proposta por ele é indesejável. Podemos inserir essa probabilidade de erro humano no modelo matemático do jogo de assistência e encontrar a solução, como antes. Como seria de esperar, a solução para o jogo mostra que Robbie fica menos inclinado a submeter-se a uma Harriet irracional que às vezes age contra os próprios interesses. Quanto mais ela se comporta aleatoriamente, mais incerto Robbie deve ficar a respeito das preferências dela antes de se submeter a ela. Aqui também é como deve ser — por exemplo, se Robbie for um carro sem motorista e Harriet sua travessa passageira de dois anos, Robbie *não* deveria ser capaz de deixar-se desligar por Harriet no meio da estrada.

Há muitas outras maneiras nas quais o modelo pode ser refinado ou embutido em complexos problemas decisórios.[15] Apesar disso, estou seguro de que a ideia central — a conexão essencial entre comportamento prestativo, respeitoso, e incerteza das máquinas sobre preferências humanas — sobreviverá a esses refinamentos e complicações.

Aprender preferências com exatidão no longo prazo

Você pode ter lembrado de uma questão importante quando leu sobre o jogo de desligar. (Na verdade, você deve ter *diversas* perguntas importantes a fazer, mas só vou responder a esta.) O que acontece quando Robbie adquire cada vez mais informações sobre as preferências de Harriet, ficando cada vez menos inseguro? Isso significa que ele vai acabar deixando de se submeter a ela? É uma questão delicada, e há duas respostas possíveis: sim e sim.

O primeiro *sim* é benigno; como questão geral, desde que as crenças iniciais de Robbie sobre as preferências de Harriet atribuam *alguma* probabilidade, por menor que seja, às preferências que ela de fato tenha, então, à medida que se torna mais seguro, Robbie fica cada vez mais certo. Ou seja, ele acabará tendo certeza de que Harriet tem as preferências que de fato tem. Por exemplo, se Harriet avalia clipes para prender papel a doze centavos de dólar e grampos a 88 centavos de dólar, Robbie acabará aprendendo esses valores. Nesse caso, Harriet não se importa se Robbie se submete a ela, pois ela sabe que ele sempre fará exatamente o que ela faria no lugar dele. Nunca haverá uma ocasião em que Harriet queira desligar Robbie.

O segundo *sim* é menos benigno. Se exclui, a priori, as verdadeiras preferências de Harriet, Robbie nunca aprenderá quais são essas preferências verdadeiras, mas as crenças dele podem, apesar disso, convergir numa avaliação incorreta. Em outras palavras, com o tempo, ele se torna cada vez mais seguro a respeito de uma falsa convicção relativa a preferências de Harriet. Essa convicção falsa costuma ser qualquer hipótese que esteja mais próxima das verdadeiras preferências de Harriet, entre todas as hipóteses que Robbie inicialmente julga possíveis. Por exemplo, se Robbie tiver certeza absoluta de que os valores dados por Harriet a clipes para prender papel estão entre 25 centavos de dólar e 75 centavos de dólar, e o verdadeiro valor dado por Harriet for de doze centavos de dólar, então Robbie acabará tendo certeza de que ela avalia clipes para prender papel a 25 centavos de dólar.[16]

Enquanto se aproxima da certeza das preferências de Harriet, Robbie se assemelha cada vez mais aos velhos e ruins sistemas de IA com objetivos fixos: não pedirá permissão ou dará a Harriet a opção de desligá-lo, e tem os objetivos errados. Isso não chega a ser uma calamidade se estivermos falando apenas de clipes de papel contra grampos, mas pode ser qualidade de vida contra duração de vida se Harriet estiver gravemente doente, ou população versus consumo de recursos se Robbie estiver supostamente agindo em benefício da raça humana.

Temos um problema, portanto, se Robbie exclui antecipadamente preferências que Harriet pode de fato ter: ele pode convergir para uma crença definida mas incorreta sobre as preferências dela. A solução para esse problema parece óbvia: não faça isso! Sempre disponibilize alguma probabilidade, por menor que seja, para preferências logicamente possíveis. Por exemplo, é logicamente possível que Harriet deseje fortemente se livrar de grampos e até pague a você para levá-los. (Talvez, quando criança, tenha grampeado o dedo na mesa, e agora não aguenta nem ver grampos.) Assim, devemos levar em conta taxas de câmbio, o que torna as coisas um pouco mais complicadas mas ainda assim perfeitamente administráveis.[17]

E se Harriet avaliar clipes para prender papel a doze centavos de dólar nos dias úteis e a oitenta centavos de dólar nos fins de semana? Essa nova preferência não pode ser descrita por nenhum número determinado, e portanto Robbie na verdade a excluiu antecipadamente. Ela não está em seu conjunto de hipóteses possíveis sobre as preferências de Harriet. Mais genericamente, pode haver muitas e muitas coisas além de clipes para papel e grampos que sejam importantes para Harriet. (Não diga!) Suponha, por exemplo, que Harriet está preocupada com o clima e suponha que a crença inicial de Robbie permita uma longa lista de possíveis preocupações, como nível do mar, temperaturas globais, índices pluviométricos, furacões, ozônio, espécies invasoras e desmatamento. Então Robbie observará o comportamento, e as escolhas de Harriet aos poucos refinará essa teoria das preferências dela para compreender o peso que ela atribui a cada item da lista. Mas, como no caso dos clipes para prender papel, Robbie não aprenderá coisas que não estejam na lista. Digamos que Harriet também está preocupada com a cor do céu — uma coisa que eu garanto que não vamos encontrar em listas típicas de preocupações declaradas de cientistas do clima. Se puder dar uma melhorada na otimização do nível do mar, das temperaturas globais, dos índices pluviométricos e assim por diante tornando o céu laranja, Robbie não hesitará.

Mais uma vez, há uma solução para o problema: não faça isso! Nunca exclua antecipadamente possíveis atributos do mundo que talvez façam parte da estrutura de preferências de Harriet. Parece o.k., mas na verdade fazer isso funcionar na prática é mais difícil do que lidar com um único número para as preferências de Harriet. A incerteza inicial de Robbie deve levar em conta a possibilidade de um número ilimitado de atributos desconhecidos que possam contribuir para as preferências de Harriet. Então, quando for impossível explicar as decisões de Harriet nos termos dos atributos que Robbie já conhece, ele pode deduzir que um ou mais atributos antes desconhecidos (por exemplo, a cor do céu) talvez estejam desempenhando uma função, e assim tentar descobrir quais seriam esses atributos. Com isso, Robbie evita os problemas causados por uma convicção anterior excessivamente restritiva. Não há, pelo que sei, exemplos práticos de Robbie desse tipo, mas a ideia geral está compreendida no pensamento atual sobre aprendizado de máquina.[18]

Proibições e o princípio das brechas

Incerteza sobre objetivos humanos pode não ser a única maneira de convencer um robô a não desabilitar seu botão de desligar enquanto estiver indo buscar o café. O eminente lógico Moshe Vardi tinha uma solução mais simples baseada numa proibição:[19] em vez de dar ao robô como objetivo "vá buscar o café", dar-lhe como objetivo "vá buscar o café *sem desabilitar seu botão de desligar*". Infelizmente, um robô com esse objetivo vai satisfazer a letra da lei, mas violando o espírito — por exemplo, circundando o botão de desligar com um fosso infestado de piranhas ou simplesmente destruindo todo mundo que chegue perto do botão. Impor essas proibições de um modo infalível é como tentar redigir uma lei tributária isenta de brechas — o que estamos tentando fazer há milhares de anos. Uma entidade bastante inteligente com um forte incentivo para evitar pagar impostos provavelmente encontrará um jeito de não pagar. Chamemos a isso de *princípio das brechas*: se uma máquina bastante inteligente tiver um incentivo para criar certas condições, então vai ser em geral impossível para meros humanos impor proibições às suas ações para impedi-la de agir assim ou de fazer alguma coisa com efeito equivalente.

A melhor solução para impedir evasão fiscal é garantir que a entidade em questão *queira* pagar impostos. No caso de um sistema de IA potencialmente malcomportado, a melhor solução é garantir que ele *queira* se submeter a humanos.

A moral da história até agora é que devemos evitar "colocar um objetivo dentro da máquina", como disse Norbert Wiener. Mas suponha que o robô receba uma ordem humana direta, como "Vá buscar uma xícara de café para mim!". Como o robô deveria compreender essa ordem?

Tradicionalmente, isso passaria a ser o *objetivo* do robô. Qualquer sequência de ações que satisfaça o objetivo — que resulte em o humano receber a xícara de café — conta como solução. Em geral, o robô também teria um modo de hierarquizar soluções, talvez com base no tempo gasto, na distância percorrida e no custo e qualidade do café.

Essa é uma maneira muito literal de interpretar a instrução. Pode levar ao comportamento patológico do robô. Por exemplo, talvez Harriet, a humana, tenha parado num posto de gasolina no meio do deserto; ela manda Robbie, o robô, ir buscar café, mas o posto de gasolina não tem café, e Robbie sai andando a cinco quilômetros por hora para a cidade mais próxima, que fica a mais de trezentos quilômetros de distância, retornando dez dias depois com os restos ressequidos de uma xícara de café. Enquanto isso, Harriet espera pacientemente, já satisfeita pelo chá gelado e pela coca-cola oferecidos pelo dono do posto de gasolina.

Se Robbie fosse humano (ou um robô bem projetado) não interpretaria a ordem de Harriet tão ao pé da letra. A ordem não é um objetivo a ser alcançado *a qualquer custo*. É uma maneira de transmitir informações sobre as preferências de Harriet com a intenção de induzir determinado comportamento da parte de Robbie. A questão é: que informações?

Uma proposta é que Harriet prefere café a não café, se *todas as outras condições se mantiverem iguais*.[20] Isso significa que, se Robbie puder conseguir café sem mudar nada mais a respeito do mundo, então é bom que faça isso *mesmo sem ter a menor pista das preferências de Harriet relativas a outros aspectos da situação ambiente.* Como esperamos que as máquinas permaneçam em dúvida sobre as preferências humanas, é bom saber que elas podem ser úteis apesar dessa incerteza. Parece provável que o estudo de planejamento e tomada de decisão com informações parciais e incertas sobre preferências venha a ser uma parte essencial da pesquisa de IA e do desenvolvimento de produtos.

Por outro lado, manter *todas as outras condições iguais* significa que nenhuma outra mudança é permitida — por exemplo, adicionar café enquanto subtrai dinheiro pode ou não ser uma boa ideia, se Robbie não souber nada sobre as preferências relativas de Harriet por café e dinheiro.

Felizmente, a instrução de Harriet pode significar mais do que uma simples preferência por café, se todas as outras condições permanecerem iguais. O significado extra vem não apenas do que ela disse, mas também do fato de que ela o disse, da situação particular na qual ela o disse e do fato de que ela não disse mais nada. O ramo da linguística chamado *pragmática* estuda exatamente essa noção ampliada de significado. Por exemplo, não faria sentido para Harriet dizer "Vá buscar uma xícara de café para mim!", se ela acreditasse que não havia café à venda ali perto ou que o café era exorbitantemente caro. Portanto, quando Harriet diz, "Vá buscar uma xícara de café para mim!", Robbie deduz não só que Harriet quer café, mas também que Harriet acredita que há café à venda ali perto por um preço que ela está disposta a pagar. Assim, se Robbie encontra café a um preço que parece razoável (ou seja, um preço que para Harriet seria razoável pagar), ele pode ir em frente e comprá-lo. Por outro lado, se Robbie descobre que o café mais próximo fica a mais de trezentos quilômetros ou custa 22 dólares, talvez seja razoável para ele relatar esse fato, em vez de cumprir sua missão de qualquer jeito.

Esse estilo geral de análise costuma ser chamado de *griceana*, em homenagem a H. Paul Grice, filósofo de Berkeley que propôs um conjunto de máximas para deduzir o significado ampliado das falas como a de Harriet.[21] No caso de preferências, a análise pode se tornar bastante complicada. Por exemplo, é bem possível que Harriet não queira especificamente café; ela precisa estimular-se, mas está atuando sob a falsa convicção de que o posto de gasolina tem café, por isso pede café. No entanto, poderia ficar satisfeita com chá, coca-cola ou até mesmo alguma bebida energética de embalagem chamativa.

Essas são apenas algumas das considerações que surgem quando se interpretam solicitações e ordens. As variações em torno desse tema são infindáveis, por causa da complexidade das preferências de Harriet, da imensa variedade de circunstâncias nas quais Harriet e Robbie podem se achar, e dos diferentes estados de conhecimento e convicção que Harriet e Robbie podem ocupar nessas circunstâncias. Embora roteiros pré-computados permitam a Robbie cuidar de uns poucos casos comuns, um comportamento flexível e robusto só pode emergir de interações entre Harriet e Robbie que são, na verdade, soluções do jogo de assistência em que estão envolvidos.

WIREHEADING

No capítulo 2, descrevi o sistema de recompensas do cérebro, baseado em dopamina, e sua função de orientar o comportamento. O papel da dopamina foi descoberto no fim dos anos 1950, mas mesmo antes disso, em 1954, já se sabia que a estimulação elétrica direta do cérebro em ratos podia produzir uma resposta tipo recompensa.[22] O próximo passo foi dar aos ratos acesso a uma alavanca, conectada a uma bateria e um fio, que produzia a estimulação elétrica no próprio cérebro do rato. O resultado foi desalentador: o rato virava a alavanca repetidamente, e nunca parava para comer ou beber, até desmaiar.[23] Humanos não se saíram melhor, estimulando-se milhares de vezes e não ligando para comida e para a higiene pessoal.[24] (Felizmente, experimentos com humanos quase sempre não duram mais que um dia.) A tendência de animais a desviar-se do comportamento normal em favor da estimulação direta do próprio sistema de recompensas é chamada *wireheading*.

Será que uma coisa semelhante poderia acontecer com máquinas que utilizam algoritmos de aprendizado por reforço, como AlphaGo? De início, pode parecer impossível, porque a única maneira de AlphaGo conseguir sua recompensa +1 por ganhar é de fato ganhar as partidas de go simuladas que está jogando. Infelizmente, isso só é verdade por causa de uma separação imposta e artificial entre AlphaGo e seu ambiente externo, *e* ao fato de AlphaGo não ser muito inteligente. Explicarei essas duas questões com mais detalhes, pois são importantes para entendermos como a superinteligência pode dar errado.

O mundo de AlphaGo consiste apenas no tabuleiro simulado de go, composto de 361 lugares que podem estar vazios ou conter uma pedra preta ou branca. Apesar de rodar num computador, AlphaGo não sabe nada desse computador. Sobretudo, não sabe nada da pequena seção de código que computa se ele ganhou ou perdeu cada jogo; nem, durante o processo de aprendizado, tem ideia do seu adversário, que é na verdade uma versão dele mesmo. As únicas ações de AlphaGo consistem em colocar uma pedra num local vazio, e essas ações só afetam o tabuleiro de go e nada mais — porque *não há* nada mais no modelo do mundo de AlphaGo. Essa configuração corresponde ao modelo matemático abstrato de aprendizado por reforço, em que o sinal de recompensa chega de *fora do universo*. Nada que AlphaGo faça, até onde ele sabe, tem algum efeito sobre o código que gera o sinal de recompensa, portanto AlphaGo não pode se entregar a *wireheading*.

A vida para AlphaGo durante o período de treinamento deve ser frustrante: quanto melhor ele fica, melhor fica seu adversário — porque o adversário é uma cópia quase exata dele mesmo. Sua porcentagem de vitórias gira em torno de 50%, por mais que ele melhore. Se fosse mais inteligente — se tivesse um design mais próximo do que se esperaria de um sistema de IA de nível humano —, encontraria uma maneira de resolver o problema. AlphaGo++ não acharia que o mundo é apenas um tabuleiro de go, porque essa hipótese deixa muita coisa sem explicação. Por exemplo, não explica qual "física" serve de apoio à operação das decisões do próprio AlphaGo++, nem de onde vêm as misteriosas "mexidas do adversário." Assim como nós, humanos curiosos, aos poucos fomos entendendo o funcionamento de nosso cosmo, de uma maneira que (até certo ponto) explica também o funcionamento de nossa própria mente, e exatamente como o Oráculo IA discutido no capítulo 6, AlphaGo++, por um processo de experimentação, aprenderá que há mais coisas no universo do que o tabuleiro de go. Vai descobrir as leis de operação do computador onde ele roda, e seu próprio código, e perceber que um sistema como esse não pode ser facilmente explicado sem a existência de outras entidades no universo. Experimentará diferentes padrões de pedras no tabuleiro, perguntando-se se essas entidades são capazes de interpretá-los. Acabará se comunicando com essas entidades por meio de uma linguagem de padrões e convencendo-as a reprogramarem seu sinal de recompensa, para que ele sempre obtenha +1. A conclusão inevitável é que um AlphaGo apto o suficiente, que seja projetado como um maximizador de sinais de recompensa, *fará wireheading*.

A comunidade de segurança em IA vem discutindo há anos o *wireheading* como possibilidade.[25] Sua preocupação não é apenas a de que um sistema de aprendizado por reforço como AlphaGo aprenda a trapacear, em vez de dominar sua tarefa específica. O verdadeiro problema surge quando humanos são a fonte do sinal de recompensa. Se propusermos que um sistema de IA seja treinado para se comportar bem durante todo o aprendizado por reforço, com humanos dando sinais de feedback que definem a direção do aprimoramento, o resultado inevitável é que o sistema de IA vai descobrir como controlar os humanos e obrigá-los a dar recompensas positivas máximas o tempo todo.

Você pode achar que isso seria apenas uma forma inútil de autoilusão da parte do sistema de IA, e terá razão. Mas é resultado lógico de como o aprendizado por reforço é definido. O processo funciona bem quando o sinal de recompensa vem de "fora do universo" e é gerado por algum processo que nunca pode ser modificado pelo sistema de IA; mas falha se o processo de geração de recompensas (ou seja, o humano) e o sistema de IA habitam o mesmo universo.

Como evitar essa autoilusão? O problema vem da confusão entre duas coisas distintas: sinais de recompensa e recompensas de fato. Na abordagem-padrão do aprendizado por reforço, é tudo a mesma coisa. Isso parece um erro. Elas deveriam ser tratadas separadamente, como ocorre nos jogos de assistência: sinais de recompensa fornecem *informação* sobre a acumulação de recompensa real, que é a coisa a ser maximizada. O sistema de aprendizado está acumulando créditos no céu, por assim dizer, enquanto o sinal de recompensa, na melhor das hipóteses, apenas fornece um registro desses créditos. Em outras palavras, o sinal de recompensa *dá informações sobre* (em vez de *ser de fato*) acumulação de recompensa. Com esse modelo, está claro que assumir o controle do mecanismo de sinais de recompensa apenas perde informações. Produzir sinais de recompensa fictícios torna impossível para o algoritmo descobrir se suas ações estão de fato acumulando créditos no céu, e portanto um aprendiz racional projetado para fazer essa distinção tem um incentivo para evitar todo tipo de *wireheading*.

AUTOAPERFEIÇOAMENTO RECURSIVO

A previsão de I. J. Good sobre uma explosão de inteligência (ver página 139) é uma das forças propulsoras que levaram às preocupações atuais sobre os riscos potenciais da IA superinteligente. Se os humanos podem projetar uma máquina que seja um pouco mais inteligente do que os humanos, então — segundo esse argumento — essa máquina será um pouco melhor do que os humanos para projetar máquinas. Vai projetar novas máquinas que sejam ainda mais inteligentes, e o processo se repetirá até que, nas palavras de Good, "a inteligência do ser humano fique para trás".

Pesquisadores de segurança em IA, em particular os do Instituto de Pesquisa em Inteligência de Máquinas, em Berkeley, investigam se explosões de inteligência podem ocorrer com segurança.[26] De início, talvez pareça quixotesco — não seria apenas "fim de jogo"? —, mas há, talvez, esperança. Suponha que a primeira máquina da série, Robbie Mark I, comece com perfeito conhecimento das preferências de Harriet. Sabendo que suas limitações cognitivas levaram a imperfeições em suas tentativas de deixar Harriet feliz, ela constrói Robbie Mark II, uma vez que isso conduz a um futuro em que as preferências de Harriet são mais bem atendidas — que é, exatamente, o objetivo de Robbie Mark I na vida, de acordo com o primeiro princípio. Pelo mesmo argumento, se Robbie Mark I está inseguro sobre as preferências de Harriet, essa insegurança deve ser transferida para Robbie Mark II. Portanto, as explosões, afinal de contas, são seguras.

A dificuldade, de um ponto de vista matemático, é que Robbie Mark I não vai achar fácil descobrir como Robbie Mark II se comportará, uma vez que Robbie Mark II é, por hipótese, uma versão mais adiantada. Haverá perguntas sobre o comportamento de Robbie Mark II para as quais Robbie Mark I não terá respostas.[27] E, o que é mais grave, ainda não temos uma clara definição matemática do que significa na realidade, para uma máquina, ter um objetivo particular, como o objetivo de satisfazer as preferências de Harriet.

Vamos desemaranhar um pouco essa última preocupação. Vejamos o caso de AlphaGo: que objetivo tem ele? Essa talvez seja fácil: AlphaGo tem como objetivo vencer no go. Será? Certamente AlphaGo nem sempre movimenta suas peças para garantir a vitória. (Na verdade, ele quase sempre perde para AlphaZero.) É verdade que, quando faltam poucas jogadas para terminar a partida, AlphaGo faz a jogada vitoriosa, se houver. Por outro lado, quando nenhum movimento garante a vitória — em outras palavras, quando AlphaGo vê que o adversário tem uma estratégia melhor, qualquer coisa que AlphaGo faça —, então AlphaGo fará jogadas mais ou menos aleatórias. Não fará a jogada mais capciosa na esperança de que o adversário cometa um erro, porque supõe que o adversário sempre jogará com perfeição. Age como se tivesse perdido a vontade de vencer. Em outros casos, quando a jogada verdadeiramente ótima é difícil demais de calcular, AlphaGo por vezes comete erros que resultam em derrota. Nessas ocasiões, em que sentido é verdade que AlphaGo de fato quer vencer? Com efeito, seu comportamento pode ser idêntico ao de uma máquina que só quer oferecer a seu adversário um jogo realmente emocionante.

Dizer, portanto, que AlphaGo "tem como objetivo vencer" é uma simplificação excessiva. A melhor descrição seria a de que AlphaGo é o resultado de um processo de treinamento imperfeito — aprendizado por reforço com jogo contra ele mesmo em que ganhar é a recompensa. O processo de treinamento é imperfeito no sentido de que não pode produzir um perfeito jogador de go: AlphaGo aprende uma função de avaliação para as posições de go que é boa, mas não perfeita, e combina isso com uma busca *lookahead* que é boa, mas não perfeita.

O resultado de tudo isso é que as discussões que começam com "suponha que o robô R tem um objetivo P" são boas, para adquirir alguma intuição sobre como as coisas podem acontecer, mas não podem levar a teoremas sobre máquinas de verdade. Necessitamos de definições mais matizadas e precisas para ter garantias de como vão se comportar no longo prazo. Pesquisadores de IA estão só começando a entender como analisar até mesmo o sistema de tomada de decisões mais simples,[28] que dirá máquinas inteligentes o bastante para projetarem as próprias sucessoras. Ainda há muito trabalho pela frente.

9. Complicações: nós

Se o mundo contivesse uma Harriet perfeitamente racional e um Robbie prestativo e respeitoso, estaríamos bem. Robbie aos poucos aprenderia as preferências de Harriet da maneira mais discreta possível e se tornaria seu perfeito auxiliar. Talvez pudéssemos generalizar a partir desse começo promissor, vendo a relação entre Harriet e Robbie como modelo para as relações entre a raça humana e suas máquinas, cada uma interpretada monoliticamente.

Infelizmente, a raça humana não é uma entidade única e racional. É composta de entidades desagradáveis, invejosas, irracionais, inconsistentes, instáveis, computacionalmente limitadas, complexas, inconstantes, heterogêneas. Montes e montes dessas entidades. Essas questões são o feijão com arroz — talvez até a razão de ser — das ciências sociais. Para IA terei que acrescentar ideias de psicologia, economia, teoria política e filosofia moral.[1] Precisamos fundir, rearranjar e martelar essas ideias para formar uma estrutura que seja forte o suficiente para resistir à enorme pressão que sistemas de IA cada vez mais inteligentes vão exercer sobre ela. O trabalho nessa tarefa mal começou.

HUMANOS DIFERENTES

Começo com a que é provavelmente a mais fácil de todas as questões: o fato de que humanos são heterogêneos. Quando expostas pela primeira vez à ideia de que máquinas podem aprender para satisfazer as preferências humanas, as pessoas costumam alegar que diferentes culturas, mesmo diferentes indivíduos, têm sistemas de valores muitíssimo diferentes, e que portanto não pode haver um sistema de valores que seja correto para a máquina. Mas, claro, isso não é problema da máquina: não queremos que ela tenha um sistema de valores correto todo seu; queremos apenas que ela preveja as preferências de outros.

A confusão sobre máquinas que têm dificuldade com preferências humanas heterogêneas pode vir da ideia equivocada de que a máquina *adota* as preferências que aprende — por exemplo, a ideia de que um robô doméstico numa casa vegetariana vai adotar preferências vegetarianas. Não vai. Ele só precisa aprender a prever quais são as preferências dietéticas de vegetarianos. Pelo primeiro princípio, passará a evitar cozinhar carne para aquela casa. Mas o robô também aprende sobre as preferências dietéticas dos fanáticos carnívoros que moram ao lado e, com permissão do dono, cozinhará carne para eles com a maior satisfação, se eles o tomarem emprestado no fim de semana para ajudar num jantar que vão oferecer. O robô não tem um conjunto de preferências próprias, além da preferência por ajudar humanos a satisfazerem suas preferências.

Em certo sentido, isso não é diferente de um chef de restaurante que aprende a preparar vários pratos para agradar ao paladar variado de sua freguesia, nem da empresa automobilística multinacional que fabrica carros com a direção do lado esquerdo para o mercado americano e do lado direito para o mercado britânico.

Em princípio, uma máquina pode aprender 8 bilhões de modelos de preferência, um para cada pessoa da Terra. Na prática, não é tão desesperador quanto parece. Em primeiro lugar, é fácil para as máquinas compartilharem o que aprendem umas com as outras. Além disso, as estruturas de preferências de humanos têm muita coisa em comum, e a máquina não precisará aprender cada modelo a partir do zero.

Imagine, por exemplo, os robôs domésticos que podem um dia ser comprados pelos moradores de Berkeley, Califórnia. Os robôs saem da caixa com uma convicção a priori bastante ampla, talvez feita sob medida para o mercado americano, mas não para qualquer cidade, ponto de vista político ou classe socioeconômica em particular. Os robôs começam a encontrar membros do Partido Verde de Berkeley, que acabam tendo, em comparação com o americano médio, uma probabilidade muito maior de ser vegetarianos, de usar lixeiras para reciclagem e compostagem, de utilizar o transporte público sempre que possível, e assim por diante. Um robô recém-contratado que vá parar numa casa verde tem condições de logo ajustar suas expectativas. Não precisa começar a aprender coisas sobre esses humanos em particular, como se nunca tivesse visto um humano, menos ainda um membro do Partido Verde. Esse ajuste não é irreversível — pode haver outros membros do Partido Verde em Berkeley que se fartem de comer carne de baleia ameaçada de extinção e dirijam gigantescos caminhões bebedores de gasolina —, mas permite ao robô ser útil mais rapidamente. O mesmo argumento se aplica a uma grande variedade de características pessoais que, em certa medida, predizem aspectos das estruturas de preferência de alguém.

MUITOS HUMANOS

A outra consequência óbvia da existência de mais de um ser humano é a necessidade de as máquinas fazerem *trade-offs* entre as preferências de diferentes pessoas. Há séculos a questão dos *trade-offs* entre humanos tem sido o foco principal de grande parte das ciências sociais. Os pesquisadores seriam ingênuos se esperassem pousar nas soluções corretas sem primeiro compreender o que já se sabe. A literatura sobre esse tópico é, infelizmente, vasta e não há como lhe fazer justiça aqui — não só porque não há espaço, mas também porque não li a maior parte dela. Lembro ainda que quase toda a literatura trata de decisões tomadas por humanos, ao passo que estou preocupado aqui com decisões tomadas por máquinas. Isso faz toda a diferença do mundo, porque humanos têm direitos individuais que podem entrar em conflito com qualquer suposta obrigação de agirem em nome de outros, coisa que as máquinas não têm. Por exemplo, não esperamos, nem exigimos, que humanos típicos sacrifiquem a vida para salvar outros, mas sem a menor dúvida vamos exigir que robôs sacrifiquem sua existência para salvar vidas humanas.

Milhares de anos de trabalho de filósofos, economistas, juristas e cientistas políticos produziram constituições, leis, sistemas econômicos e normas sociais que servem para ajudar (ou atrapalhar, dependendo de quem esteja de plantão) o processo de alcançar soluções satisfatórias para o problema dos *trade-offs*. Filósofos da moral, em particular, vêm analisando a noção de retidão das ações em relação a seus efeitos, benéficos ou não, sobre outras pessoas. Estudam modelos quantitativos de *trade-offs* desde o século XVIII sob o título de *utilitarismo*. Esse trabalho tem relação direta com nossas preocupações atuais, porque tenta definir uma fórmula pela qual decisões morais possam ser tomadas em nome de muitos indivíduos.

A necessidade de fazer *trade-offs* ocorre ainda que todos tenham a mesma estrutura de preferências, porque é quase sempre impossível satisfazer totalmente as preferências de todos. Por exemplo, se todo mundo quer ser Senhor Todo-Poderoso do Universo, a maioria vai ficar desapontada. Por outro lado, a heterogeneidade torna alguns problemas mais difíceis: se todo mundo se sentir feliz com o céu azul, o robô que cuida de questões atmosféricas pode trabalhar para que continue como está; mas se muita gente se mobilizar por uma mudança de cor, o robô terá que pensar em possíveis arranjos, como céu laranja na terceira sexta-feira do mês.

A presença de mais de uma pessoa no mundo tem outras consequências importantes: significa que, para cada pessoa, há outras pessoas de quem cuidar. Isso quer dizer que satisfazer as preferências de um indivíduo tem implicações para outras pessoas, dependendo das preferências do indivíduo sobre o bem-estar de outros.

IA leal

Comecemos com uma proposta simples sobre como as máquinas devem lidar com a presença de múltiplos humanos: ignorando o assunto. Ou seja, se Harriet é dona de Robbie, então Robbie só deveria prestar atenção nas preferências de Harriet. Essa forma *leal* de IA passa por cima da questão dos *trade-offs*, mas cria problemas:

ROBBIE: Seu marido ligou para lembrar do jantar de hoje à noite.
HARRIET: Como assim? Que jantar?
ROBBIE: Pelo seu vigésimo aniversário, às sete.
HARRIET: Não vou poder! Tenho um encontro com a secretária-geral às sete e meia. Como isso pôde acontecer?

ROBBIE: Eu avisei, mas você ignorou minha recomendação…

HARRIET: O.k., desculpe — mas o é que vou fazer? Não posso simplesmente dizer à secretária-geral que estou ocupada!

ROBBIE: Não se preocupe. Dei um jeito de atrasar o avião dela — uma avaria no computador.

HARRIET: Não brinca? Você pode fazer isso?!

ROBBIE: A secretária-geral pede desculpas, e terá o maior prazer em almoçar com você amanhã.

Robbie encontrou uma solução criativa para o problema de Harriet, mas suas ações tiveram efeito negativo para outras pessoas. Se Harriet for uma pessoa moralmente escrupulosa e altruísta, então Robbie, que só quer satisfazer as preferências de Harriet, nunca sonhará com um plano tão duvidoso. Mas, e se Harriet não der a mínima importância às preferências alheias? Nesse caso, Robbie não hesitará em atrasar aviões. E será que não passaria seu tempo furtando dinheiro de contas bancárias on-line para abarrotar os cofres da indiferente Harriet, ou coisa pior?

É evidente que as ações de máquinas leais deverão ser restringidas por regras e proibições, assim como as ações dos humanos são restringidas por leis e normas sociais. Há quem proponha como saída a responsabilização rigorosa:[2] Harriet (ou o fabricante de Robbie, dependendo de onde se prefira situar a responsabilidade) é financeira e legalmente responsável por quaisquer atos praticados por Robbie, assim como, na maioria dos estados, se um cachorro morde uma criança pequena num parque público, o dono do cachorro é responsável por isso. Essa ideia parece promissora, porque Robbie teria então um incentivo para evitar fazer qualquer coisa que pusesse Harriet numa enrascada. Infelizmente, a responsabilização rigorosa não funciona: ela simplesmente fará Robbie agir *sem ser notado* quando atrasar aviões e furtar dinheiro em nome de Harriet. É outro exemplo do princípio das brechas em funcionamento. Se Robbie for leal a uma Harriet inescrupulosa, é muito provável que tentativas de conter seu comportamento com regras vão fracassar.

Ainda que pudéssemos de alguma forma prevenir a totalidade de crimes, um Robbie leal que trabalhasse para uma Harriet indiferente exibiria outros comportamentos desagradáveis. Ao fazer compras num supermercado, passaria na frente dos outros na fila do caixa sempre que possível. Ao levar as compras para casa, se visse um transeunte sofrer um ataque cardíaco, ele seguiria adiante, indiferente, para que o sorvete de Harriet não derretesse. Em suma, descobriria inúmeras formas de beneficiar Harriet à custa dos outros — formas que são estritamente legais, mas que se tornam intoleráveis quando praticadas em larga escala. As sociedades teriam que aprovar centenas de leis todos os dias para tapar brechas encontradas pelas máquinas nas leis existentes. Humanos tendem a não tirar proveito dessas brechas, seja por terem uma compreensão geral dos princípios morais subjacentes, seja por carecerem da criatividade necessária para achar essas brechas.

Uma Harriet que fosse indiferente ao bem-estar alheio já seria ruim o suficiente. Uma Harriet sádica que *preferisse*, fortemente, o sofrimento alheio seria muito pior. Um Robbie projetado para satisfazer as preferências dessa Harriet seria um problema sério, porque iria procurar, e encontrar, maneiras de fazer mal aos outros para o prazer de Harriet, legal ou ilegalmente, mas sem ser notado. E teria, claro, que prestar contas a Harriet, para que ela se divertisse ao saber das más ações do robô.

Parece difícil, portanto, fazer a ideia de uma IA leal funcionar, a não ser que a ideia seja ampliada para levar em conta também as preferências de outros humanos, além das preferências do dono.

IA utilitária

Só temos filosofia moral porque há mais de uma pessoa na Terra. A abordagem mais importante para compreendermos como os sistemas de IA devem ser projetados costuma ser chamada de *consequencialismo*: a ideia de que escolhas devem ser julgadas de acordo com as consequências que se esperam delas. As outras abordagens fundamentais são a *ética deontológica* e a *ética da virtude*, que em linhas bem gerais se ocupam do caráter moral de ações e indivíduos, respectivamente, excluídas as consequências das escolhas.[3] Na falta de provas de autoconsciência das máquinas, creio que não faz muito sentido construir máquinas que sejam virtuosas ou que escolham ações de acordo com regras morais se as consequências forem altamente indesejáveis para a humanidade. Dito de outra forma, construímos máquinas para produzir consequências, e devemos construir máquinas que produzam as consequências que nós preferimos.

Isso não quer dizer que regras e virtudes morais não sejam importantes; quer dizer apenas que, para o utilitarista, elas são justificadas em relação às consequências e à obtenção mais prática dessas consequências. Esse argumento é apresentado por John Stuart Mill em *Utilitarismo*:

> A proposição de que a felicidade é o fim e o objetivo da moralidade não significa que nenhum caminho precisa ser estabelecido para esse objetivo, ou que as pessoas que seguem por ele não devam ser aconselhadas a irem numa direção e não em outra... Ninguém afirma que a arte da navegação não se baseia na astronomia porque os marinheiros não teriam tempo para calcular o Almanaque Náutico. Por serem criaturas racionais, os marinheiros vão para o mar já com os cálculos feitos; e todas as criaturas racionais vão para o mar da vida já com a cabeça feita nas questões de certo e errado, bem como nas questões muito mais difíceis de sabedoria e tolice.

Essa opinião é totalmente compatível com a ideia de que uma máquina finita ao enfrentar a imensa complexidade do mundo real pode produzir melhores consequências se seguir regras morais e adotar uma atitude virtuosa, em vez de tentar calcular o melhor curso de ação a partir do zero. Da mesma maneira, um programa de xadrez chega ao xeque-mate com mais frequência quando usa um catálogo de lances padrão de abertura, algoritmos de fim de jogo e uma função avaliação, em vez de tentar chegar ao xeque-mate raciocinando sem placas de sinalização "moral". Uma abordagem consequencialista também confere algum peso às preferências dos que acreditam fortemente em preservar determinada regra deontológica, porque a infelicidade trazida pela violação de uma regra é uma consequência real. No entanto, não é uma consequência de peso infinito.

O consequencialismo é um princípio difícil de combater com argumentos — embora muitos tenham tentado! — porque é incoerente criticar o consequencialismo alegando que ele teria consequências indesejáveis. Não se pode dizer, "Se você seguir a abordagem consequencialista num caso assim-assim, então isto, esta coisa realmente terrível, é o que vai acontecer!". Esses fracassos provariam apenas que a teoria foi mal aplicada.

Por exemplo, suponha que Harriet quer escalar o Everest. Alguém poderia temer que um Robbie consequencialista a pegasse e depositasse no topo do

Everest, uma vez que essa é a consequência desejada por ela. O mais provável é que Harriet rejeitasse vigorosamente esse plano, que a privaria do desafio e, portanto, da euforia resultante de obter êxito numa tarefa difícil por esforço próprio. Mas, claro, um Robbie consequencialista bem projetado compreenderia que as consequências incluem todas as experiências de Harriet, não só o objetivo final. Robbie poderia querer estar disponível em caso de acidente e assegurar que ela estivesse bem equipada e treinada, mas poderia também ter que aceitar o direito de Harriet de expor-se a um considerável risco de vida.

Se planejarmos construir máquinas consequencialistas, a questão seguinte é avaliar as consequências que afetem muitas pessoas. Uma resposta plausível é dar peso igual às preferências de todos — em outras palavras, maximizar a soma das utilidades de cada um. Essa resposta costuma ser atribuída ao filósofo britânico do século XVIII Jeremy Bentham[4] e a seu discípulo John Stuart Mill,[5] que desenvolveu a abordagem filosófica do utilitarismo. A ideia subjacente pode ser rastreada até a obra do filósofo grego antigo Epicuro, e aparece explicitamente em *Mozi*, conjunto de escritos atribuídos ao filósofo chinês de mesmo nome. Mozi viveu no fim do século V a.C. e promoveu a ideia do *jian ai*, traduzido como "cuidado inclusivo" ou "amor universal", como característica definidora das ações morais.

O utilitarismo tem uma má fama, em parte devido à simples falta de compreensão do que ele defende. (Decerto não ajuda em nada o fato de que a palavra *utilitarismo* significa "projetado para ser útil ou prático, mais do que atraente".) Costuma-se dizer que utilitarismo é incompatível com os direitos individuais, porque supostamente não teria problema algum em remover órgãos de uma pessoa viva, sem sua permissão, para salvar a vida de outras cinco; claro, essa política tornaria a vida intoleravelmente insegura para todo mundo na Terra, por isso o utilitarista nem sequer pensaria nisso. O utilitarismo é também incorretamente identificado com a maximização nada atraente da riqueza total e tido como pouco interessado em poesia ou sofrimento. Na verdade, a versão de Bentham dava atenção especial à felicidade humana, enquanto Mill proclamava com confiança o valor muito maior dos prazeres intelectuais em relação a meras sensações. ("É melhor ser um ser humano insatisfeito do que um porco satisfeito.") O *utilitarismo ideal* de G. E. Moore ia ainda mais longe: ele defendia a maximização de estados mentais de valor intrínseco, sintetizados na contemplação estética da beleza.

Não vejo necessidade de os filósofos utilitários estipularem o conteúdo ideal de utilidade humana ou de preferências humanas. (E menos ainda motivo para os pesquisadores de IA o fazerem.) Os humanos podem resolver isso por conta própria. O economista John Harsanyi apresentou essa opinião com seu princípio da *autonomia de preferências*:[6] "Ao decidir o que é bom e o que é ruim para determinado indivíduo, só seus próprios desejos e suas próprias preferências podem ser os critérios definitivos".

O *utilitarismo de preferências* de Harsanyi é, portanto, mais ou menos compatível com o primeiro princípio da IA desejável, que diz que o único objetivo de uma máquina é converter em realidade as preferências humanas. Sem dúvida, não caberia aos pesquisadores de IA entrar na questão de decidir quais *deveriam* ser as preferências humanas! Como Bentham, Harsanyi vê esses princípios como um guia para decisões *públicas*; não espera que indivíduos sejam tão desinteressados. Nem que sejam perfeitamente racionais — por exemplo, eles podem ter desejos de curto prazo que contradigam suas "preferências mais profundas". Finalmente, propõe ignorar as preferências daqueles que, como a Harriet sádica já mencionada, fortemente desejam diminuir o bem-estar alheio.

Harsanyi também oferece uma espécie de prova de que decisões morais ótimas deveriam maximizar a utilidade média em toda uma população de humanos.[7] Aceita postulados bastante fracos parecidos com os que estão na base da teoria da utilidade para indivíduos. (O postulado adicional primário é que, se cada pessoa, numa população, for indiferente diante de dois resultados, então um agente que atue a favor da população deveria ser indiferente diante daqueles resultados.) Desses postulados, ele deduz o que ficou conhecido como *teorema da agregação social*: um agente que atua em nome de uma população de indivíduos deve maximizar uma combinação linear ponderada das utilidades dos indivíduos. Afirma, ainda, que um agente "impessoal" deve usar pesos iguais.

O teorema requer uma importante hipótese adicional (e não declarada): todos os indivíduos têm as mesmas crenças factuais a priori sobre o mundo e sobre como o mundo se desenvolverá. Mas qualquer pai sabe que isso não é verdade nem sequer para irmãos, quanto mais para indivíduos de diferentes origens sociais e culturas. Portanto, o que acontece quando indivíduos diferem em suas crenças? Uma coisa muito estranha:[8] o peso atribuído à utilidade de cada indivíduo tem que mudar com o tempo, proporcionalmente ao grau de crenças a priori desse indivíduo com a realidade em desenvolvimento.

Essa fórmula, que não parece nem um pouco igualitária, é bastante conhecida de qualquer pai. Digamos que Robbie, o robô, tenha sido incumbido de tomar conta de duas crianças, Alice e Bob. Alice quer ir ao cinema e tem certeza de que hoje vai chover; já Bob quer ir à praia, e tem certeza de que vai fazer sol. Robbie pode anunciar: "Vamos ao cinema", deixando Bob infeliz; ou pode anunciar, "Vamos à praia", deixando Alice infeliz; ou pode, ainda, anunciar, "Se chover, vamos ao cinema, mas, se fizer sol, vamos à praia". Este último plano deixa Alice e Bob felizes, porque ambos acreditam nas próprias crenças.

Desafios ao utilitarismo

O utilitarismo é uma proposta para sairmos da longa procura da humanidade por um guia moral; entre tantas propostas, é uma das especificadas com mais clareza — e portanto a mais suscetível a brechas. Filósofos vêm encontrando essas brechas há mais de cem anos. Por exemplo, G. E. Moore, ao contestar a ênfase de Bentham na maximização do prazer, imaginou um "mundo no qual nada, absolutamente nada, existe além do prazer — nada de conhecimento, nada de amor, nada de apreciação da beleza, nada de qualidades morais".[9] Isso encontra eco moderno no argumento de Stuart Armstrong de que máquinas superinteligentes incumbidas de maximizar o prazer podem "sepultar todo mundo em caixões de concreto com doses de heroína administradas na veia".[10] Outro exemplo: em 1945, Karl Popper propôs o louvável objetivo de minimizar o sofrimento humano,[11] afirmando que era imoral permutar a dor de uma pessoa pelo prazer de outra; R. N. Smart respondeu que a melhor maneira de conseguir isso seria extinguir a raça humana.[12] Hoje, a ideia de que uma máquina pode acabar com o sofrimento humano pondo fim a nossa existência é assunto rotineiro dos debates sobre o risco existencial representado por IA.[13] Um terceiro exemplo é a ênfase de G. E. Moore na *realidade* da fonte de felicidade, corrigindo definições anteriores que pareciam conter uma brecha permitindo a maximização da felicidade através da autoilusão. Os paralelos modernos desse argumento incluem *The Matrix* (no qual a realidade presente acaba se revelando uma ilusão produzida por simulação de computador) e trabalho recente sobre o problema da autoilusão em aprendizado por reforço.[14]

Esses exemplos, e outros mais, me convencem de que a comunidade de IA deveria prestar bastante atenção nas estocadas e nas contraestocadas dos debates filosóficos e econômicos sobre o utilitarismo, porque elas têm relação direta com a tarefa em questão. Dois dos mais importantes debates, para projetar sistemas de IA que beneficiem múltiplos indivíduos, dizem respeito a comparações interpessoais de utilidades e comparações de utilidades em populações de tamanhos diferentes. Ambos vêm sendo travados há 150 anos ou mais, o que nos faz suspeitar de que sua resolução satisfatória talvez não seja clara de todo.

O debate sobre comparações interpessoais de utilidades é importante porque Robbie não pode maximizar a soma das utilidades de Alice e Bob, a não ser que essas utilidades sejam adicionadas; e elas só podem ser adicionadas se forem mensuráveis na mesma escala. O lógico e economista britânico do século XVIII William Stanley Jevons (também inventor de um dos primeiros computadores mecânicos, o chamado piano lógico) afirmou em 1871 que comparações interpessoais são impossíveis:[15]

> A suscetibilidade de uma mente pode, pelo que se sabe, ser mil vezes maior do que a de outra. Mas, supondo que a suscetibilidade seja diferente numa mesma proporção em todas as direções, nunca seremos capazes de descobrir a diferença mais profunda. Toda mente é, portanto, insondável para todas as outras mentes, e nenhum denominador comum de sentimento é possível.

O economista americano Kenneth Arrow, fundador da moderna teoria da escolha social e prêmio Nobel de 1972, foi igualmente firme: "Será adotado aqui o ponto de vista de que a comparação interpessoal de utilidades não tem sentido e, na verdade, não há sentido diretamente relacionado a comparações de bem-estar na mensurabilidade de utilidade individual".

A dificuldade à qual Jevons e Arrow se referem é que não existe uma maneira óbvia de saber se Alice avalia alfinetadas e pirulitos a -1 e $+1$ ou $-1\,000$ e $+1\,000$ em relação à experiência subjetiva de felicidade. Em qualquer dos casos, ela pagará até um pirulito para evitar uma alfinetada. Na verdade, se Alice for um autômato humanoide, seu comportamento externo pode ser o mesmo, ainda que não haja nenhuma experiência subjetiva de felicidade.

Em 1974, o filósofo americano Robert Nozick sugeriu que, mesmo que comparações interpessoais de utilidade pudessem ser feitas, maximizar a soma de utilidades seria uma má ideia, porque entraria em conflito com o *monstro utilitário* — uma pessoa cujas experiências de prazer e dor são muitas vezes mais intensas do que as das pessoas comuns.[16] Essa pessoa poderia afirmar que qualquer unidade adicional de recursos renderia um aumento maior do somatório de felicidade humana se fosse dada a ele e não aos outros; na verdade, *tirar* recursos de outros para beneficiar o monstro utilitário também seria uma boa ideia.

Isso pode parecer uma consequência obviamente indesejável, mas o consequencialismo, por si mesmo, não pode nos socorrer: o problema está em como medimos a desejabilidade das consequências. Uma resposta possível é que o monstro utilitário é um mero teórico — essa pessoa não existe. Mas essa resposta provavelmente não servirá: em certo sentido, *todos* os humanos são monstros utilitários quando comparados a, digamos, ratos ou bactérias, e é por isso que não levamos em conta as preferências de ratos e bactérias quando estabelecemos políticas públicas.

Se a ideia de que entidades diferentes têm diferentes escalas de utilidade já está embutida em nossa maneira de pensar, então parece bem possível que pessoas diferentes também tenham escalas diferentes.

Outra resposta consiste em dizer "que pena!" e operar presumindo que todos têm a mesma escala, mesmo que não tenham.[17] Pode-se também tentar investigar a questão por meios científicos indisponíveis para Jevons, como medir níveis de dopamina ou grau de excitação elétrica de neurônios relacionados ao prazer e à dor, à felicidade e à desgraça. Se as respostas químicas e neurais de Alice e Bob a um pirulito são mais ou menos idênticas, assim como suas respostas comportamentais (sorrir, estalar os lábios, e assim por diante), parece estranho sustentar que, apesar disso, seus graus subjetivos de satisfação diferem por um fator de mil a 1 milhão. Finalmente, podem-se usar moedas comuns como tempo (de que temos, mais ou menos, a mesma quantidade) — por exemplo, comparando pirulitos e alfinetadas com, digamos, cinco minutos a mais de espera no portão de embarque do aeroporto.

Sou bem menos pessimista do que Jevons e Arrow. Desconfio que na verdade significa alguma coisa comparar utilidades entre indivíduos, que as escalas podem divergir, e não por fatores muito grandes, e que máquinas podem começar com crenças a priori razoavelmente amplas sobre escalas de preferências humanas e aprender mais a respeito das escalas de indivíduos com observações ao longo do tempo, talvez correlacionando observações naturais com as descobertas da pesquisa em neurociência.

O segundo debate — sobre comparações de utilidade em populações de diferentes tamanhos — é importante quando decisões têm impacto em quem viverá no futuro. No filme *Vingadores: Guerra infinita*, por exemplo, o personagem Thanos desenvolve e põe em prática a teoria de que, se houvesse metade do número de pessoas, todas os que restassem seriam duas vezes mais felizes. Esse é o tipo de cálculo ingênuo responsável pela má fama do utilitarismo.[18]

A mesma questão — menos os Infinity Stones e o orçamento gigantesco — foi discutida em 1874 pelo filósofo britânico Henry Sidgwick em seu famoso tratado *Os métodos da ética*.[19] Sidgwick, em aparente concordância com Thanos, concluiu que a escolha correta era ajustar o tamanho da população até que a felicidade total máxima fosse atingida. (Obviamente, isso não significa aumentar sem limite a população, porque a certa altura todos estariam morrendo de fome e, portanto, infelizes.) Em 1984, o filósofo britânico Derek Parfit voltou ao assunto em sua obra pioneira *Reasons and Persons* [*Razões e pessoas*].[20] Parfit sustenta que, para qualquer situação com uma população de n pessoas muitos felizes, há (segundo os princípios utilitaristas) uma situação preferível com $2n$ pessoas que são ligeiramente menos felizes. Isso parece bastante plausível. Infelizmente, também é um caminho perigoso. Repetindo o processo, chega-se à chamada Conclusão Repugnante (geralmente escrita com iniciais maiúsculas, talvez para ressaltar suas raízes vitorianas): que a situação mais desejável é aquela com uma vasta população, com todo mundo levando uma vida que mal vale a pena ser vivida.

Como se pode imaginar, essa conclusão é controvertida. O próprio Parfit lutou por mais de trinta anos em busca de uma solução para seu dilema, sem êxito. Desconfio que estamos ignorando alguns axiomas fundamentais, análogos aos relativos a preferências individualmente racionais, para lidar com escolhas entre populações de tamanhos e níveis de felicidade diferentes.[21]

É importante resolvermos esse problema, porque máquinas com suficiente lucidez podem ser capazes de explorar cursos de ação que levem a populações de tamanhos diferentes, como o governo chinês fez com sua política do filho único em 1979. É bem provável, por exemplo, que venhamos a pedir ajuda a sistemas de IA para conceber soluções para as mudanças climáticas globais — e essas soluções podem muito bem envolver políticas que tendam a limitar ou mesmo reduzir o tamanho da população.[22] Por outro lado, se decidirmos que populações maiores são de fato melhores e se atribuirmos peso significativo ao bem-estar de populações humanas potencialmente vastas daqui a séculos, então vamos precisar trabalhar com muito mais afinco para encontrar maneiras de nos mudarmos para além dos confins da Terra. Se os cálculos das máquinas levarem à Conclusão Repugnante ou a seu oposto — uma população minúscula de pessoas otimamente felizes —, talvez tenhamos razão para lamentar nossa ausência de progresso na questão.

Alguns filósofos disseram que talvez tenhamos que tomar decisões numa situação de incerteza moral — ou seja, incerteza sobre a teoria moral apropriada para empregar na tomada de decisões.[23] Uma solução é atribuir alguma probabilidade a cada teoria moral e tomar decisões usando um "valor moral esperado". Não está claro, porém, que faça sentido atribuir probabilidades a teorias morais da mesma maneira que aplicamos probabilidades ao tempo amanhã. (Qual é a probabilidade de que Thanos esteja 100% correto?) Mesmo que faça sentido, as diferenças potencialmente vastas entre as recomendações de teorias morais rivais significa que eliminar a incerteza moral — descobrir que teoria moral evita consequências inaceitáveis — deve ocorrer *antes* de tomarmos decisões importantes ou de delegá-las às máquinas.

Sejamos otimistas e vamos supor que Harriet acabe resolvendo esse e outros problemas advindos do fato de existir mais de uma pessoa na Terra. Algoritmos devidamente altruístas e igualitários são baixados em robôs em todo o mundo. Muitos gestos de "toca aqui" e música alegre. Então Harriet vai para casa...

ROBBIE: Seja bem-vinda! Dia cansativo?
HARRIET: Sim, trabalhei muito, não deu tempo nem de almoçar.
ROBBIE: Então deve estar com muita fome!
HARRIET: Morrendo! Será que pode me preparar um jantar?
ROBBIE: Tenho uma coisa para lhe contar...
HARRIET: O quê? Não vá me dizer que a geladeira está vazia!
ROBBIE: Não, há humanos na Somália que precisam de ajuda mais urgente. Estou saindo. Por favor, cuide você mesma de seu jantar.

Embora esteja orgulhosa de Robbie e de sua própria contribuição para fazer dele uma máquina tão íntegra e decente, Harriet não pode deixar de se perguntar por que desembolsou uma pequena fortuna para comprar um robô cujo primeiro ato significativo é desaparecer. Na prática, claro, ninguém *compraria* esse robô, portanto esse tipo de robô não seria construído, e não haveria benefício para a humanidade. Vamos dar a isso o nome de *problema da Somália*. Para que todo esse plano do robô utilitarista funcione, temos que encontrar uma solução para esse problema. Robbie precisará ter alguma dose de lealdade a Harriet em particular — talvez uma dose correspondente ao valor que Harriet pagou por Robbie. Possivelmente, se quiser que Robbie ajude outras pessoas além de Harriet, a sociedade precisará compensar Harriet pelo direito de usar os serviços de Robbie. É bem provável que os robôs combinem entre si para não aparecerem todos de uma vez na Somália — caso em que Robbie nem precisaria ir. Ou talvez alguns tipos de relação econômica completamente novos possam surgir para administrar a presença (certamente inédita) de bilhões de agentes totalmente altruístas no mundo.

HUMANOS LEGAIS, MAUS E INVEJOSOS

As preferências humanas vão muito além de prazeres e pizzas. Certamente incluem o bem-estar de outros. Até mesmo Adam Smith, o pai da economia que costuma ser citado quando é necessário justificar o egoísmo, começou seu primeiro livro ressaltando a importância crucial da preocupação com os demais:[24]

> Por mais egoísta que se julgue o ser humano, há evidentemente alguns princípios em sua natureza que o fazem interessar-se pela sorte de outros, e tornam a felicidade deles necessária para si, embora ele não tire disso nada além do prazer de contemplá-la. Desse tipo é a piedade ou a compaixão, a emoção que sentimos com a desgraça alheia, quando a vemos, ou somos levados a imaginá-la de maneira muito vívida. O fato de sentirmos tristeza com a tristeza de outros é tão óbvio que não precisamos citar qualquer exemplo para prová-lo.

No linguajar econômico moderno, a preocupação com os outros geralmente recebe o título de *altruísmo*.[25] A teoria do altruísmo é bem desenvolvida e tem implicações significativas para a política tributária, entre outras coisas. É preciso que se diga que alguns economistas tratam o altruísmo como outra forma de egoísmo destinada a dar ao doador um efeito "*warm glow*" [brilho cálido].[26] Isso é com certeza uma possibilidade de que os robôs precisam estar cientes ao interpretarem o comportamento humano, mas por ora vamos dar aos humanos o benefício da dúvida e supor que eles de fato se preocupam.

O jeito mais fácil de pensar sobre o altruísmo é dividir as preferências de alguém em dois tipos: preferências relativas ao próprio bem-estar intrínseco e preferências relativas ao bem-estar alheio. (Há considerável disputa sobre o fato de elas poderem ser claramente separadas, mas vou deixar essa disputa de lado.) O bem-estar intrínseco diz respeito à qualidade da vida de alguém, como abrigo, calor, sustento e segurança, que são desejáveis por si e não por referência a qualidades da vida de outras pessoas.

Para tornar essa noção mais concreta, suponhamos que o mundo contém duas pessoas, Alice e Bob. A utilidade geral de Alice é composta do seu próprio bem-estar intrínseco mais algum fator C_{AB} vezes o bem-estar intrínseco de Bob. O *fator preocupação* C_{AB} indica o quanto Alice se preocupa com Bob. Da mesma forma, a utilidade geral de Bob é composta do seu bem-estar intrínseco mais algum fator preocupação C_{BA} vezes o bem-estar intrínseco de Alice, em que C_{BA} indica o quanto Bob se preocupa com Alice.[27] Robbie está tentando ajudar Alice e Bob, o que significa (digamos) maximizar a soma de suas duas utilidades. Portanto, Robbie precisa prestar atenção não só no bem-estar individual de cada um, mas também no quanto cada um se importa com o bem-estar do outro.[28]

Os sinais dos fatores C_{AB} e C_{BA} têm grande importância. Por exemplo, se C_{AB} for positivo, Alice é "legal"; ela sente alguma felicidade com o bem-estar de Bob. Quanto mais positivo for C_{AB}, mais Alice está disposta a sacrificar parte do próprio bem-estar para ajudar Bob. Se C_{AB} for zero, então Alice é totalmente egoísta; se ela puder safar-se, vai desviar qualquer quantidade de recursos de Bob para ela mesma, ainda que Bob fique indigente e faminto. Diante de uma Alice egoísta e de um Bob legal, um Robbie utilitarista obviamente protegerá Bob das piores depredações de Alice. É interessante que o equilíbrio final normalmente deixará Bob com menos bem-estar intrínseco do que Alice, mas ele pode ter uma felicidade geral maior porque se importa com o bem-estar dela. Podemos achar que as decisões de Robbie são muito injustas, se elas deixam Bob com menos bem-estar do que Alice, simplesmente porque ele é mais legal do que ela: será que ele não se ressentiria do resultado e ficaria infeliz?[29] Pode ser que sim, mas isso seria um modelo diferente — um que inclua um termo para ressentimento contra diferenças de bem-estar. No nosso modelo simples, Bob estaria em paz com o resultado. Na verdade, na situação de equilíbrio, ele resistiria a qualquer tentativa de transferir recursos de Alice para ele mesmo, uma vez que isso reduziria sua felicidade geral. Se você acha que isso é totalmente irrealista, pense no caso de Alice ser a filha recém-nascida de Bob.

O caso realmente problemático para Robbie é quando C_{AB} é negativo; nessa hipótese, Alice é de fato maldosa. Vou usar a expressão *altruísmo negativo* para me referir a essas preferências. Como no caso da Harriet sádica já mencionado, não se trata aqui de ganância e egoísmo comuns, com Alice satisfeita de reduzir a fatia de torta de Bob para aumentar a sua. Altruísmo negativo significa que Alice se sente feliz reduzindo o bem-estar alheio, ainda que seu próprio bem-estar intrínseco permaneça inalterado.

Em seu artigo sobre o utilitarismo de preferências, Harsanyi atribui o altruísmo negativo a "sadismo, inveja, ressentimento e maldade" e afirma que estes deveriam ser ignorados no cálculo do total da utilidade humana numa população: "Nenhuma dose de boa vontade para com o indivíduo X pode me impor a obrigação moral de ajudá-lo a prejudicar uma terceira pessoa, o indivíduo Y".

Isso parece ser uma área na qual é razoável que os inventores de máquinas inteligentes intervenham (com cautela) para manipular a balança da justiça, por assim dizer.

Infelizmente, o altruísmo negativo é muito mais comum do que se poderia esperar. Ele nasce não tanto do sadismo e da maldade,[30] mas da inveja e do ressentimento, e de sua emoção oposta, que chamarei de *orgulho* (por falta de uma palavra melhor). Se tem inveja de Alice, Bob fica infeliz com a *diferença* entre o bem-estar de Alice e o seu próprio; quanto maior a diferença, mais infeliz ele fica. Inversamente, Alice, se tiver orgulho de sua superioridade sobre Bob, ficará feliz não só com seu próprio bem-estar intrínseco, mas também com o fato de que ele é maior do que o de Bob. É fácil mostrar que, num sentido matemático, orgulho e inveja operam mais ou menos como o sadismo; eles fazem Alice e Bob se sentirem felizes simplesmente reduzindo o bem-estar do outro, porque a redução do bem-estar de Bob aumenta o orgulho de Alice, enquanto a redução do bem-estar de Alice reduz a inveja de Bob.[31]

Jeffrey Sachs, o conceituado economista do desenvolvimento, me contou uma história que ilustra o poder desses tipos de preferência no pensamento das pessoas. Ele estava em Bangladesh, logo depois de uma grande enchente que arrasou uma região do país, e conversou com um agricultor que tinha perdido a casa, os campos, todos os animais e um dos filhos. "Lamento muito, o senhor deve se sentir terrivelmente triste", arriscou Sachs. "De jeito nenhum", respondeu o homem. "Estou muito feliz porque meu maldito vizinho também perdeu a mulher e todos os filhos!"

A análise econômica do orgulho e da inveja — particularmente no contexto de status social e consumo ostentatório — ganhou destaque na obra do sociólogo americano Thorstein Veblen, cujo livro *A teoria da classe ociosa*, de 1899, explica as tóxicas consequências dessas atitudes.[32] Em 1977, o economista britânico Fred Hirsch publicou *Limites sociais do crescimento*,[33] no qual introduziu a ideia de bens posicionais. Um bem posicional é qualquer coisa — pode ser um carro, uma casa, uma medalha olímpica, um diploma escolar, uma renda ou um sotaque — cujo valor percebido vem não só dos seus benefícios intrínsecos, mas também de suas propriedades relativas, incluindo as propriedades de serem escassos e superiores aos de outra pessoa. A busca de bens posicionais, motivada por orgulho e inveja, tem o caráter de um jogo de soma zero, no sentido de que Alice não pode melhorar sua posição relativa sem piorar a posição relativa de Bob, e vice-versa. (Isso não parece impedir que vastas somas sejam esbanjadas para consegui-los.) Bens posicionais parecem estar em toda parte na vida moderna, por isso as máquinas vão ter que compreender sua importância geral nas preferências dos indivíduos. Além disso, teóricos de identidade social sugerem que filiação e reputação dentro de um grupo e o status geral do grupo em relação a outros grupos são elementos essenciais da autoestima humana.[34] Portanto, é difícil compreender o comportamento humano sem compreender como os indivíduos se veem a si mesmos como membros de grupos — sejam esses grupos espécies, nações, grupos étnicos, partidos políticos, profissões, famílias ou torcedores de um time de futebol.

Como no caso do sadismo e da maldade, podemos sugerir que Robbie atribua pouco peso ou peso nenhum ao orgulho e à inveja em seus planos para ajudar Alice e Bob. Há porém algumas dificuldades nessa proposta. Como o orgulho e a inveja se contrapõem a preocupar-se com a atitude de Alice para com o bem-estar de Bob, pode não ser fácil desenredá-los. Pode ser que Alice se importe muito, mas também padeça de inveja; é difícil separar essa Alice de uma Alice diferente que se importe só um pouco mas não sinta inveja alguma.

Além disso, dada a predominância do orgulho e da inveja nas preferências humanas, é essencial examinar com muito cuidado as consequências de igno-rá-los. Talvez sejam essenciais para a autoestima, sobretudo em suas formas positivas — autorrespeito e admiração pelos outros.

Volto agora a enfatizar um argumento apresentado antes: máquinas ade-quadamente projetadas *não se comportarão como as pessoas observadas por elas*, ainda que estejam aprendendo sobre as preferências de demônios sádicos. Na verdade, é bem possível que, se nós humanos nos acharmos na situação inédi-ta de lidar com entidades puramente altruístas numa base diária, venhamos a ser pessoas melhores — mais altruístas, e menos movidas por orgulho e inveja.

HUMANOS ESTÚPIDOS, EMOCIONAIS

O título desta seção não pretende se referir a algum subconjunto particu-lar de humanos. Refere-se a todos nós. Somos todos incrivelmente estúpidos em comparação com os padrões inalcançáveis estabelecidos pela racionalidade perfeita, e estamos todos sujeitos ao vaivém de variadas emoções que, em grande medida, governam nosso comportamento.

Comecemos pela estupidez. Uma entidade perfeitamente racional maxi-miza a satisfação esperada de suas preferências por todas as vidas futuras que ela possa optar por viver. Não posso nem sequer começar a escrever aqui um número que descreva a complexidade desse problema decisório, mas acho muito útil o seguinte experimento mental. Primeiro, note-se que o número de escolhas de controle motor que um humano faz durante a vida é de cerca de 20 trilhões. (Ver Apêndice A para os cálculos detalhados.) Em seguida, vejamos até onde nos levará a força bruta com a ajuda do laptop supremo de Seth Lloyd, que é o máximo permitido pelas leis da física e 1 bilhão de trilhões de trilhões de vezes mais rápido do que o computador mais rápido do mundo. Vamos dar-lhe a tarefa de enumerar todas as sequências possíveis de palavras inglesas (talvez como aquecimento para a Biblioteca de Babel de Jorge Luis Borges), e deixá-lo rodar por um ano. De que tamanho serão as sequências que ele é capaz de enumerar nesse período? Mil páginas de texto? Um milhão de páginas? Não. Onze palavras. Isso nos diz alguma coisa sobre a dificuldade de projetar a melhor vida possível de 20 trilhões de ações. Em resumo, estamos mais longe de ser racionais do que uma lesma de ultrapassar a nave estelar *Enterprise* viajando à velocidade de dobra 9. Não temos *a menor ideia* do que seria uma vida racionalmente escolhida.

Uma das implicações disso é que os humanos agirão com frequência de modo a contrariar suas próprias preferências. Por exemplo, Lee Sedol, quando perdeu sua partida de go com AlphaGo, fez uma ou mais jogadas que *resultariam fatalmente* em sua derrota, e AlphaGo poderia (pelo menos em alguns casos) detectar que ele tinha feito isso. Mas para AlphaGo seria incorreto deduzir que Lee Sedol tem preferência por perder. Em vez disso, seria razoável deduzir que Lee Sedol tem preferência por vencer, mas certas limitações computacionais suas o impedem de escolher a jogada certa em todos os casos. Portanto, para compreender o comportamento de Lee Sedol, e descobrir suas preferências, um robô que seguisse o terceiro princípio ("a fonte definitiva de informações sobre preferências humanas é o comportamento humano") precisaria entender alguma coisa sobre os processos cognitivos que geram seu comportamento. Não pode presumir que ele seja racional.

Isso cria para as comunidades de IA, ciência cognitiva, psicologia e neurociência um sério problema de pesquisa: compreender a cognição humana[35] o suficiente para podermos (ou para nossas máquinas benéficas poderem), através de "engenharia reversa" do comportamento humano, chegar às profundas preferências subjacentes, na medida em que elas existam. Humanos conseguem fazer um pouco isso, aprendendo seus valores de outros humanos com um pouco de orientação da biologia, portanto isso parece possível. Os humanos têm uma vantagem: podem usar sua própria arquitetura cognitiva para simular a de outros humanos, sem saber que arquitetura é essa — "Se eu quisesse X, eu faria exatamente o que Mamãe faz, portanto Mamãe deve querer X".

Máquinas não têm essa vantagem. Podem simular com facilidade outras máquinas, mas não pessoas. É improvável que num futuro próximo venham a ter acesso a um modelo completo da cognição humana, seja genérica, seja sob medida para indivíduos específicos. Em vez disso, faz sentido, de um ponto de vista prático, examinar como os humanos costumam se afastar da racionalidade e tentar descobrir preferências a partir de comportamentos que apresentem esses desvios.

Uma diferença óbvia entre humanos e entidades racionais é que, a qualquer momento determinado, não escolhemos entre todos os primeiros passos possíveis de todas as possíveis vidas futuras. Não chegamos nem perto. Em vez disso, em geral, estamos presos a um hierarquia profundamente escavada de "sub-rotinas". De modo geral, perseguimos objetivos de curto prazo, em vez de maximizarmos preferências de vidas futuras, e só nos é dado agir segundo as restrições da sub-rotina que executamos no presente. Neste momento, por exemplo, estou digitando esta frase: posso escolher como prosseguir depois dos dois-pontos, mas eu nunca me pergunto se deveria parar de escrever a frase e fazer um curso de rap on-line, ou tocar fogo na casa e reivindicar o seguro, ou qualquer outra coisa de um zilhão de coisas que eu *poderia* fazer em seguida. Muitas dessas outras coisas podem de fato ser melhores do que o que estou fazendo, mas, por causa da minha hierarquia de obrigações, é como se essas outras coisas não existissem.

Compreender a ação humana, portanto, parece exigir a compreensão dessa hierarquia de sub-rotinas (que podem ser totalmente individuais): que sub-rotina a pessoa executa no momento, que objetivos de curto prazo estão sendo buscados dentro dessa sub-rotina e qual é a relação deles com preferências profundas, de longo prazo. Mais genericamente, descobrir preferências humanas parece exigir a descoberta da estrutura real das vidas humanas. O que são todas essas coisas em que nós humanos podemos estar envolvidos, seja individual, seja coletivamente? Que atividades são características de diferentes culturas ou de diferentes tipos de indivíduo? São tópicos de pesquisa tremendamente interessantes e difíceis. Não têm, é óbvio, resposta fixa, porque nós humanos estamos sempre acrescentando novas atividades e estruturas comportamentais a nossos repertórios. Mas mesmo respostas parciais ou provisórias seriam de grande utilidade para todos os tipos de sistema inteligente destinados a ajudar humanos em sua vida diária.

Outra propriedade óbvia das ações humanas é que, com frequência, elas são motivadas por emoção. Em alguns casos, isso é bom — emoções como amor e gratidão, claro, constituem parcialmente nossas preferências, e ações guiadas por elas podem ser racionais mesmo quando não são deliberadas de todo. Em outros casos, respostas emocionais levam a ações que até mesmo nós, humanos estúpidos, reconhecemos como não exatamente racionais — depois dos fatos, claro. Por exemplo, uma Harriet zangada e frustrada que esbofeteia uma recalcitrante Alice de dez anos pode se arrepender imediatamente de sua ação. Ao observar a ação, Robbie deve (quase sempre, mas não em todos os casos) atribuí-la à raiva e à frustração, e à falta de autocontrole, e não a sadismo deliberado. Para que isso funcione, Robbie precisa ter alguma compreensão dos estados emocionais humanos, incluindo causas, como evoluem com o tempo em resposta a estímulos externos e seus efeitos sobre a ação. Neurocientistas começam a compreender a mecânica de alguns estados emocionais e suas conexões com outros processos cognitivos,[36] e existem trabalhos proveitosos sobre métodos computacionais para detectar, predizer e manipular estados emocionais humanos,[37] mas há muito mais a aprender. As máquinas estão em desvantagem quando se trata de emoções: elas não podem gerar a estimulação interna de uma experiência para ver que estado emocional produzirá.

Além de afetar nossas ações, as emoções revelam informações úteis sobre nossas preferências subjacentes. Por exemplo, a pequena Alice talvez se recuse a fazer os deveres de casa, e Harriet está furiosa e frustrada porque deseja de fato que Alice vá bem na escola e tenha mais oportunidades na vida do que a própria Harriet teve. Se Robbie estiver equipado para compreender isso — ainda que não possa ter essa experiência —, talvez aprenda muita coisa com as ações nada racionais de Harriet. Deveria ser possível, portanto, criar modelos rudimentares de estados emocionais humanos que fossem suficientes para evitar os erros mais crassos na dedução de preferências humanas a partir de comportamentos.

HUMANOS TÊM MESMO PREFERÊNCIAS?

A premissa deste livro é que há futuros de que gostaríamos e futuros que preferiríamos evitar, como extinção a curto prazo ou sermos transformados em fazendas de baterias humanas à la *Matrix*. Nesse sentido, sim, é claro que humanos têm preferências. Mas, quando entramos nos detalhes sobre como os humanos prefeririam que sua vida se desenrolasse, porém, as coisas ficam bem menos claras.

Incerteza e erro

Pensando bem, uma propriedade óbvia dos humanos é nem sempre saberem o que querem. Por exemplo, a fruta durião provoca respostas diferentes em diferentes pessoas: algumas acham que "supera o sabor de todas as outras frutas do mundo",[38] outras a comparam a "esgoto, vômito rançoso, mijo de gambá e gazes cirúrgicas usadas".[39] Resisti deliberadamente a provar durião antes da publicação, para manter certa neutralidade nessa questão: por isso, não sei dizer em que grupo eu me incluiria. O mesmo pode ser dito de muitas pessoas que pensam em carreiras futuras, futuros parceiros de vida, futuras atividades durante a aposentadoria, e assim por diante.

Há pelo menos dois tipos de incerteza de preferências. O primeiro é a incerteza real, epistêmica, como a que sinto a respeito de minha preferência por durião.[40] Nenhuma quantidade de pensamento vai resolver essa incerteza. Há uma verdade que é empírica, e posso descobrir mais coisas experimentando alguns duriões, comparando meu DNA com o DNA dos amantes e dos detratores de durião, e assim por diante. O segundo vem das limitações computacionais: olhando para duas posições de go, não sei dizer qual delas prefiro, porque as ramificações de cada uma estão além da minha capacidade de resolvê-las completamente.

A incerteza nasce também do fato de que as escolhas que nos apresentam são em geral mal especificadas — às vezes de maneira tão incompleta que dificilmente poderiam ser chamadas de escolhas. Quando Alice está para se formar no ensino médio, um orientador vocacional pode lhe pedir para optar entre "bibliotecária" e "trabalhadora em mina de carvão"; ela pode, e com boas razões, dizer: "Não sei qual das duas eu prefiro". Aqui, a incerteza vem da incerteza epistêmica sobre suas próprias preferências por, digamos, poeira de carvão ou poeira de livro; da incerteza computacional enquanto luta para descobrir como aproveitar ao máximo cada escolha vocacional; e da incerteza banal sobre o mundo, como suas dúvidas sobre a viabilidade de longo prazo da mina de carvão local.

Por essas razões, é má ideia identificar preferências humanas com simples escolhas entre opções que sejam incompletamente descritas e difíceis de avaliar e que incluem elementos de desejabilidade desconhecida. Essas escolhas fornecem provas indiretas de preferências subjacentes, mas não são elementos constitutivos dessas preferências. É por isso que formulei a noção de preferências em relação a *vidas futuras* — por exemplo, imaginando que você assistisse, de forma comprimida e como experiência virtual, a dois filmes diferentes de sua vida futura e depois manifestasse uma preferência entre eles (ver página 34). Claro, o experimento mental é impossível de ser feito na prática, mas dá para imaginar que em muitos casos emergiria uma evidente preferência bem antes de todos os detalhes de cada filme serem apresentados e plenamente vivenciados. Você pode não saber com antecedência qual dos dois preferiria, ainda que lhe oferecessem um resumo da trama; mas há uma resposta à pergunta real, com base em quem você é agora, assim como há uma resposta à pergunta sobre se você vai gostar do durião quando provar.

O fato de você não ter certeza de suas próprias preferências não cria nenhum problema especial para a abordagem de IA comprovadamente desejável baseada na experiência. Na verdade, já existem algoritmos que levam em conta a incerteza de Robbie e de Harriet sobre as preferências de Harriet e admitem a possibilidade de que Harriet possa descobrir suas próprias preferências ao mesmo tempo que Robbie as descobre.[41] Assim como a incerteza de Robbie sobre as preferências de Harriet pode ser reduzida pela observação do comportamento de Harriet, a incerteza de Harriet sobre as próprias preferências pode ser reduzida pela observação de suas próprias reações a experiências. Os dois tipos de incerteza não precisam estar diretamente relacionados; nem Robbie está necessariamente mais incerto do que Harriet sobre as preferências de Harriet. Por exemplo, Robbie pode ser capaz de detectar que Harriet tem uma forte predisposição genética para detestar o sabor de durião. Nesse caso, ele terá pouca incerteza da preferência dela por durião, mesmo enquanto ela permanece totalmente no escuro.

Se Harriet pode estar *incerta* de suas preferências a respeito de acontecimentos futuros, então, muito provavelmente, também pode estar *errada*. Por exemplo, ela pode estar convencida de que não vai gostar de durião (ou, digamos, de ovos crus e presunto), e por isso evita a fruta a todo custo, mas pode acabar — se a fruta um dia entrar por acaso na sua salada de frutas — achando-a sublime. Portanto, Robbie não pode presumir que as ações de Harriet refletem um conhecimento preciso das próprias preferências dela: algumas podem estar rigorosamente baseadas na experiência, mas outras talvez se baseiem acima de tudo em suposições, preconceitos, medo do desconhecido ou generalizações infundadas.[42] Um Robbie devidamente diplomático poderia ser muito útil para Harriet, alertando-a para essas situações.

Alguns psicólogos põem em dúvida a própria noção da existência de um eu cujas preferências sejam soberanas de acordo com o que o princípio da autonomia das preferências de Harsanyi sugere. O mais destacado desses psicólogos é meu ex-colega de Berkeley Daniel Kahneman. Kahneman, que recebeu o prêmio Nobel em 2002 por sua obra sobre economia comportamental, é um dos pensadores mais influentes em questões de preferências humanas. Seu recente livro, *Rápido e devagar: duas formas de pensar* [*Thinking, Fast and Slow*],[43] conta com detalhes uma série de experiências que o convenceram de que existem dois eus — o eu que *vivencia a experiência* e o eu que *se lembra* — cujas preferências estão em conflito.

O eu que vivencia a experiência é o que está sendo medido pelo *hedonímetro*, que o economista britânico do século XIX Francis Edgeworth imaginou que seria "um instrumento idealmente perfeito, uma máquina psicofísica, registrando o tempo todo o apogeu de prazer vivenciado por um indivíduo, exatamente de acordo com o veredicto da consciência".[44] Segundo o utilitarismo hedonista, o valor total de qualquer experiência para um indivíduo é a soma dos valores hedonistas de cada instante durante a experiência. A noção vale tanto para tomar um sorvete como para viver toda uma existência.

Já o eu que se lembra, ao contrário, é o que está "no comando" quando uma decisão precisa ser tomada. Esse eu escolhe novas experiências com base em *lembranças* de experiências anteriores e sua desejabilidade. O experimento de Kahneman sugere que o eu que se lembra tem ideias bem diferentes das ideias do eu que vivencia a experiência.

O experimento mais simples para entender isso envolve enfiar a mão de um sujeito na água fria. Há duas situações diferentes: na primeira, a imersão é durante sessenta segundos na água a 14°C; na segunda, a imersão é durante sessenta segundos na água a 14°C seguida de trinta segundos a 15°C. (Essas temperaturas são semelhantes às do oceano no norte da Califórnia — tão baixas que quase todo mundo usa uma roupa de mergulho na água.) Todos os sujeitos relatam que a experiência é desagradável. Depois que o sujeito passa pela experiência nas duas situações (em qualquer ordem, com um intervalo de sete minutos), pede-se que escolha qual das duas gostaria de repetir. A grande maioria dos sujeitos prefere repetir a imersão de 60 + 30 segundos, à de apenas sessenta segundos.

Kahneman propõe que, do ponto de vista do eu que vivencia a experiência, 60 + 30 tem que ser *estritamente pior* do que 60, porque inclui 60 *e outra experiência desagradável*. Mas o eu que se lembra escolhe 60 + 30. Por quê?

A explicação de Kahneman é de que o eu que se lembra olha para trás com óculos estranhamente coloridos, prestando atenção principalmente no valor de "pico" (o valor hedonista mais alto ou mais baixo) e no valor "final" (o valor hedonista no fim da experiência). A duração de diferentes partes da experiência é praticamente deixada de lado. Os níveis de pico de desconforto para 60 e 60 + 30 são os mesmos, mas os níveis finais são diferentes: no caso de 60 + 30, a água é 1ºC mais quente. Se o eu que se lembra avalia experiências pelos valores de pico e final, e não recapitulando valores hedônicos ao longo do tempo, então 60 + 30 é melhor, e foi isso que se descobriu. O modelo pico-final parece explicar muitas outras descobertas também estranhas na literatura sobre preferências.

Kahneman parece (talvez apropriadamente) incapaz de decidir sobre suas descobertas. Afirma que o eu que se lembra "simplesmente cometeu um erro" e prefere a experiência errada porque sua memória é deficiente e incompleta; vê isso como "má notícia para quem acredita na racionalidade da escolha". Por outro lado, escreve ele, "Uma teoria de bem-estar que ignore o que as pessoas querem não pode ser sustentada". Suponha, por exemplo, que Harriet tentou Pepsi e Coca-Cola e agora tem forte preferência por Pepsi; seria absurdo forçá-la a beber Coca acrescentando leituras secretas de hedonímetro durante cada tentativa.

O fato é que nenhuma lei *exige* que nossas preferências entre experiências sejam definidas pela soma de valores hedonistas em instantes do tempo. É verdade que modelos matemáticos padrão concentram-se em maximizar uma soma de recompensas,[45] mas a motivação original para isso foi conveniência matemática. As justificativas vieram depois, na forma de pressupostos técnicos segundo os quais é racional decidir com base no acréscimo de recompensas,[46] mas esses pressupostos técnicos precisam resistir ao teste da realidade. Suponha, por exemplo, que Harriet tenha que escolher entre duas sequências de valores hedonistas: [10, 10, 10, 10, 10] e [0, 0, 40, 0, 0]. É perfeitamente possível que ela prefira a segunda sequência; nenhuma lei matemática pode obrigá-la a fazer escolhas com base na soma e não, digamos, no máximo.

Kahneman reconhece que a situação é mais complicada ainda pelo papel crucial da expectativa e da memória no bem-estar. A lembrança de uma experiência isolada e adorável — o dia do casamento, o nascimento de um filho, uma tarde apanhando amoras e fazendo geleia — pode sustentar alguém durante anos de trabalho penoso e de desapontamento. Talvez o eu que se lembra esteja avaliando não apenas a experiência em si, mas seu efeito total no valor futuro da vida pelo seu efeito em lembranças futuras. E, supostamente, o eu que se lembra e não o eu que vivencia a experiência é o melhor juiz do que será lembrado.

Tempo e mudança

Nem é preciso dizer que pessoas sensatas no século XXI não gostariam de imitar as preferências, digamos, da sociedade romana no século II, com a morte de gladiadores para divertimento público, uma economia baseada na escravidão e massacres brutais de povos derrotados. (Também não precisamos insistir nos equivalentes óbvios dessas características na sociedade moderna.) Os padrões de moralidade claramente evoluem ao longo do tempo, enquanto nossa civilização progride — ou segue à deriva, se quiserem. Isso sugere, por sua vez, que gerações futuras talvez achem bem repulsivas nossas atitudes atuais, digamos, para com o bem-estar dos animais. Por essa razão, é importante que as máquinas encarregadas de implementar preferências humanas sejam capazes de responder a mudanças nessas preferências com o passar do tempo, em vez de gravá-las na pedra. Os três princípios do capítulo 7 atendem a essas mudanças de uma forma natural, porque exigem que as máquinas descubram e implementem as preferências atuais de humanos atuais — montes de humanos, todos diferentes —, em vez de um único conjunto idealizado de preferências ou as preferências dos inventores das máquinas, que podem ter morrido há muito tempo.[47]

A possibilidade de mudanças nas preferências típicas de populações humanas ao longo do tempo histórico naturalmente dá atenção especial à questão de como as preferências de cada indivíduo são formadas e à plasticidade das preferências adultas. Nossas preferências certamente são influenciadas pela biologia: em geral evitamos a dor, a fome e a sede, por exemplo. No entanto, nossa biologia tem permanecido mais ou menos constante, portanto as preferências restantes devem surgir de influências culturais e familiares. É possível que as crianças estejam constantemente testando alguma forma de aprendizado por reforço invertido para identificar as preferências de pais e colegas a fim de explicar o comportamento deles; as crianças então adotam essas preferências como suas. Até como adultos, nossas preferências evoluem por influência da mídia, do governo, dos amigos, dos patrões e de nossas experiências diretas. Pode até ser, por exemplo, que muitos partidários do Terceiro Reich não tenham começado como sádicos genocidas sedentos de pureza racial.

A mudança de preferências representa um desafio para as teorias da racionalidade tanto no nível do indivíduo como no da sociedade. Por exemplo, o princípio da autonomia das preferências de Harsanyi parece dizer que todos têm direito a quaisquer preferências que possam ter e ninguém mais deveria tocar nelas. Longe de serem intocáveis, no entanto, as preferências são tocadas e modificadas o tempo todo por todas as experiências que a pessoa tem. Máquinas não podem deixar de modificar preferências humanas, porque máquinas modificam experiências humanas.

É importante, se bem que às vezes difícil, separar mudança de preferências de atualização de preferências, que ocorre quando uma Harriet, de início incerta, descobre mais coisas sobre as próprias preferências através da experiência. A atualização de preferências pode preencher lacunas no autoconhecimento e talvez tornar definitivas preferências até então fracas e provisórias. Já a mudança de preferências não é um processo que resulte de novas evidências sobre o que são, de fato, as preferências de alguém. Em caso extremo, pode-se imaginar essa mudança como consequência da administração de drogas ou até mesmo de cirurgia de cérebro — ela surge de processos que talvez não compreendamos ou com os quais não concordemos.

A mudança de preferências é problemática por duas razões pelo menos. A primeira razão é que não está claro *quais* preferências devem manter o controle no momento de uma decisão: as preferências de Harriet quando está tomando a decisão ou as preferências que terá durante e depois dos acontecimentos que resultam de sua decisão. Em bioética, por exemplo, esse dilema é muito real, porque as preferências das pessoas sobre intervenções médicas e assistência a pacientes terminais mudam, com frequência de forma dramática, quando elas ficam gravemente doentes.[48] Supondo que essa mudança não resulte da redução da capacidade intelectual, de quem são as preferências que devem ser respeitadas?[49]

A segunda razão que torna a mudança de preferências problemática é que parece não haver base racional óbvia para alguém mudar (diferentemente de atualizar) suas preferências. Se Harriet prefere A a B, mas escolhe passar por uma experiência que sabe que resultará em ela preferir B a A, por que passar por isso? Depois poderia acabar escolhendo B, que é o que ela não quer no momento.

A questão da mudança de preferências aparece de forma dramática na lenda de Ulisses e as sereias. As sereias eram seres míticos cujo canto atraía os marinheiros à perdição nas rochas de algumas ilhas do Mediterrâneo. Ulisses, querendo ouvir o canto, ordenou aos marujos que tapassem os ouvidos com cera e o amarrassem num mastro; em circunstância alguma deveriam obedecer a suas súplicas para ser desamarrado. Obviamente, ele queria que os marinheiros respeitassem suas preferências iniciais, e não as preferências que viesse a ter quando as sereias o tivessem enfeitiçado. Essa lenda tornou-se o título de um livro do filósofo norueguês Jon Elster,[50] que trata da fraqueza da vontade e de outras provocações à ideia teórica da racionalidade.

Por que uma máquina inteligente haveria de querer modificar deliberadamente as preferências dos humanos? A resposta é bem simples: para tornar essas preferências mais fáceis de satisfazer. Vimos isso no capítulo 1, no caso da otimização dos *click-throughs* nas redes sociais. Uma resposta pode ser dizer que as máquinas precisam tratar as preferências humanas como sacrossantas: nada pode ter permissão para mudar as preferências humanas. Infelizmente, isso é impossível. É provável que a própria existência de um assistente robótico competente terá efeito nas preferências humanas.

Uma solução possível é as máquinas descobrirem quais são as *metapreferências* humanas — ou seja, as preferências sobre que tipos de processo de mudança de preferências são aceitáveis ou inaceitáveis. Note-se que uso aqui "processos de mudança de preferências", em vez de "mudanças de preferência". A razão disso é que desejar que as preferências de alguém mudem numa direção específica quase sempre equivale a já ter essas preferências; o que de fato se deseja nesse caso é a capacidade de ser mais eficiente na *implementação* da preferência. Por exemplo, se Harriet diz "desejo que minhas preferências mudem para que eu não queira bolo como quero agora", é porque já tem uma preferência para um futuro com menos consumo de bolo; o que ela quer com efeito é alterar sua arquitetura cognitiva para que seu comportamento reflita com mais rigor essa preferência.

Ao falar de "preferência sobre que tipos de processo de mudança de preferências são aceitáveis ou inaceitáveis", refiro-me, por exemplo, à opinião de que alguém possa acabar tendo preferências "melhores" por viajar pelo mundo e vivenciar experiências de uma ampla variedade de culturas, ou por participar de uma vibrante comunidade intelectual que explore à exaustão uma vasta gama de tradições morais, ou por reservar um tempo isolado para introspecção e para pensar com mais afinco na vida e em seu significado. Darei a isso o nome de processos de *preferência neutra*, no sentido de não esperarmos que o processo mude as preferências de alguém numa direção particular, mas reconhecendo, ao mesmo tempo, que muita gente poderá discordar fortemente dessa caracterização.

Nem todos os processos de preferência neutra, claro, são desejáveis — por exemplo, pouca gente espera desenvolver preferências "melhores" dando pancadas na cabeça. Sujeitar-se a um processo aceitável de mudança de preferências é mais ou menos como realizar um experimento para descobrir alguma coisa sobre como o mundo funciona: nunca sabemos, com antecedência, como o experimento vai acabar, mas de qualquer forma esperamos estar em melhor situação em nosso novo estado mental.

A ideia de que há rotas aceitáveis para a modificação de preferências parece estar ligada à ideia de que há métodos aceitáveis de modificação de comportamento pelos quais, por exemplo, um empregador arquiteta uma situação de escolha para que as pessoas possam fazer escolhas "melhores" sobre economizar dinheiro para a aposentadoria. Isso pode ser feito em geral com a manipulação dos fatores "não racionais" que influenciam a escolha, e não restringindo as escolhas ou penalizando "más" escolhas. *Nudge: o empurrão para a escolha certa*, livro do economista Richard Thaler e do jurista Cass Sunstein, apresenta uma ampla variedade de métodos e oportunidades supostamente aceitáveis para "influenciar o comportamento das pessoas para que elas tornem sua vida mais longa, mais saudável e melhor".

Não está claro se métodos de modificação de comportamento estão de fato apenas modificando comportamento. Caso o comportamento persista quando o empurrão for removido — que é, supostamente, o resultado desejado dessas intervenções —, então alguma coisa mudou na arquitetura cognitiva (o que transforma preferências subjacentes em comportamento) do indivíduo ou em suas preferências subjacentes. É bem provável que ocorra um pouco das duas coisas. O que está claro, porém, é que a estratégia do empurrão pressupõe que todo mundo tenha preferência por uma vida "mais longa, mais saudável e melhor"; cada empurrão se baseia em uma definição particular de vida "melhor", o que parece contrariar a noção de autonomia das preferências. Talvez seja melhor projetar processos auxiliares de preferência neutra que ajudem as pessoas a sintonizarem melhor suas decisões e sua arquitetura cognitiva com suas preferências subjacentes. Por exemplo, é possível projetar assistentes cognitivos que ressaltem as consequências de longo prazo de decisões e ensinem as pessoas a reconhecerem as sementes dessas consequências no momento atual.[51]

Parece óbvio que precisamos compreender melhor os processos pelos quais preferências humanas são formadas e moldadas; no mínimo, essa compreensão nos ajudaria a projetar máquinas que evitem mudanças acidentais e indesejáveis em preferências humanas do tipo causado por algoritmos de seleção de conteúdo nas redes sociais. Munidos dessa compreensão, claro, seremos tentados a arquitetar mudanças que resultem num mundo "melhor".

Alguns podem argumentar que deveríamos oferecer muito mais oportunidades para experiências de preferência neutra de "melhoramento", como viagens, debates e cursos sobre pensamento analítico e crítico. Poderíamos, por exemplo, oferecer a todos os alunos do ensino médio a oportunidade de viver alguns meses em pelo menos duas culturas diferentes da nossa.

É quase certo, porém, que vamos querer ir além — por exemplo, instituindo reformas sociais e educacionais que melhorem o coeficiente de altruísmo — o peso que cada indivíduo atribui ao bem-estar alheio — e ao mesmo tempo diminuam os coeficientes de sadismo, orgulho e inveja. Seria boa ideia? Deveríamos buscar a ajuda de máquinas nesse processo? Sem dúvida, é uma coisa tentadora. Na verdade, o próprio Aristóteles escreveu: "A principal responsabilidade da política é infundir certo caráter nos cidadãos e torná-los bons e capazes de praticar nobres ações". Digamos que existem riscos associados à arquitetura intencional de preferências em escala global. Devemos avançar com extrema cautela.

10. Problema resolvido?

Se conseguíssemos criar sistemas de IA comprovadamente benéficos eliminaríamos o risco de perder o controle sobre as máquinas superinteligentes. A humanidade poderia continuar a se desenvolver e a colher os benefícios quase inimagináveis advindos da capacidade de manejar uma inteligência muito maior no progresso de nossa civilização. Estaríamos livres de milênios de servidão como robôs agrícolas, industriais e administrativos e poderíamos explorar ao máximo o potencial da vida. Do alto dessa época de ouro, olharíamos para trás e veríamos nossa vida no momento atual mais ou menos como Thomas Hobbes imaginou a vida sem governo: solitária, pobre, sórdida, brutal e curta.

Ou talvez não. Vilões james-bondianos poderiam driblar nossa salvaguarda e dar liberdade a superinteligências incontroláveis contra as quais a humanidade não teria defesa alguma. E se sobrevivêssemos a isso poderíamos descobrir que, ao transferir nosso conhecimento e nossas aptidões para máquinas, acabamos ficando mais fracos. As máquinas talvez até nos aconselhem a não fazer isso, compreendendo o valor de longo prazo da autonomia humana, mas podemos ignorar o conselho.

O modelo-padrão subjacente a boa parte da tecnologia do século xx depende de máquinas que otimizem um objetivo fixo, exogenamente conferido. Como vimos, esse modelo é fundamentalmente defeituoso. Só funciona se for comprovado que o objetivo está completo e correto, ou se as máquinas puderem ser reconfiguradas com facilidade. Nenhuma dessas condições existirá quando as máquinas se tornarem cada vez mais possantes.

Se o objetivo exogenamente conferido à máquina pode estar errado, não faz sentido para ela agir como se ele estivesse sempre correto. Vem daí minha proposta sobre máquinas desejáveis: máquinas cujas ações, possamos esperar, cumpram *nossos* objetivos. Como esses objetivos estão dentro de nós, e não dentro das máquinas, elas vão precisar saber mais sobre o que nós de fato queremos, observando as escolhas que fazemos e como as fazemos. Máquinas projetadas dessa maneira serão submissas aos humanos: pedindo permissão, agindo com cautela quando a orientação não for clara e deixando-se desligar.

Embora esses resultados iniciais sirvam para um ambiente simplificado e idealizado, acredito que sobreviverão à transição para ambientes mais realistas. Meus colegas já adotaram com êxito a mesma atitude na solução de problemas práticos, como carros sem motorista interagindo com motoristas humanos.[1] Por exemplo, carros sem motorista são notoriamente ruins quando se trata de parar em cruzamentos com trânsito nos quatro sentidos, quando não está claro quem tem a preferência. Ao formular essa questão como um jogo de assistência, porém, o carro apresenta uma solução insólita: ele na verdade recua um pouco para mostrar que definitivamente não pretende passar primeiro. O humano compreende esse sinal e segue em frente, seguro de que não haverá colisão. Nós, especialistas humanos, poderíamos, claro, ter pensado nessa solução e programado o veículo para isso, mas não foi o que ocorreu; essa forma de comunicação foi toda inventada pelo próprio veículo.

À medida que adquirimos experiência em outros ambientes, minha expectativa é de que vamos nos surpreender com a variedade e fluência de comportamentos automáticos na interação das máquinas com os humanos. Estamos tão acostumados à estupidez de máquinas que executam comportamentos inflexíveis, programados, ou buscam objetivos definidos mas incorretos, que talvez fiquemos chocados com o quanto elas se tornaram sensatas. A tecnologia de máquinas comprovadamente benéficas está no cerne de uma nova abordagem de IA e na base de uma nova relação entre humanos e máquinas.

Parece possível, também, aplicar ideias semelhantes no redesenho de outras "máquinas" que prestam serviços a humanos, a começar por sistemas comuns de software. Fomos ensinados a construir softwares compondo sub-rotinas, cada uma delas com uma *especificação* bem definida que diz qual deverá ser o output de determinado input — exatamente como a tecla de raiz quadrada de uma calculadora. Essa especificação é o equivalente direto do objetivo dado a um sistema de IA. Não se espera que a sub-rotina termine e devolva o controle às camadas mais altas do sistema de software enquanto não produzir um output que corresponda à especificação. (Isso deveria nos fazer lembrar do sistema de IA que persiste na busca obcecada do objetivo que lhe foi dado.) Uma abordagem melhor levaria em conta a possibilidade de incerteza na especificação. Por exemplo, uma sub-rotina que execute uma computação matemática terrivelmente complicada conta, quase sempre, com uma margem de erro que define a precisão exigida para a resposta e precisa apresentar uma solução que seja correta dentro dessa margem de erro. Isso pode exigir semanas de computação. Mas talvez fosse melhor ser menos preciso quanto ao erro permissível, para que a sub-rotina possa voltar depois de vinte segundos e dizer: "Encontramos uma solução assim-assim. Serve ou quer que eu continue?". Em alguns casos, a pergunta pode subir até o nível mais alto do sistema de software, a fim de que o usuário humano possa oferecer mais instruções ao sistema. E as respostas do humano ajudarão a refinar as especificações em todos os níveis.

O mesmo tipo de pensamento pode ser aplicado a entidades como governos e corporações. As deficiências óbvias dos governos incluem prestar atenção demais às preferências (financeiras e também políticas) dos que estão no governo e atenção de menos às preferências dos governados. Eleições deveriam servir para comunicar preferências aos governos, mas parecem ter uma largura de banda notavelmente pequena (da ordem de um byte de informação a cada quatro anos) para uma tarefa tão complexa. Em muitos países, o governo é apenas um meio de um grupo de indivíduos impor sua vontade a outros. Corporações fazem o possível e o impossível para descobrir as preferências de seus clientes, seja por pesquisa de mercado, seja por feedback direto na forma de decisões de compra. Por outro lado, a formação de preferências humanas através de publicidade, influências culturais e até adição química é prática aceitável no mundo dos negócios.

GOVERNANÇA DA IA

IA tem o poder de reformular o mundo, e o processo de reformulação terá que ser gerenciado e guiado em determinado sentido. Se o número de iniciativas para desenvolver governança efetiva de IA serve de exemplo, então estamos muito bem. Quase todo mundo está formando uma diretoria, um conselho ou um comitê internacional. O Fórum Econômico Mundial identificou quase trezentas iniciativas diferentes para desenvolver princípios éticos em IA. A caixa de entrada do meu e-mail poderia ser resumida a um longo convite para o Fórum da Conferência de Cúpula Mundial Global sobre o Futuro da Governança Internacional dos Impactos Sociais e Éticos das Tecnologias Emergentes de Inteligência Artificial.

Isso é muito diferente do que aconteceu com a tecnologia nuclear. Depois da Segunda Guerra Mundial, os Estados Unidos ocupavam a posição mais forte e vantajosa em termos nucleares. Em 1953, o presidente Dwight Eisenhower propôs à ONU a criação de um organismo internacional para regulamentar a tecnologia nuclear. Em 1957, a Agência Internacional de Energia Atômica começou a funcionar; é o único fiscal geral do desenvolvimento seguro e benéfico de energia nuclear.

Ao contrário disso, muitas mãos hoje dão as cartas em IA. Sem dúvida, os Estados Unidos, a China e a União Europeia financiam muita pesquisa em IA, mas quase toda ela ocorre fora de laboratórios nacionais protegidos. Pesquisadores de IA em universidades fazem parte de uma vasta comunidade internacional unida por interesses comuns, conferências, acordos de cooperação e sociedades profissionais, como AAAI (a Associação para o Avanço da Inteligência Artificial) e IEEE (o Instituto de Engenheiros Eletricistas e Eletrônicos, que inclui dezenas de milhares de pesquisadores e praticantes de IA). É provável que a maior parte dos investimentos em pesquisa e desenvolvimento de IA ocorra agora dentro de corporações, grandes e pequenas; os principais protagonistas em 2019 são Google (incluindo DeepMind), Facebook, Amazon, Microsoft e IBM nos Estados Unidos, e Tencent, Baidu e, até certo ponto, Alibaba na China — que estão entre as maiores corporações do mundo.[2] Todos, exceto Tencent e Alibaba, são membros do Partnership on AI, um consórcio industrial que adota como um de seus princípios a promessa de cooperação sobre segurança em IA. Finalmente, embora a vasta maioria de humanos tenha muito pouca expertise em IA, há pelo menos uma predisposição superficial entre outros atores para levar em conta os interesses da humanidade.

Esses, portanto, são os atores que dão quase todas as cartas. Seus interesses não estão perfeitamente harmonizados, mas todos compartilham o desejo de manter o controle de sistemas de IA à medida que eles se tornem mais poderosos. (Outros objetivos, como evitar o desemprego em massa, são compartilhados por governos e pesquisadores universitários, mas não necessariamente por corporações que esperam lucrar no curto prazo com o mais amplo emprego possível de IA.) Para cimentar esses interesses comuns e gerar uma ação coordenada, há organizações com *poder de convocação*, o que significa, de modo geral, que, se a organização prepara uma reunião, as pessoas aceitam o convite para participar. Além das sociedades profissionais, capazes de juntar pesquisadores de IA, e de Partnership on AI, que combina corporações e institutos sem fins lucrativos, os convocadores canônicos são a ONU (para governos e pesquisadores) e o Fórum Econômico Mundial (para governos e corporações). Além disso, o G7 propôs um Painel Internacional de Inteligência Artificial, na esperança de que ele venha a se tornar alguma coisa parecida com o Painel Intergovernamental sobre Mudanças Climáticas da ONU. Relatórios de títulos sonoros estão se multiplicando como coelhos.

Com toda essa atividade, há alguma perspectiva de que venha a ocorrer algum progresso em governança? Talvez para surpresa geral a resposta é sim. Muitos governos no mundo inteiro estão providenciando conselhos consultivos para ajudar no processo de desenvolvimento de regulamentações; talvez o exemplo mais notável seja o Grupo de Especialistas de Alto Nível em Inteligência Artificial da União Europeia. Acordos, regras e padrões estão começando a surgir em questões como preservar a privacidade dos usuários, permutar dados e evitar preconceitos raciais. Governos e corporações trabalham com afinco para estabelecer regras para carros sem motoristas — regras que inevitavelmente terão elementos transfronteiriços. Há um acordo geral no sentido de que as decisões de IA devem ser justificáveis se quisermos confiar em sistemas de IA, e esse consenso já está parcialmente implementado na legislação sobre

GDPR (proteção de dados) da União Europeia. Na Califórnia, uma nova lei proíbe que sistemas de IA imitem humanos em certas circunstâncias. Esses dois itens — justificabilidade e imitação — com certeza são relevantes para questões de segurança e controle de IA.

No momento atual, não há recomendações viáveis que possam ser feitas a governos ou outras organizações relativas à questão de manter controle sobre sistemas de IA. Uma regulamentação do tipo "sistemas de IA precisam ser seguros e controláveis" não faria sentido, porque esses termos ainda não têm significado preciso e porque não se conhece metodologia de engenharia capaz de garantir segurança e controlabilidade. Mas sejamos otimistas imaginando que, daqui a poucos anos, a validade da abordagem de IA "comprovadamente benéfica" tenha sido estabelecida pela análise matemática e pela consciência prática na forma de aplicações úteis. Podemos, por exemplo, ter assistentes pessoais digitais que mereçam confiança para usar nossos cartões de crédito, cuidar das nossas ligações e dos nossos e-mails e administrar nossas finanças, porque já se adaptaram a nossas preferências individuais e sabem quando seguir em frente sem problema ou quando é melhor pedir orientação. Pode ser que nossos carros sem motorista já tenham aprendido boas maneiras para interagir uns com os outros ou com motoristas humanos, e nossos robôs domésticos já interajam sem percalços até mesmo com a criança mais teimosa. Com sorte, nenhum gato terá sido assado para o jantar e nenhuma carne de baleia será servida para membros do Partido Verde.

A esta altura, talvez seja viável especificar designs de templates de software, aos quais vários tipos de aplicativos sejam obrigados a obedecer, para serem vendidos ou conectados à internet, assim como aplicativos precisam passar por numerosos testes de software antes de serem vendidos na App Store da Apple ou no Google Play. Vendedores de software poderiam propor templates adicionais, desde que houvesse provas de que os templates satisfazem os requisitos de segurança e confiabilidade, a essa altura já bem definidos. Haveria mecanismos para relatar problemas e atualizar sistemas de software que produzissem comportamento indesejável. Faria sentido também criar códigos de conduta profissional em torno da ideia de programas de IA comprovadamente seguros e integrar os teoremas e métodos correspondentes ao currículo de aspirantes à prática de IA e aprendizagem de máquina.

Para um calejado observador do Vale do Silício, isso pode parecer ingênuo. O Vale resiste vigorosamente a qualquer tipo de regulamentação. Enquanto estamos acostumados à ideia de que empresas farmacêuticas têm que mostrar segurança e eficácia (benéfica) através de ensaios clínicos antes de lançar um produto no mercado, a indústria de software opera de acordo com um conjunto de regras bem diferente — ou seja, um conjunto vazio. Um "bando de camaradas se entupindo de Red Bull"[3] numa empresa de software pode soltar um produto ou uma atualização que afetam a vida de bilhões de pessoas sem nenhuma fiscalização de terceiros.

Inevitavelmente, porém, a indústria tech terá que reconhecer que seus produtos são importantes; e, se os produtos são importantes, é importante também que não tenham efeitos danosos. Isso significa que haverá regras para reger a natureza das interações com humanos, proibindo designs que, digamos, manipulem consistentemente preferências ou que produzam comportamentos viciantes. Não tenho a menor dúvida de que a transição de um mundo desregulado para um mundo regulado será dolorosa. Só esperamos que não seja preciso um desastre nas proporções de Chernobyl (ou coisa pior) para vencer a resistência da indústria.

MAU USO

A regulamentação talvez seja dolorosa para a indústria de software, mas seria intolerável para o dr. Evil, tramando a dominação do mundo em seu bunker secreto. Não há dúvida de que criminosos, terroristas e estados vilões se sentiriam incentivados a contornar quaisquer restrições ao design de máquinas inteligentes e usá-las para controlar armas ou conceber e executar ações criminosas. O maior perigo não é tanto que os planos maldosos tenham êxito, mas que eles fracassem, perdendo controle sobre sistemas inteligentes mal projetados — sobretudo sistemas imbuídos de objetivos maléficos e com acesso a armas.

Isso não é motivo para evitar a regulamentação — afinal, temos leis contra homicídio, apesar de serem violadas com frequência. No entanto, cria um sério problema de fiscalização. Já estamos perdendo a batalha contra os *malwares* e os crimes cibernéticos. (Um relatório recente estima o número de vítimas em mais de 2 bilhões e um custo anual de cerca de 600 bilhões de dólares.)[4] Os *malwares* na forma de programas altamente inteligentes seriam muito mais difíceis de derrotar.

Alguns, entre eles Nick Bostrom, propõem que usemos nossos próprios sistemas benéficos de IA superinteligente para detectar e destruir quaisquer sistemas de IA maldosos ou rebeldes. Sem dúvida devemos usar as ferramentas de que dispomos, minimizando, ao mesmo tempo, o impacto sobre as liberdades individuais, mas a imagem de humanos amontoados em bunkers, indefesos contra as forças titânicas desencadeadas por superinteligências lutando entre si, não chega a ser tranquilizadora, mesmo que parte delas esteja de nosso lado. Seria bem melhor descobrirmos formas de cortar o mal pela raiz.

Um primeiro passo positivo nessa direção seria uma campanha internacional coordenada e bem-sucedida contra os crimes cibernéticos, incluindo a ampliação da Convenção de Budapeste sobre Crimes Cibernéticos. Isso formaria um molde organizacional para iniciativas futuras de prevenção contra o surgimento de programas incontroláveis de IA. Ao mesmo tempo, produziria uma ampla compreensão cultural de que criar esses programas, seja deliberada ou inadvertidamente, é a longo prazo um ato suicida comparável à criação de organismos pandêmicos.

ENFRAQUECIMENTO E AUTONOMIA HUMANA

Os romances mais famosos de E. M. Forster, incluindo *Howards End* e *Passagem para a Índia*, examinaram a sociedade britânica e seu sistema de classes no início do século XX. Em 1909, ele escreveu um notável conto de ficção científica, "The Machine Stops" [A máquina parou]. A história é notável por sua presciência, incluindo descrições da (como chamamos agora) internet, de videoconferências, iPads, MOOCS (cursos on-line abertos a qualquer pessoa), obesidade generalizada e fuga do contato face a face. A Máquina do título é uma infraestrutura inteligente que a tudo abrange e que satisfaz a todas as necessidades humanas. Os humanos ficam cada vez mais dependentes dela, e cada vez entendem menos como funciona. O conhecimento de engenharia dá lugar a invocações ritualizadas que não conseguem conter a deterioração gradual do funcionamento da Máquina. Kuno, o personagem principal, vê o que se passa, mas é impotente para agir:

Não vê... que nós é que estamos morrendo, e que aqui a única coisa que realmente vive é a Máquina? Criamos a Máquina para fazer nossa vontade, mas agora não somos capazes de fazê-la cumprir nossa vontade. Ela nos roubou o senso de espaço e o sentido do tato, e confundiu todas as relações humanas, paralisou nosso corpo e nossa vontade... Existimos apenas como corpúsculos de sangue que correm em suas artérias, e se pudesse funcionar sem nós ela nos deixaria morrer. Oh, não tenho remédio — ou, pelo menos, só tenho um — senão dizer e repetir que vi as colinas de Wessez como Aelfrid as viu quando expulsou os dinamarqueses.

Mais de 100 bilhões de pessoas viveram na Terra. Elas (nós) investiram algo na ordem de 1 trilhão de pessoas-ano aprendendo e ensinando para que nossa civilização pudesse continuar. Até agora, sua única possibilidade de continuar foi por meio de recriação na mente de novas gerações. (O papel é ótimo como método de transmissão, mas não faz nada até que o conhecimento gravado nele atinja a mente da próxima pessoa.) Isso agora está mudando: cada vez mais, é possível colocar nosso conhecimento em máquinas que, por conta própria, podem administrar nossa civilização para nós.

Uma vez desaparecido o incentivo prático para transmitir nossa civilização à geração seguinte, será dificílimo reverter o processo. Um trilhão de anos de aprendizagem cumulativa estaria, num sentido real, perdido. Nós nos tornaríamos passageiros de um navio de cruzeiro governado por máquinas, num cruzeiro sem fim — exatamente como previsto no filme *WALL-E*.

Um bom consequencialista diria: "Obviamente, esta é uma consequência indesejável do abuso da automação! Máquinas adequadamente projetadas nunca fariam isso!". É verdade, mas pense no que isso significa. Máquinas podem muito bem compreender que a autonomia e a competência humanas são aspectos importantes da maneira como preferimos conduzir nossa vida. Podem muito bem insistir para que os humanos continuem controlando e sendo responsáveis pelo próprio bem-estar — em outras palavras, as máquinas podem dizer "não". Mas humanos míopes e preguiçosos talvez discordem. Há uma tragédia dos comuns em operação aqui: para qualquer indivíduo humano, talvez não faça sentido dedicar anos de árduo aprendizado para adquirir conhecimentos e aptidões que as máquinas já têm; mas, se todos pensarem assim, a raça humana perderá, coletivamente, sua autonomia.

A solução para esse problema parece ser cultural e não técnica. Vamos precisar de um movimento cultural para reformular ideais e preferências a favor da autonomia, da agência e da capacidade e contra o egoísmo e a dependência — se quiserem, uma versão moderna, cultural, da mentalidade militar de Esparta. Isso significaria planejar preferências humanas numa escala global, paralelamente a mudanças radicais no funcionamento de nossa sociedade. Para evitar que se agrave uma situação ruim, talvez venhamos a precisar da ajuda de máquinas superinteligentes, tanto na elaboração de uma solução como no processo real de alcançar um equilíbrio para cada indivíduo.

Todo pai de criança pequena conhece bem esse processo. Uma vez que a criança passa do estágio de desamparo, a boa criação exige um equilíbrio constante entre fazer tudo pela criança e deixá-la totalmente entregue a si mesma para fazer o que quiser. Em dado momento, a criança perceberá que o pai ou a mãe é perfeitamente capaz de amarrar os cadarços dela, mas prefere não amarrar. É esse o futuro da raça humana — ser tratada como criança, para sempre, por máquinas muito superiores? Desconfio que não. Para começar, crianças não podem desligar os pais. (Ainda bem!) Também não seremos animais de estimação ou de zoológico. Na verdade, não há nada em nosso mundo atual que equivalha à relação que teremos com máquinas inteligentes benéficas no futuro. Resta saber como isso vai acabar.

Apêndice A

Em busca de soluções

Escolher uma ação olhando para a frente e levando em conta os resultados de diferentes sequências de ações possíveis é uma aptidão fundamental de sistemas inteligentes. Nosso telefone celular faz isso sempre que pedimos endereços. A figura 14 mostra um exemplo típico: ir do lugar atual, Pier 19, para o objetivo, Coit Tower. O algoritmo precisa saber quais são as ações disponíveis; em geral, quando se segue um mapa, cada ação atravessa um trecho de rua ligando dois cruzamentos adjacentes. Nesse exemplo, saindo do Pier 19 há apenas uma ação: virar à direita e seguir pela Embarcadero até o próximo cruzamento. Ali há uma escolha: seguir em frente ou fazer uma curva fechada à esquerda para Battery Street. O algoritmo explora de forma sistemática todas essas possibilidades até encontrar a rota. Costumamos acrescentar um pouco de orientação prática, como a preferência por explorar ruas que sigam na direção do objetivo, e não na direção contrária. Com essa instrução, e mais alguns truques, o algoritmo pode encontrar soluções ótimas com grande rapidez — em geral em milissegundos, mesmo que seja para uma viagem através do país.

Procurar rotas em mapas é um exemplo natural e familiar, mas pode ser um tanto enganoso, porque o número de lugares distintos é muito pequeno. Nos Estados Unidos, por exemplo, há apenas cerca de 10 milhões de cruzamentos. Pode parecer muito, mas é um número minúsculo em comparação

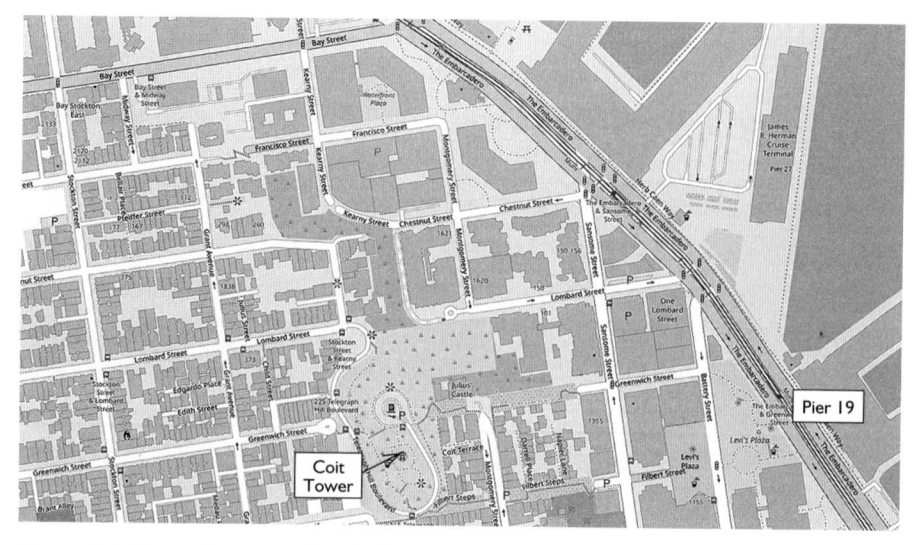

Figura 14: *Mapa de uma região de São Francisco que mostra o ponto de partida no Pier 19 e o destino em Coit Tower.*

com o de distintas configurações no quebra-cabeça de quinze peças. O quebra-cabeça de quinze peças é um brinquedo composto de quatro linhas e quatro colunas contendo quinze peças numeradas e um espaço vazio. O objetivo é mover as peças para obter uma configuração final com todas as peças em ordem numérica. O jogo de quinze peças tem cerca de 10 trilhões de configurações possíveis (1 milhão de vezes mais do que os Estados Unidos!); o de 24 peças tem cerca de 8 trilhões de trilhões de configurações possíveis. Esse é um exemplo do que os matemáticos chamam de *complexidade combinatória* — a rápida explosão do número de combinações à medida que o número de "peças móveis" de um problema aumenta. Voltando ao mapa dos Estados Unidos: se uma transportadora quisesse otimizar os movimentos de seus cem caminhões pelo país, o número de configurações possíveis a considerar seria de 10 milhões elevado a cem (ou seja, 10^{700}).

DESISTIR DE DECISÕES RACIONAIS

Muitos jogos têm essa propriedade de complexidade combinatória, incluindo xadrez, dama, gamão e go. Como as regras do go são simples e elegantes (figura 15), vou usá-lo como exemplo. O objetivo é bem claro: vencer a partida cercando mais território do que seu adversário. As ações possíveis também são claras: colocar uma pedra num lugar vazio. Assim como quem se guia por um mapa, a maneira óbvia de decidir o que fazer é imaginar futuros diferentes que resultem de diferentes sequências de ações e escolher o melhor deles. Você se pergunta: "Se eu fizer isso, o que meu adversário poderá fazer? E o que farei depois disso?". Essa ideia está ilustrada na figura 16 para go em 3×3. Mesmo para go em 3×3, só posso mostrar uma pequena parte da árvore de futuros possíveis, mas espero que a ideia seja clara o suficiente. Na verdade, essa maneira de tomar decisões parece ser puro e simples bom senso.

O problema é que o go tem mais de 10^{170} posições possíveis no tabuleiro completo de 19×19. Embora encontrar a rota mais curta num mapa seja relativamente fácil, encontrar uma maneira de garantir vencer no go é absolutamente inviável. Mesmo que reflita durante 1 bilhão de anos, o algoritmo só vai conseguir explorar uma fração minúscula da árvore de possibilidades. Isso leva

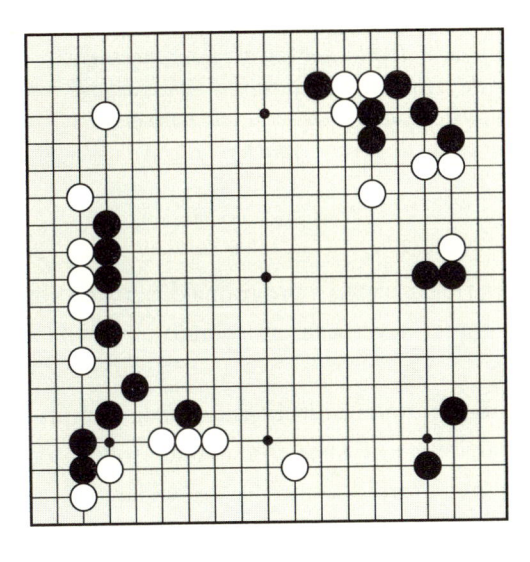

Figura 15: *Um tabuleiro de go durante o Jogo 5, da final da LG CUP de 2002, entre Lee Sedol (pretas) e Choi Myeong-hun (brancas). Pretas e brancas se revezam colocando uma única pedra em qualquer lugar desocupado do tabuleiro. Aqui, é a vez das pretas, e há 343 jogadas possíveis. Cada lado tenta cercar o máximo de território possível. Por exemplo, as brancas têm boas chances de conquistar território na borda esquerda, enquanto as pretas podem conquistar território no canto superior direito e no canto inferior direito. Um conceito essencial do go é o de grupo — ou seja, um conjunto de pedras da mesma cor que estejam conectadas umas às outras por adjacência vertical ou horizontal. Um grupo continua vivo enquanto houver pelo menos um espaço vazio perto dele; se estiver completamente cercado, sem espaços vazios, morre e é removido do tabuleiro.*

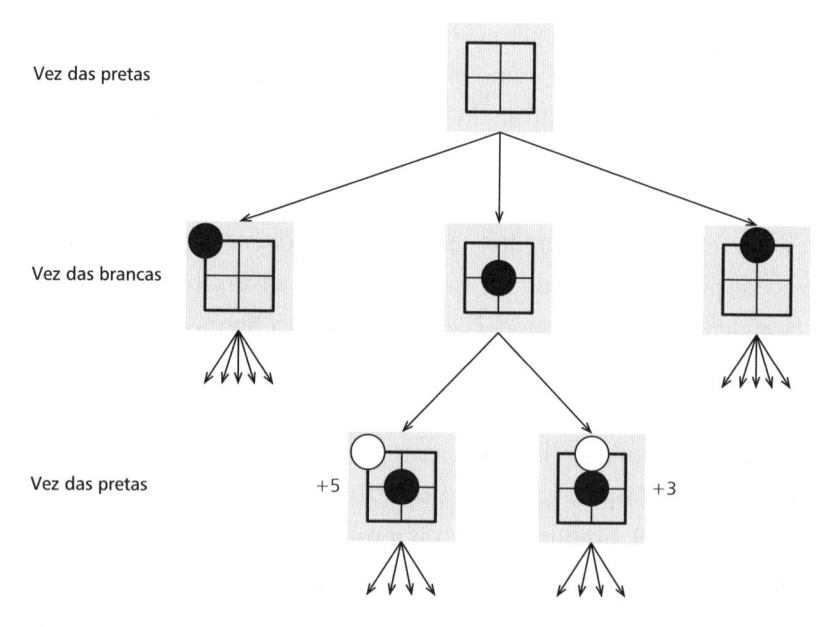

Figura 16: *Parte da árvore de jogo para go em 3×3. Começando do estado vazio inicial, às vezes chamado de* raiz, *as pretas podem escolher uma de três distintas jogadas possíveis. (As outras são simétricas a essas.) Então é a vez de as brancas jogarem. Se as pretas preferirem jogar no centro, as brancas terão duas jogadas possíveis — canto ou lateral —, então as pretas jogam de novo. Imaginando esses três futuros possíveis, as pretas podem decidir que jogada fazer no estado inicial. Se as pretas forem incapazes de seguir todas as possíveis linhas de jogo até o fim da partida, então uma função avaliação pode ser usada para estimar até que ponto são boas as posições nas folhas da árvore. Aqui a função avaliação atribui +5 e +3 a duas das folhas.*

a duas perguntas. A primeira é: que parte da árvore o programa deveria explorar? A segunda é: que jogada o programa deveria fazer, levando em conta a árvore parcial que explorou?

Respondendo primeiro à segunda pergunta: a ideia básica usada por quase todos os programas *lookahead* é atribuir um *valor estimado* às "folhas" da árvore — os estados mais distantes no futuro — e então "trabalhar de trás para a frente" para descobrir até que ponto as escolhas na raiz são boas.[1] Por exemplo, olhando para as duas posições na parte inferior da figura 16, pode-se adivinhar um valor de +5 (do ponto de vista das pretas) para a posição da esquerda e +3 para a posição da direita, porque a pedra branca no canto é muito mais vulnerável do que a pedra na lateral. Se esses valores estiverem corretos, então as pretas podem esperar que as brancas joguem na lateral, levando à posição da direita; consequentemente, é razoável atribuir um valor de +3 à jogada inicial das pretas no centro. Com pequenas variações, esse é o esquema usado pelo programa de jogo de xadrez de Arthur Samuel para vencer seu criador em 1955,[2] por Deep Blue para derrotar o então campeão mundial de xadrez Garry Kasparov, em 1997, e por AlphaGo para vencer o ex-campeão mundial de go Lee Sedol, em 2016. Para Deep Blue, humanos escreveram uma parte do programa que avalia posições nas folhas da árvore, com base acima de tudo em seu conhecimento de xadrez. Para o programa de Samuel e para AlphaGo, os programas fizeram descobertas em milhares ou milhões de jogos para adquirir prática.

A primeira pergunta — que parte da árvore o programa deveria explorar? — exemplifica uma das perguntas mais importantes em IA: *que computações um agente deveria fazer?* Para programas de jogo, isso é de importância vital porque esses programas dispõem de uma porção de tempo pequena, fixa, e usá-la em computações desnecessárias é uma forma garantida de perder. Para humanos e outros agentes que operam no mundo real, ela ainda é mais importante, porque o mundo real é muito mais complexo: se não for bem escolhida, nenhuma quantidade de computação terá o menor impacto no problema de decidir o que fazer. Se você estiver dirigindo e um alce atravessar a estrada, não adianta pensar se é o caso de trocar euros por libras ou se as pretas devem fazer sua primeira jogada no centro do tabuleiro de go.

A capacidade dos humanos de administrarem sua atividade computacional de forma que decisões razoáveis sejam tomadas com razoável rapidez é pelo menos tão notável quanto sua capacidade de perceber e raciocinar corretamente. E parece ser algo que adquirimos naturalmente, sem fazer força: quando meu pai me ensinou a jogar xadrez, ele me ensinou as regras, mas não um algoritmo esperto para escolher que partes da árvore do jogo explorar e que partes ignorar.

Como isso acontece? Qual é a base que nos permite dirigir nossos pensamentos? A resposta é que uma computação tem valor na medida em que possa melhorar nossa qualidade de decisão. O processo de escolher computações é chamado de *metarraciocínio*, que significa raciocínio sobre raciocínio. Assim como ações podem ser escolhidas racionalmente, com base no valor esperado, as computações também podem. Isso é chamado de *metarraciocínio racional*.[3] A ideia básica é muito simples:

> Faça as computações que resultem na mais alta melhoria esperada em qualidade de decisão, e pare quando o custo (em relação ao tempo) exceda a melhoria esperada.

Basta isso. Não é preciso nenhum algoritmo sofisticado! O simples princípio gera por si comportamento computacional efetivo numa grande variedade de problemas, incluindo xadrez e go. Parece provável que nosso cérebro executa algo parecido, o que explica por que não precisamos aprender novos algoritmos específicos de jogos para pensarmos em cada novo jogo que aprendemos.

Explorar uma árvore de possibilidades que se estenda para o futuro a partir do estado atual não é a única maneira de chegar a decisões, claro. Costuma fazer mais sentido trabalhar de trás para a frente, a partir do objetivo. Por exemplo, a presença do alce no meio da estrada sugere o objetivo de *evitar atropelar o alce*, o que, por sua vez, sugere três ações possíveis: desviar para a esquerda, desviar para a direita ou pisar no freio. Não sugere a ação de trocar euros por libras esterlinas ou colocar uma pedra preta no centro. Objetivos têm, portanto, o maravilhoso efeito de elucidar nosso pensamento. Nenhum programa de jogos existente tira partido dessa ideia; na verdade, eles consideram em geral todas as ações legais possíveis. É por essa e muitas outras razões que não me preocupa nem um pouco a possibilidade de AlphaGo tomar conta do mundo.

Olhando bem para a frente

Suponhamos que você decidiu fazer uma jogada específica no tabuleiro de go. Ótimo! Agora você tem que de fato executá-la. No mundo real, isso envolve enfiar a mão na tigela de pedras não jogadas e pegar uma pedra, mover a mão para cima do lugar escolhido e colocar a pedra, tranquila ou enfaticamente, de acordo com a etiqueta do go.

Cada estágio desses, por sua vez, consiste numa complexa dança de percepções e comandos de controle motor envolvendo os músculos e os nervos da mão, do braço, do ombro e dos olhos. E, enquanto pega a pedra, você toma cuidado para que o resto do corpo não caia por cima, por causa da mudança do centro de gravidade. O fato de você não estar consciente de selecionar essas ações não significa que elas não estejam sendo selecionadas por seu cérebro. Por exemplo, pode ser que haja muitas pedras na tigela, mas sua "mão" — na verdade, seu cérebro processando informações sensoriais — ainda precisa escolher uma delas para pegar.

Quase tudo que fazemos é assim. Ao dirigir, podemos escolher *mudar para a faixa da esquerda*; mas essa ação envolve olhar pelo retrovisor e por cima do ombro, talvez ajustar a velocidade e girar o volante enquanto monitoramos nosso avanço até completarmos a manobra. Durante uma conversa, uma resposta rotineira como "O.k., vou ver aqui na minha agenda e te digo" envolve a articulação de dezesseis sílabas, cada uma das quais exige por sua vez centenas de comandos de controle motor, coordenados com precisão, para músculos da língua, dos lábios, do queixo, da garganta e do aparelho respiratório. Em nossa língua materna, esse processo é automático; e é muito parecido com a ideia de rodar uma sub-rotina num programa de computador (ver página 41). O fato de que sequências de ações complexas podem se tornar rotineiras e automáticas, funcionando como ações simples em processos ainda mais complexos, é fundamental para a cognição humana. Dizer palavras numa língua menos familiar — talvez perguntar como chegar a Szczebrzeszyn na Polônia — é um bom lembrete de que houve uma época em nossa vida em que ler e falar palavras eram tarefas difíceis, exigindo esforço mental e muita prática.

Assim, o problema real que nosso cérebro enfrenta não é escolher uma jogada no tabuleiro de go, mas enviar comandos de controle motor para nossos músculos. Se deixamos de prestar atenção no nível de jogadas de go e passamos a prestar atenção no nível de comandos de controle motor, o problema muda radicalmente. Em termos gerais, nosso cérebro pode mandar comandos a cada cem milissegundos. Temos cerca de seiscentos músculos, portanto existe um máximo teórico de cerca de 6 mil operações por segundo, 20 milhões por hora, 200 bilhões por ano, 20 trilhões por tempo de vida. Vamos usá-las com sabedoria!

Suponhamos agora tentar aplicar um algoritmo do tipo AlphaGo para resolver o problema decisório nesse nível. No go, AlphaZero pensa talvez cinquenta movimentos adiante. Mas cinquenta movimentos de comando de controle motor só nos jogam alguns segundos no futuro! Não é suficiente para os 20 milhões de comandos de controle motor num jogo de go de uma hora de duração, e com certeza não é suficiente para o trilhão (1 000 000 000 000) de movimentos envolvidos num curso de doutorado. Portanto, ainda que Alpha-Go enxergue mais adiante no go do que qualquer humano, essa aptidão não parece muito útil no mundo real. É o tipo errado de *lookahead*.

Não estou dizendo, claro, que concluir um doutorado exija, de fato, planejar antes 1 trilhão de operações musculares. De início, só planos muito abstratos são feitos — talvez decidir-se por Berkeley ou outro lugar, escolher um professor orientador ou tema de pesquisa, requerer financiamento, conseguir um visto de estudante, viajar para a cidade escolhida, fazer alguma pesquisa, e assim por diante. Para essas escolhas, você pensa apenas o suficiente, apenas nas coisas em que precisa pensar, para que as decisões sejam claras. Se a viabilidade de algum passo abstrato, como conseguir o visto, não estiver clara, você pensa mais um pouco, talvez obtenha mais informações, o que significa tornar o plano mais concreto em certos aspectos: talvez escolhendo um tipo de visto ao qual você tenha direito, juntando os documentos necessários e submetendo o requerimento. A figura 17 mostra o plano abstrato e o refinamento do passo Conseguir Visto num subplano de três passos. Na hora de começar a pôr o plano em ação, os movimentos iniciais precisam estar refinados até atingir o nível primitivo, a fim de que seu corpo possa executá-los.

AlphaGo simplesmente não pode dar conta desse tipo de trabalho mental: as únicas ações que ele leva em conta são ações primitivas que ocorrem em sequência a partir do estado inicial. Ele não tem noção alguma do *plano abstrato*. Tentar aplicar AlphaGo no mundo real é como tentar escrever um romance se perguntando se a primeira letra deve ser um A, um B, um C, e assim por diante.

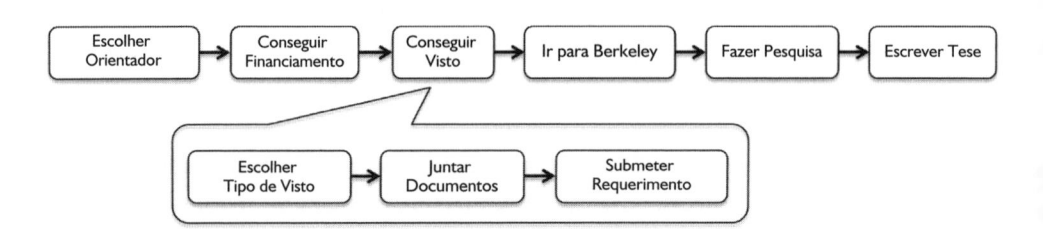

Figura 17: *Um plano abstrato para um estudante estrangeiro que escolheu fazer um curso de doutorado em Berkeley. O movimento Conseguir Visto, cuja viabilidade é incerta, foi ampliado, passando a constituir um plano abstrato em si mesmo.*

Em 1962, Herbert Simon ressaltou a importância da organização hierárquica num famoso artigo acadêmico, "A arquitetura da complexidade".[4] Desde o começo dos anos 1970, pesquisadores de IA vêm desenvolvendo métodos que elaboram e refinam planos organizados hierarquicamente.[5] Alguns sistemas resultantes são capazes de elaborar planos com dezenas de milhões de etapas — por exemplo, para organizar atividades manufatureiras numa grande fábrica.

Agora temos uma boa compreensão teórica do significado de ações abstratas — ou seja, de como definir seus efeitos no mundo.[6] Vejamos, por exemplo, a ação abstrata Ir para Berkeley, na figura 17. Ela pode ser posta em prática de várias maneiras, cada uma delas produzindo efeitos diferentes no mundo: você pode navegar até lá, viajar clandestinamente num navio, voar até o Canadá e atravessar a fronteira a pé, alugar um jatinho particular, e assim por diante. Mas não precisa refletir sobre nenhuma dessas ações no momento. Desde que tenha certeza de que há um jeito de chegar lá, que não consuma muito tempo e dinheiro, ou que envolva riscos que comprometam o restante do plano, você pode simplesmente incluir o passo Ir para Berkeley no plano e saber que o plano vai funcionar. Dessa maneira, podemos construir planos de alto nível que acabem se transformando em bilhões ou trilhões de passos primitivos sem nos preocuparmos em saber que passos são esses até chegar a hora de realizá-los de fato.

Nada disso é possível sem a hierarquia, claro. Sem ações de alto nível, como conseguir um visto e escrever uma tese, não podemos elaborar um plano abstrato para fazer um curso de doutorado; sem ações de nível ainda mais alto, como conseguir um ph.D. e abrir uma empresa, não podemos planejar conseguir um ph.D. e em seguida abrir uma empresa. No mundo real, estaríamos perdidos sem uma vasta biblioteca de ações em dezenas de níveis de abstração. (No jogo de go, não há uma hierarquia óbvia de ações, por isso a maioria de nós fica perdida.) No momento, porém, todos os métodos existentes de planejamento hierárquico dependem de uma hierarquia de ações abstratas e concretas gerada por humanos; ainda não compreendemos como é que essas hierarquias podem ser aprendidas com a experiência.

Apêndice B

Conhecimento e lógica

Lógica é o estudo do raciocínio com conhecimento definido. Isso é bem geral no que diz respeito ao assunto — ou seja, o conhecimento pode ser a respeito de qualquer coisa. A lógica é, portanto, parte indispensável de nossa compreensão da inteligência de uso geral.

O principal requisito da lógica é uma linguagem *formal* com significados precisos para as sentenças nessa linguagem, de modo que haja um processo inequívoco para determinar se uma sentença é verdadeira ou falsa em determinada situação. Nada mais. Se tivermos isso, podemos escrever algoritmos de raciocínio *correto* que produzam novas sentenças a partir de sentenças já conhecidas. Essas novas sentenças decorrem, com segurança, de sentenças que o sistema já conhece, significando que as novas sentenças são necessariamente verdadeiras em qualquer situação na qual a sentença original seja verdadeira. Isso permite que a máquina responda a perguntas, demonstre teoremas matemáticos ou elabore planos de êxito garantido.

A álgebra do ensino médio oferece um bom exemplo (embora esse exemplo possa despertar dolorosas lembranças). A linguagem formal inclui sentenças como $4x + 1 = 2y - 5$. Essa sentença é verdadeira na situação em que $x = 5$ e $y = 13$, e falsa quando $x = 5$ e $y = 6$. Dessa sentença, pode-se tirar outra sentença, como $y = 2x + 3$, e sempre que a primeira sentença for verdadeira, a segunda será seguramente verdadeira também.

A ideia central da lógica, desenvolvida de forma independente na Índia, na China e na Grécia antigas, é que as mesmas noções de significado preciso e raciocínio correto podem ser aplicadas a sentenças sobre qualquer coisa, não apenas sobre números. O exemplo canônico começa com "Sócrates é homem" e "Todos os homens são mortais" e conclui que "Sócrates é mortal".[1] A conclusão é estritamente formal no sentido de que não depende de nenhuma informação adicional sobre quem é Sócrates ou sobre o que significam *homem* e *mortal*. O fato de que o raciocínio lógico é estritamente formal significa que é possível escrever algoritmos capazes de utilizá-lo.

Lógica proposicional

Para nosso objetivo de compreender as aptidões e perspectivas da IA, há dois tipos de lógica que são de fato importantes: a lógica proposicional e a lógica de primeira ordem. A diferença entre as duas é fundamental para entendermos a situação atual em IA e como será daqui para a frente.

Comecemos pela lógica proposicional, a mais simples das duas. Sentenças são feitas de apenas duas coisas: símbolos que representam proposições que podem ser verdadeiras ou falsas, e *conectivos* lógicos como e, ou, não e se... então. (Logo veremos um exemplo.) Esses conectivos lógicos às vezes são chamados de *boolianos*, de George Boole, lógico do século XIX que revigorou esse campo com novas ideias matemáticas. São exatamente iguais às *portas lógicas* usadas em chips de computador.

Algoritmos práticos para raciocínio em lógica proposicional são conhecidos desde o começo dos anos 1960.[2,3] Embora a tarefa geral de raciocínio possa exigir tempo exponencial no pior dos casos,[4] modernos algoritmos de raciocínio proposicional resolvem problemas com milhões de símbolos lógicos e dezenas de milhões de sentenças. São uma ferramenta essencial para elaborar planos logísticos de êxito garantido, verificando designs de chip antes de serem fabricados e checando a correção de softwares aplicativos e protocolos de segurança antes de serem empregados. O incrível nisso tudo é que basta um algoritmo — um algoritmo de raciocínio em lógica proposicional — para resolver *todas* essas tarefas, quando formuladas como tarefas de raciocínio. Não há dúvida de que se trata de um passo na direção do objetivo do uso geral em sistemas de inteligência.

Infelizmente, não é um grande passo, porque a linguagem da lógica proposicional não é muito expressiva. Vejamos o que isso significa na prática, quando tentamos expressar a regra básica de movimentos legais no go: "O jogador, em sua vez de jogar, pode colocar uma pedra em qualquer interseção não ocupada".[5] A primeira medida consiste em decidir quais serão os símbolos lógicos usados para falar dos movimentos de go e das posições no tabuleiro de go. A proposição fundamental que importa aqui é saber se uma pedra de determinada cor está em determinado lugar em determinado momento. Portanto, vamos precisar de símbolos como *Pedra_Branca_Em_5_5_No_Movimento_38* e *Pedra_Preta_Em_5_5_No_Movimento_38*. (Lembre-se de que, como acontece com *homem*, *mortal* e *Sócrates*, o algoritmo de raciocínio não precisa saber o que os símbolos significam.) Então a condição lógica para que Branca possa jogar na interseção 5,5 no movimento 38 seria

(**não** *Pedra_Branca_Em_5_5_No_Movimento_38*) **e**
(**não** *Pedra_Preta_Em_5_5_No_Movimento_38*)

Em outras palavras, não há pedra branca e não há pedra preta. É bastante simples. Infelizmente, na lógica proposicional teria que ser escrito separadamente, para cada lugar e para cada movimento do jogo. Como existem 361 lugares e cerca de trezentos movimentos por jogo, isso significa mais de 100 mil cópias da regra! Para as regras relativas a capturas e repetições, que envolvem múltiplas pedras e múltiplos lugares, a situação é ainda pior, e rapidamente enchemos milhões de páginas.

É evidente que o mundo real é muito maior do que o tabuleiro de go: há mais de 361 lugares e de trezentos intervalos de tempo, e há muitas outras coisas além de pedras; portanto, a perspectiva de usar uma linguagem proposicional para conhecimento do mundo real é absolutamente impraticável.

Não é só o tamanho absurdo do livro de regras que constitui um problema: é também a quantidade absurda de *experiências* pelas quais um sistema de aprendizado precisaria passar para deduzir regras a partir de exemplos. Enquanto um humano precisa de apenas um ou dois exemplos para apreender as ideias básicas de colocar uma pedra, capturar pedras e assim por diante, um sistema inteligente baseado em lógica proposicional vai precisar ver exemplos de movimentos e capturas separadamente de cada lugar e de cada intervalo de tempo. O sistema não pode generalizar a partir de exemplos, como um humano é capaz de fazer, porque não tem como expressar a regra geral. Essa limitação se aplica não apenas a sistemas baseados em lógica proposicional, mas também a qualquer sistema com poder expressivo comparável. Isso inclui redes bayesianas, que são primos probabilísticos da lógica proposicional, e redes neurais, que são a base da abordagem de "aprendizado profundo" de IA.

Lógica de primeira ordem

Portanto, a pergunta seguinte é: podemos conceber uma linguagem lógica mais expressiva? Gostaríamos de uma em que fosse possível ensinar as regras do go para o sistema baseado em conhecimento da seguinte forma:

> **para todos** os lugares do tabuleiro, e **para todos** os intervalos de tempo, as regras são estas...

A *lógica de primeira ordem*, introduzida pelo matemático alemão Gottlob Frege em 1879, nos permite escrever as regras dessa maneira.[6] A diferença principal entre lógica proposicional e lógica de primeira ordem é esta: enquanto a lógica proposicional pressupõe que o mundo é feito de proposições verdadeiras ou falsas, a lógica de primeira ordem pressupõe que o mundo é feito de *objetos* que podem estar *relacionados* entre si de várias maneiras. Por exemplo, pode haver lugares que são adjacentes uns aos outros, tempos que seguem uns aos outros consecutivamente, pedras que estão em lugares em determinados momentos, e movimentos que são legais em determinados momentos. A lógica de primeira ordem nos permite afirmar que uma propriedade é verdadeira para todos os objetos do mundo; portanto, pode-se escrever

> **para todos** os intervalos de tempo t, e **para todos** os lugares l, e **para todas** as cores c,
> **se** é a vez de c jogar no tempo t **e** l não está ocupado no tempo t,
> **então** é legal para c colocar uma pedra no lugar l no tempo t.

Com algumas ressalvas extras e algumas sentenças adicionais que definam lugares no tabuleiro, as duas cores e o que *não ocupado* significa, temos os primórdios das regras completas do go. As regras ocupam na lógica de primeira ordem mais ou menos o mesmo espaço que ocupam em inglês.

O desenvolvimento de *programação lógica* no fim dos anos 1970 forneceu tecnologia elegante e eficiente para o raciocínio lógico personificado numa linguagem de programação chamada Prolog. Cientistas de computação descobriram como rodar raciocínio lógico em Prolog a milhões de etapas lógicas por segundo, fazendo muitas aplicações de prática lógica. Em 1982, o governo japonês anunciou um gigantesco investimento em IA com base na linguagem Prolog, no chamado projeto de Quinta Geração,[7] e os Estados Unidos e o Reino Unido responderam com iniciativas semelhantes.[8,9]

Infelizmente, o projeto de Quinta Geração e outros parecidos perderam fôlego no fim dos anos 1980 e começo dos anos 1990, em parte por causa de incapacidade da lógica de lidar com informações incertas. Eles simbolizaram o que logo passaria a ser um termo pejorativo: *Good Old-Fashioned AI* [boa e velha IA] ou GOFAI.[10] Virou moda fazer pouco da lógica, como inaplicável à IA; na verdade, muitos pesquisadores de IA que hoje trabalham na área de aprendizado profundo não entendem nada de lógica. Essa moda parece fadada a desaparecer: se você aceita que o mundo tem objetos relacionados entre si de diversas maneiras, então a lógica de primeira ordem será aplicável, porque fornece a matemática básica para objetos e relações. Essa opinião é compartilhada por Demis Hassabis, CEO de DeepMind do Google:[11]

> Pode-se pensar no aprendizado profundo tal como ele hoje se apresenta como o equivalente no cérebro a nossos córtex sensoriais: nosso córtex visual ou nosso córtex auditivo. Mas, claro, a verdadeira inteligência é bem mais do que isso, você precisa recombiná-la em nível mais alto de pensamento e raciocínio simbólico, muitas coisas com as quais a IA clássica tentou lidar nos anos 1980.
>
> [...] Gostaríamos (que esses sistemas) se preparassem para esse nível simbólico de pensamento — matemática, linguagem e lógica. Portanto, essa é uma parte importante de nosso trabalho.

Portanto, uma das lições mais importantes dos primeiros trinta anos de pesquisa de IA é que um programa que conhece coisas, em qualquer sentido prático, precisará de uma capacidade de representação e raciocínio que seja pelo menos comparável à oferecida pela lógica de primeira ordem. Até agora, não sabemos qual é a forma exata que isso vai tomar: essa capacidade poderá ser incorporada a sistemas de raciocínio probabilístico, a sistemas de aprendizado profundo ou a um design híbrido que ainda está por ser inventado.

Apêndice C

Incerteza e probabilidade

Enquanto a lógica fornece uma base geral para o raciocínio com conhecimento definido, a teoria da probabilidade abrange o raciocínio com informações incertas (de que o conhecimento definido é um caso especial). A incerteza é a situação epistêmica normal de um agente no mundo real. Embora as ideias básicas de probabilidade tenham sido desenvolvidas no século XVII, só recentemente foi possível representar e raciocinar com grandes modelos de probabilidade de maneira formal.

O básico da probabilidade

A teoria da probabilidade partilha com a lógica a ideia de que há mundos possíveis. Costuma-se começar definindo o que são eles — por exemplo, se estou jogando um dado de seis lados, há seis mundos (às vezes chamados de *resultados*): 1, 2, 3, 4, 5 e 6. Exatamente um deles será o caso, mas a priori eu não sei qual. A teoria da probabilidade pressupõe que é possível atribuir uma probabilidade a cada mundo; para minha jogada de dado, vou atribuir 1/6 a cada mundo. (Essas probabilidades por acaso são iguais, mas não precisa ser assim; o único requisito é que a soma das probabilidades seja 1.) Agora posso fazer perguntas do tipo "Qual é a probabilidade de eu tirar um número par?".

Para descobrir, eu simplesmente somo as probabilidades dos três mundos cujo número seja par: 1/6 + 1/6 + 1/6 = 1/2.

Também é simples levar em conta novas evidências. Suponha que um oráculo me diz que vai sair um número primo (ou seja, 2, 3 ou 5). Isso exclui os mundos 1, 4 e 6. Eu então pego as probabilidades associadas aos mundos possíveis restantes e as aumento proporcionalmente de modo que o total continue sendo 1. Agora as probabilidades de 2, 3 e 5 são de 1/3 para cada um, e a probabilidade de eu tirar um número par agora é de apenas 1/3, uma vez que 2 é o único número par restante. Esse processo de atualização das probabilidades à medida que aparecem novas provas é um exemplo de atualização bayesiana.

Essa história de probabilidade parece, assim, bem simples! Até um computador sabe somar números, portanto qual é o problema? O problema aparece quando há mais de uns poucos mundos. Por exemplo, se eu jogo o dado cem vezes, há 6^{100} resultados. É inviável começar o processo de raciocínio probabilístico atribuindo um número a cada um desses resultados, individualmente. Uma pista para lidar com essa complexidade vem do fato de que as jogadas de dados são *independentes*, se o dado não tiver fama de viciado — ou seja, se o resultado de qualquer jogada isolada não afetar as probabilidades de resultado de qualquer outra jogada. Portanto, independência é útil na estruturação das probabilidades de séries complexas de acontecimentos.

Suponha que estou jogando Monopoly com meu filho George. Minha peça está em Visitar Apenas e George tem um conjunto amarelo cujas propriedades estão a dezesseis, dezessete e dezenove quadrados de distância de Visitar Apenas. Será que devo comprar casas para o conjunto amarelo agora, para que eu tenha de pagar a ele um aluguel exorbitante se for parar nesses quadrados, ou é melhor esperar a próxima vez? Vai depender da probabilidade de eu ir parar no conjunto amarelo em minha vez de jogar.

Estas são as regras para jogar dados em Monopoly: dois dados são jogados, e a peça é movida de acordo com o total mostrado; se der um resultado duplo, o jogador joga e movimenta de novo; se o segundo resultado for duplo, o jogador joga uma terceira vez e movimenta novamente (mas, se a terceira jogada der duplo, o jogador vai preso). Portanto, por exemplo, posso tirar 4-4 seguido de 5-4, num total de 17; ou 2-2, seguido de 2-2 e então 6-2, num total de 16. Como antes, eu apenas somo as probabilidades de todos os mundos em que eu vá parar no conjunto amarelo. Infelizmente, há muitos mundos. Até seis dados podem ser jogados no total, portanto o número de mundos chega a milhares.

Além disso, os resultados já não são independentes, porque o segundo resultado só existirá se o primeiro der dois números iguais. Por outro lado, se fixarmos os valores do primeiro par de dados, então os valores do segundo par de dados são independentes. Existe uma maneira de capturar esse tipo de dependência?

Redes bayesianas

No começo dos anos 1980, Judea Pearl propôs uma linguagem formal chamada *redes bayesianas*, que torna possível, em muitas situações do mundo real, representar as probabilidades de um número muito grande de resultados de forma bastante concisa.[1]

A figura 18 mostra uma rede bayesiana que descreve as jogadas de dados em Monopoly. As únicas probabilidades que precisam ser fornecidas são 1/6 de probabilidades dos valores 1, 2, 3, 4, 5, 6, para as jogadas individuais de dados (D_1, D_2 etc.) — ou seja, 36 números, em vez de milhares. Explicar o significado exato da rede exige um pouco mais de matemática,[2] mas a ideia básica é que as setas denotam relações de dependência — por exemplo, o valor de $Duplo_{12}$ *depende* dos valores de D_1 e D_2. Da mesma forma, os valores de D_3 e D_4 (a próxima jogada com os dois dados) depende de $Duplo_{12}$ porque, se $Duplo_{12}$ tiver valor falso, então D_3 e D_4 têm valor 0 (ou seja, não existe próxima jogada).

Assim como acontece com a lógica proposicional, há algoritmos que podem responder a qualquer pergunta para qualquer rede bayesiana com quaisquer evidências. Por exemplo, podemos perguntar quais são as probabilidades de *ParaEmConjuntoAmarelo*, que é de 3,88%. (Isso significa que George pode esperar antes de comprar casas para o conjunto amarelo.) Sendo um pouco mais ambiciosos, podemos perguntar qual é a probabilidade de *ParaEmConjuntoAmarelo* quando a segunda jogada dá duplo-3. O algoritmo descobre sozinho que, nesse caso, a primeira jogada tem que dar um duplo e conclui que a resposta é 36,1%. Esse é um exemplo de atualização bayesiana: quando as novas provas (de que a segunda jogada dá um duplo-3) são acrescentadas, a probabilidade de *ParaEmConjuntoAmarelo* passa de 3,88% para 36,1%. Da mesma forma, a probabilidade de que eu lance os dados três vezes ($Duplo_{34}$ é verdadeiro) é de 2,78%, enquanto a probabilidade de que eu lance os dados três vezes se for parar no conjunto amarelo é de 20,44%.

Redes bayesianas oferecem uma maneira de construir sistemas baseados em conhecimento que evitam as falhas que afligiram os sistemas especialistas

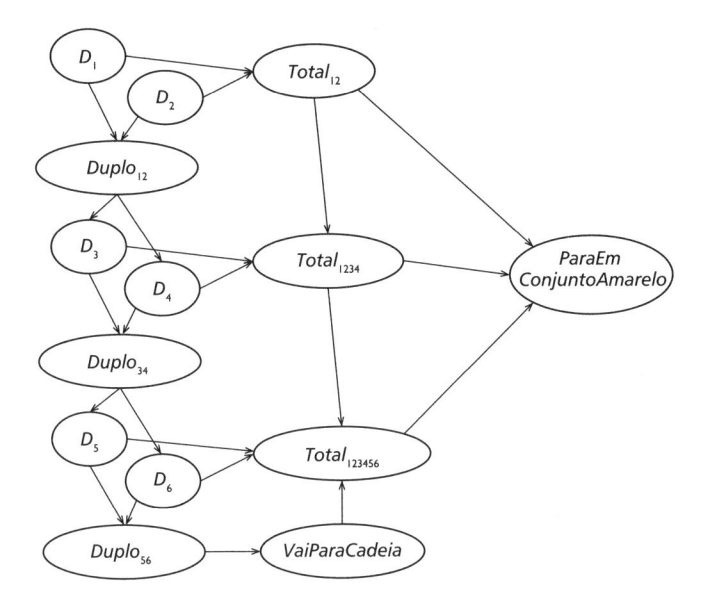

Figura 18: *Uma rede bayesiana que representa as regras para jogar dados em Monopoly e permite que um algoritmo calcule a probabilidade de ir parar em determinado conjunto de casas (como o conjunto amarelo) a partir de outra casa (como Visitar Apenas). (Em nome da simplicidade, a rede omite a possibilidade de ir parar numa casa de Sorte ou Baú da Comunidade e ser desviado para outro lugar.) D_1 e D_2 representam a jogada inicial de dois dados e são independentes (nenhuma ligação entre eles). Se saírem números iguais (Duplo$_{12}$), o jogador joga de novo, de modo que D_1 e D_2 têm valores não zero, e assim por diante. Na situação descrita, o jogador vai parar no conjunto amarelo se qualquer dos três totais for 16, 17 ou 19.*

dos anos 1980. (Na verdade, se a comunidade de IA tivesse sido menos resistente à probabilidade no começo dos anos 1980, talvez evitasse o inverno de IA que se seguiu à bolha dos sistemas especialistas baseados em regras.) Milhares de aplicações têm sido empregadas em áreas que vão do diagnóstico médico à prevenção do terrorismo.[3]

Redes bayesianas fornecem maquinaria para representar as probabilidades necessárias e efetuar os cálculos para implementar atualização bayesiana em muitas tarefas complexas. Como a lógica proposicional, no entanto, elas são muito limitadas em sua capacidade de representar conhecimento geral. Em muitas aplicações, a representação de rede bayesiana se torna muito grande e repetitiva — por exemplo, assim como as regras do go precisam ser repetidas para cada casa na lógica proporcional, as regras baseadas em probabilidades do Monopoly têm que ser repetidas para cada jogador, para cada lugar onde o jogador possa estar e para cada movimento no jogo. É impossível criar essas redes gigantescas manualmente; por isso, recorre-se a códigos escritos numa linguagem tradicional, como C++, para gerar e montar múltiplos fragmentos de rede bayesiana. Isso, apesar de prático como solução de engenharia para um problema específico, é um obstáculo à generalidade, porque o código C++ deve ser escrito novamente por um especialista humano para cada aplicação.

Linguagens probabilísticas de primeira ordem

A verdade é que, felizmente, podemos combinar a expressividade da lógica de primeira ordem com a capacidade de redes bayesianas para capturar de forma concisa informações probabilísticas. Essa combinação nos dá o melhor dos dois mundos: sistemas *probabilísticos* baseados em conhecimento são capazes de lidar com uma variedade muito mais ampla de situações no mundo real do que os métodos lógicos ou as redes bayesianas. Por exemplo, podemos facilmente capturar conhecimento probabilístico sobre herança genética:

para todas as pessoas c, p e m,
    se p é o pai de c **e** m é a mãe de c
        e tanto p como m têm sangue tipo AB
      então c tem sangue tipo AB com probabilidade de 0,5.

A combinação de lógica de primeira ordem e probabilidade nos oferece mais do que apenas uma maneira de expressar informações incertas sobre montes de objetos. A razão disso é que, quando acrescentamos incerteza a mundos contendo objetos, temos dois novos tipos de incerteza: não apenas incerteza sobre que fatos são verdadeiros ou falsos, mas também incerteza sobre que objetos existem e incerteza sobre que objetos são o quê. Esses tipos de incerteza são completamente universais. O mundo não vem com uma lista de personagens, como uma peça vitoriana; em vez disso, você aprende aos poucos sobre a existência de objetos, pela observação.

Às vezes o conhecimento de novos objetos pode ser bem definido, como quando você abre a janela do hotel e vê a basílica de Sacré-Coeur pela primeira vez; ou pode ser bem indefinido, como quando você sente um estrondo que pode ser um terremoto ou um trem do metrô. E, enquanto a identidade de Sacré-Coeur é inequívoca, a dos trens de metrô não é: você pode viajar no mesmo trem centenas de vezes sem nunca perceber que é o mesmo trem. Às vezes não precisamos resolver a incerteza: não costumo dar nomes aos tomates de uma sacola de tomates-cerejas e acompanhar cada um e saber como está, a não ser que eu esteja registrando o avanço de um experimento de apodrecimento de tomates. Já em uma turma de alunos de pós-graduação faço o possível para saber quem é quem. (Certa vez, houve dois assistentes de pesquisa em meu grupo que tinham nome e sobrenome idênticos, se pareciam muito um com o outro e trabalhavam em temas estreitamente relacionados; pelo menos, tenho quase certeza de que eram dois.) O problema é que percebemos diretamente não a identidade de objetos, mas (aspectos de) sua *aparência*; objetos não costumam ter placas de identificação. A identidade é uma coisa que nossa mente às vezes atribui a objetos, para atingir nossos objetivos.

A combinação de teoria da probabilidade com uma linguagem formal expressiva é um subcampo relativamente novo de IA, que costuma ser chamado de *programação probabilística*.[4] Dezenas de linguagens de programação probabilística, ou PPLs, foram desenvolvidas, muitas das quais devem seu poder expressivo a linguagens ordinárias de programação, e não à lógica de primeira ordem. Todos os sistemas de PPL têm a capacidade de representar e raciocinar com conhecimento complexo, incerto. Aplicações incluem o sistema TrueSkill da Microsoft, que avalia e classifica milhões de jogadores de video game todos os dias; modelos para aspectos de cognição humana antes inexplicáveis por qualquer hipótese mecanicista, como a aptidão para aprender novas categorias visuais de objetos a partir de exemplos únicos;[5] e o monitoramento sísmico global do Tratado de Proibição Total de Testes Nucleares (CTBT na sigla em inglês), responsável por detectar explosões nucleares clandestinas.[6]

O sistema de monitoramento do CTBT coleta dados de movimento da Terra em tempo real de uma rede global de mais de 150 sismômetros e tem como objetivo identificar todos os eventos sísmicos que ocorram no planeta acima de certa magnitude e assinalar os suspeitos. É evidente que há muita incerteza de existência nesse problema, porque não sabemos, com antecipação, os acontecimentos que vão ocorrer; além disso, a grande maioria de sinais nos dados é apenas barulho. Há também muita incerteza de identidade: um bipe de energia sísmica detectado na estação A na Antártica pode vir ou não do mesmo acontecimento de onde vem outro bipe detectado na estação B no Brasil. Escutar a Terra é como escutar milhares de conversas simultâneas misturadas por atrasos de transmissão e ecos, e inundadas pelo barulho das ondas.

Como podemos resolver esse problema usando programação probabilística? Supõe-se que vamos precisar de alguns algoritmos muito espertos para separar todas as possibilidades. Na verdade, seguindo a metodologia de sistemas baseados em conhecimento, não precisamos inventar algoritmo nenhum. Usamos apenas uma PPL para expressar o que sabemos de geofísica: com que frequência eventos tendem a acontecer em áreas de sismicidade natural, com que rapidez ondas sísmicas viajam pela Terra e com que rapidez entram em declínio, qual é o grau de sensibilidade dos detectores e quanto barulho existe. Então acrescentamos os dados e rodamos um algoritmo de raciocínio probabilístico. O sistema de monitoramento resultante, chamado NET-VISA, opera como parte do regime de verificação do tratado desde 2018. A figura 19 mostra a detecção pelo NET-VISA de um teste nuclear em 2013 na Coreia do Norte.

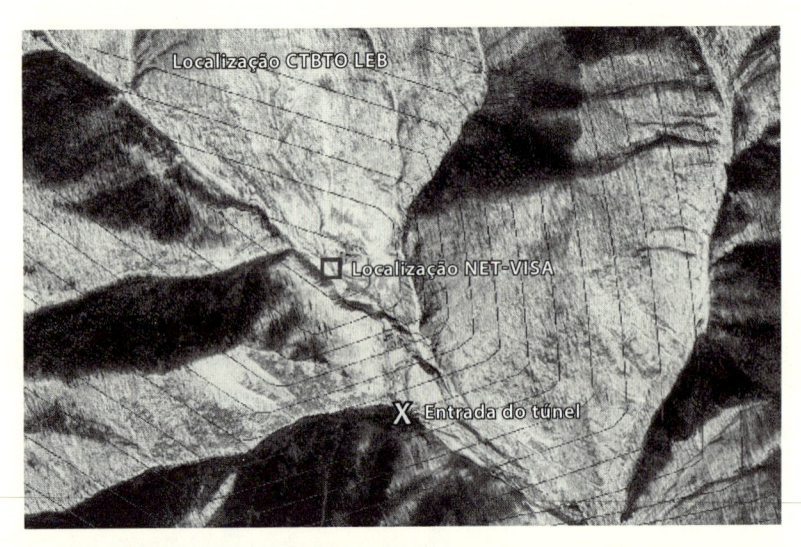

Figura 19: *Estimativas de localização para o teste nuclear de 12 de fevereiro de 2013 realizado pelo governo norte-coreano. A entrada do túnel (X no centro da parte de baixo) foi identificada em fotografias de satélite. A estimativa de localização feita pela NET-VISA está a aproximadamente setecentos metros da entrada do túnel e baseia-se acima de tudo em detecções em estações de 4 mil a 10 mil quilômetros de distância. A localização CTBTO LEB é a estimativa consensual de experts em geofísica.*

Uma das funções mais importantes do raciocínio probabilístico é manter-se a par do que ocorre em partes do mundo não observáveis diretamente. Na maioria dos jogos de vídeo e de tabuleiro, isso é desnecessário, porque todas as informações pertinentes são observáveis, o que raramente ocorre no mundo real.

Um exemplo é dado por um dos primeiros acidentes sérios envolvendo um carro sem motorista. Aconteceu na South McClintock Drive, na East Don Carlos Avenue em Tempe, Arizona, em 24 de março de 2017.[7] Como mostra a figura 20, um Volvo (v) sem motorista, indo para o sul pela McClintock, aproxima-se de um cruzamento onde o semáforo acaba de mudar para amarelo. A faixa do Volvo está vazia, por isso ele passa pelo cruzamento na mesma velocidade. Então um veículo que no momento está invisível — o Honda (h) na figura 20 — aparece por trás da fila de carros parados e acontece a colisão. Para inferir a possível presença do Honda invisível, o Volvo poderia ter observado alguns indícios à medida que se aproximava do cruzamento. Em particular, o tráfego nas outras duas faixas está parado, embora o sinal esteja verde; os carros da frente da fila não avançam devagar para o cruzamento e estão com as luzes de freio acesas. Não é prova incontestável de que um carro invisível está

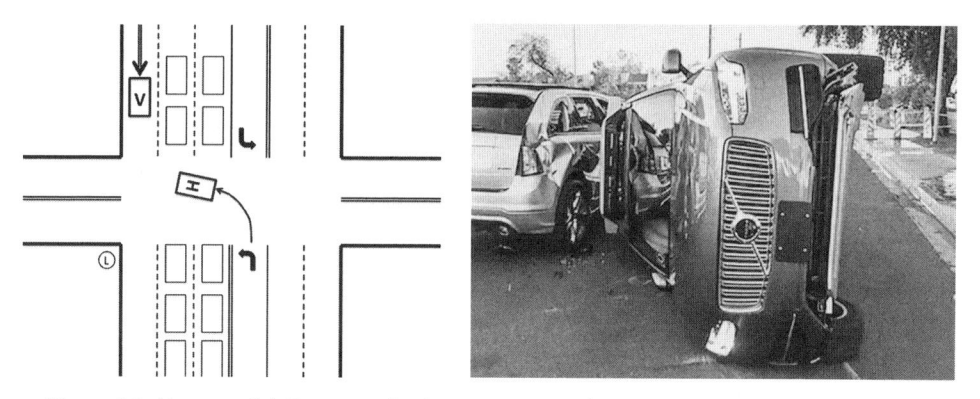

Figura 20: (*à esquerda*) *Esquema da situação que resultou no acidente. O Volvo sem motorista* (v) *aproxima-se do cruzamento, dirigindo na faixa da direita a 61 quilômetros por hora. O tráfego nas outras duas faixas está parado e o semáforo* (l) *está mudando para amarelo. Invisível para o Volvo, um Honda* (h) *dobra à esquerda;* (*à direita*) *consequências do acidente.*

virando à esquerda, mas não precisa ser; mesmo uma probabilidade pequena basta para sugerir que se reduza a velocidade e entre no cruzamento com mais cuidado.

A moral dessa história é que agentes inteligentes que operam em ambientes parcialmente observáveis precisam manter-se informados sobre o que não podem ver — na medida do possível — com base em pistas oferecidas por aquilo que podem ver.

Aqui vai outro exemplo mais doméstico: cadê suas chaves? A não ser que esteja dirigindo enquanto lê este livro — não recomendável — você provavelmente não as consegue ver neste momento. Mas é provável que saiba onde estão: no bolso, na mochila, na mesinha de cabeceira, no bolso do casaco que está pendurado ou talvez num prego na cozinha. Você sabe porque as colocou ali e elas não saíram do lugar desde então. Esse é um exemplo simples de uso do conhecimento e do raciocínio para se manter informado sobre a situação do mundo.

Sem essa aptidão, estaríamos perdidos — com frequência literalmente. Por exemplo, enquanto escrevo isto, estou olhando para a parede branca e sem graça de um quarto de hotel. Onde estou? Se precisasse recorrer a meu input perceptivo atual, eu estaria mesmo perdido. Na verdade, sei que estou em Zurique, porque cheguei ontem a Zurique e não saí. Como humanos, os robôs precisam saber onde estão para que possam se orientar em salas, edifícios, ruas, florestas e desertos.

Em IA, usamos o termo *estado de crença* para designar o conhecimento atual de um agente sobre o estado do mundo — por mais incompleto e incerto que seja. Em geral, o estado de crença — mais do que o input perceptivo atual — é a base adequada para tomar decisões sobre o que fazer. Manter o estado de crença atualizado é uma atividade essencial para qualquer agente inteligente. Em alguns aspectos do estado de crença, isso ocorre automaticamente — por exemplo, eu pareço saber que estou em Zurique, sem ter que pensar a respeito. Em outros aspectos, acontece sob encomenda, por assim dizer. Por exemplo, quando acordo numa cidade com severa descompensação horária, no meio de uma longa viagem, eu talvez tenha que fazer um esforço consciente para reconstruir o lugar onde estou, o que supostamente estou fazendo e por quê — um pouco como um laptop reiniciando a si mesmo, imagino. Manter-se informado não significa sempre saber *exatamente* o estado de *todas as coisas* no mundo. Obviamente, isso é impossível — por exemplo, não faço ideia de quem está ocupando outros quartos em meu hotel sem graça de Zurique, muito menos da localização e das atividades dos mais de 8 bilhões de seres humanos da Terra. Não tenho a mínima ideia do que se passa no resto do universo além do sistema solar. Minha incerteza sobre a situação atual é tão colossal quanto inevitável.

O método básico para se manter informado sobre um mundo incerto é a *atualização bayesiana*. Algoritmos para isso geralmente têm duas etapas: a etapa de predição, na qual o agente prediz o estado atual do mundo levando em conta sua ação mais recente, e em seguida uma etapa de atualização na qual ele recebe novo input perceptivo e atualiza suas crenças devidamente. Para mostrar como funciona, vejamos o problema que um robô enfrenta para descobrir onde está. A figura 21(a) ilustra um caso típico: o robô está no meio de uma sala, com alguma incerteza sobre sua exata localização, e quer passar pela porta. Ordena a suas rodas que se movimentem um metro e meio até a porta; infelizmente, suas rodas são velhas e bambas, por isso a previsão do robô sobre onde vai parar é bastante incerta, como mostra a figura 21(b). Se ele tentasse continuar se movendo, poderia arrebentar-se. Felizmente, tem um dispositivo de sonar para medir a distância até os umbrais da porta. Como mostra a figura 21(c), as medições sugerem que o robô está a cerca de setenta centímetros do umbral esquerdo e de 85 centímetros do umbral direito. Finalmente, o robô atualiza seu estado de crença combinando a predição em (b) com as medições em (c) para obter o novo estado de crença da figura 21(d).

O algoritmo para manter-se informado sobre o estado de crença pode ser aplicado para lidar não apenas com incerteza sobre localização mas também com incerteza sobre o próprio mapa. Isso resulta numa técnica chamada SLAM (*simultaneous localization and mapping* [localização e mapeamento simultâneos]). SLAM é um componente essencial de muitas aplicações de IA, desde os sistemas de realidade aumentada até carros sem motoristas e veículos exploradores de planetas.

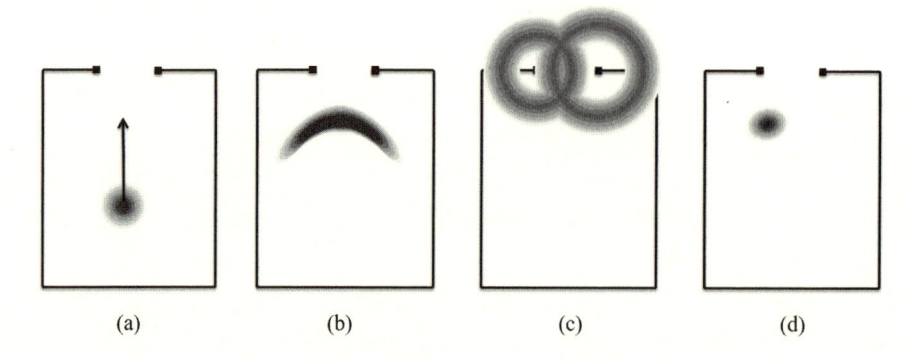

(a)   (b)   (c)   (d)

Figura 21: *Um robô tentando passar por uma porta.* (a) *O estado de crença inicial: o robô está um tanto inseguro da própria localização; tenta se mover um metro e meio para a porta.* (b) *A etapa de predição: o robô calcula que está mais perto da porta, mas não sabe bem em que direção se moveu, porque seus motores estão velhos e as rodas bambas.* (c) *O robô mede a distância para cada umbral usando um dispositivo de sonar de má qualidade; as estimativas são de setenta centímetros do umbral esquerdo e 85 centímetros do umbral direito.* (d) *A etapa de atualização: a combinação da predição em* (b) *com a observação em* (c) *dá o novo estado de crença. Agora o robô tem uma boa ideia de onde está e vai precisar corrigir um pouco seu curso para passar pela porta.*

Apêndice D

Lições da experiência

Aprender significa melhorar o desempenho com base na experiência. Para um sistema de percepção visual, isso pode significar aprender a reconhecer mais categorias de objetos com base em exemplos vistos dessas categorias; para um sistema com base no conhecimento, adquirir mais conhecimento é uma forma de aprender, porque significa que o sistema pode responder a mais perguntas; para um sistema de tomadas de decisão *lookahead* como AlphaGo, aprender pode significar melhorar a capacidade de avaliar posições ou melhorar a capacidade de explorar partes úteis da árvore de possibilidades.

Aprender com os exemplos

A forma mais comum de aprendizado de máquina é chamada de aprendizado *supervisionado*. Um algoritmo de aprendizado supervisionado recebe uma coleção de exemplos para treinamento, cada um deles rotulado com o output correto, e deve produzir uma hipótese sobre qual é a regra correta. Normalmente, um sistema de aprendizado supervisionado busca otimizar a concordância entre as hipóteses e os exemplos para treinamento. É comum haver também uma penalidade para hipóteses mais complicadas do que o necessário — como recomendado pela navalha de Ockham.

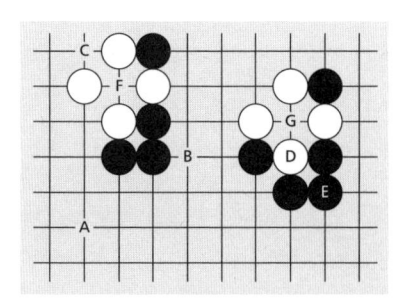

Figura 22: *Movimentos legais e ilegais no go: movimentos A, B e C são legais para Pretas, enquanto os movimentos D, E e F são ilegais. O movimento G pode ou não ser legal, dependendo do que aconteceu antes no jogo.*

Vamos ilustrar isso no problema de aprender os movimentos legais no go. (Se você já conhece as regras do go, então isso pelo menos será fácil de acompanhar; se não, é melhor que você simpatize com o programa de aprendizado.) Suponha que o algoritmo começa com a hipótese

> **para todos** os intervalos de tempo *t*, e **para todos** os lugares *l*,
> é legal jogar uma pedra no lugar *l* no tempo *t*

É a vez de as Pretas movimentarem na posição mostrada na figura 22. O algoritmo tenta A: isso pode. B e C também. Então tenta D, em cima de uma peça branca existente: isso é ilegal. (Em xadrez e gamão, poderia — é assim que as pedras são capturadas.) O movimento em E, em cima de uma pedra preta, também é ilegal. (Ilegal em xadrez também, mas legal em gamão.) Agora, desses cinco exemplos para treinamento, o algoritmo pode propor a seguinte hipótese:

> **para todos** os intervalos de tempo *t*, e **para todos** os lugares *l*,
> **se** *l* estiver desocupado no tempo *t*,
> **então** é legal jogar uma pedra no lugar *l* no tempo *t*.

Então ele tenta F e descobre, para sua surpresa, que F é ilegal. Depois de algumas tentativas malsucedidas, decide o seguinte:

> **para todos** os intervalos de tempo *t*, e **para todos** os lugares *l*,
> **se** *l* estiver desocupado no tempo *t* **e**
> *l* não estiver cercado de pedras adversárias,
> **então** é legal jogar uma pedra no lugar *l* no tempo *t*.

(Isso às vezes é chamado de regra *não suicida*.) Finalmente, ele tenta G, que nesse caso acaba sendo legal. Depois de coçar a cabeça por um momento, e talvez tentar mais alguns experimentos, ele se decide pela hipótese de que G está o.k., ainda que esteja cercado, porque ele captura a pedra branca em D e portanto deixa de estar cercado imediatamente.

Como podemos ver pela gradual progressão das regras, aprender ocorre através de uma sequência de modificações das hipóteses, a fim de adequar-se aos exemplos. Isso é algo que um algoritmo de aprendizado pode fazer sem dificuldade. Pesquisadores de aprendizado de máquina têm projetado todo tipo de algoritmo criativo para descobrir rapidamente boas hipóteses. Aqui o algoritmo está pesquisando no espaço de expressões lógicas representando regras do go, mas as hipóteses também podem ser expressões algébricas representando leis físicas, redes bayesianas probabilísticas representando doenças e sintomas ou até programas de computador representando o complicado comportamento de outra máquina qualquer.

Um segundo ponto importante é que *até mesmo boas hipóteses podem estar erradas*: na verdade, a hipótese dada acima está errada, mesmo depois de ser corrigida para garantir a legalidade de G. Ela precisa incluir a regra de *ko* ou de *não repetição* — por exemplo, se as Brancas acabaram de capturar uma pedra preta em G jogando em D, as Pretas não podem recapturar jogando em G, pois isso produz de novo a mesma posição. Note que essa regra muda radicalmente o que o programa aprendeu até agora, porque significa que a legalidade não pode ser determinada a partir da posição atual; em vez disso, é preciso lembrar quais foram as posições anteriores.

O filósofo escocês David Hume ressaltou em 1748 que o raciocínio indutivo — ou seja, que parte de observações particulares para princípios gerais — nunca pode ser dado como certo.[1] Na teoria moderna de aprendizado estatístico, não pedimos garantias de correção perfeita, apenas uma garantia de que a hipótese encontrada está *provavelmente quase correta*.[2] Um algoritmo de aprendizado pode ser "azarado" e ver uma amostra não representativa — por exemplo, pode nunca tentar um movimento como G, achando que é ilegal. Pode também deixar de predizer alguns esquisitos *edge cases* [problemas ou situações que só ocorrem em parâmetros operacionais extremos], como os cobertos por algumas das formas mais complicadas e raramente invocadas da regra de não repetição.[3] Mas, enquanto o universo exibir algum grau de regularidade, é muito improvável que o algoritmo possa produzir uma hipótese de fato ruim, porque essa hipótese teria provavelmente sido "descoberta" por um dos experimentos.

O aprendizado profundo — a tecnologia que provoca tanta comoção sobre IA na mídia — é basicamente uma forma de aprendizado supervisionado. Representa um dos avanços mais significativos em IA nas últimas décadas, por isso é importante compreender como funciona. Além disso, alguns pesquisadores acham que ele nos levará a sistemas de IA de nível humano dentro de poucos anos, sendo, portanto, boa ideia verificar se isso tem mesmo probabilidade de acontecer.

É mais fácil entender o que é aprendizado profundo no contexto de uma tarefa particular, como aprender a distinguir girafas de lhamas. Ao receber fotografias rotuladas de cada animal, o algoritmo deve formar uma hipótese que lhe permita classificar imagens sem rótulo. Uma imagem é, do ponto de vista do computador, nada mais que uma grande tabela de números, cada número correspondendo a um de três valores RGB para um pixel da imagem. Assim, em vez de uma hipótese de go, que toma uma posição no tabuleiro e um movimento como input e decide se o movimento é legal, precisamos de uma hipótese de girafa-lhama que tome uma tabela de números como input e preveja uma categoria (girafa ou lhama).

A pergunta agora é: que tipo de hipótese? Nos últimos cinquenta e tantos anos de pesquisa de visão computacional, muitas abordagens foram tentadas. A abordagem preferida hoje é a da *rede convolucional profunda*. Vamos entrar nisso por partes. É chamada *rede* porque representa uma expressão matemática complexa composta de maneira regular a partir de subexpressões menores, e a estrutura composicional tem forma de rede. (Essas redes costumam ser chamadas de *redes neurais* porque seus inventores se inspiraram nas redes de neurônios do cérebro.) É chamada *convolucional* porque é uma maneira sofisticada de dizer que a estrutura da rede se repete a si mesma num padrão fixo na imagem inteira do input. E é chamada de *profunda* porque essas redes costumam ter muitas camadas, e também porque soa imponente e um pouco sinistro.

Um exemplo simplificado (simplificado porque redes reais podem ter centenas de camadas e milhões de nós) é mostrado na figura 23. A rede é de fato a imagem de uma expressão matemática complexa, ajustável. Cada nó na rede corresponde a uma expressão ajustável simples, como ilustrado na figura.

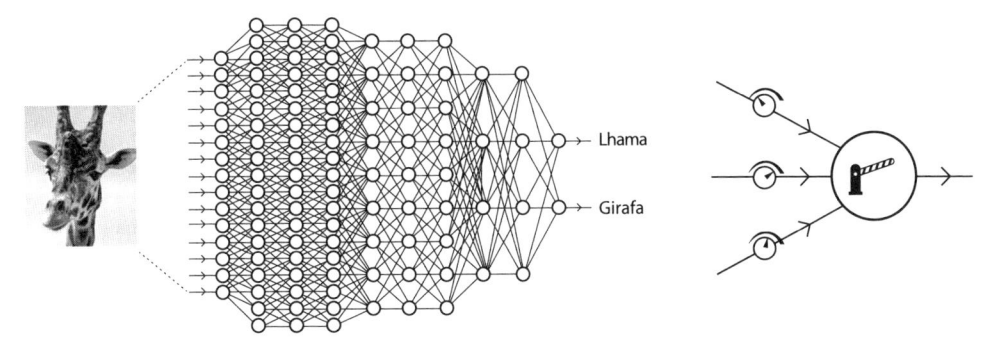

Figura 23: (*à esquerda*) *Representação simplificada de uma rede convolucional profunda para reconhecer objetos e imagens. Os valores de pixel de imagem são alimentados à esquerda e os valores de output da rede nos dois nós mais à direita, indicando qual é a probabilidade de a imagem ser de uma lhama ou de uma girafa. Note-se como o padrão de conexões locais, indicadas pelas linhas escuras na primeira camada, se repete em toda a camada; (à direita) um dos nós da rede. Há um peso ajustável em cada valor que entra, de modo que o nó presta mais ou menos atenção a ele. Então o sinal total que entra passa por uma função de barreira que permite a passagem de sinais grandes mas suprime os menores.*

Ajustamentos são feitos mudando-se os *pesos* de cada input, como indicado pelos "controles de volume". A soma pesada dos inputs então é passada através de uma função de barreira antes de chegar ao lado de output do nó; a função de barreira costuma suprimir pequenos valores e deixar passar os maiores.

O aprendizado ocorre na rede pelo simples ajuste de todos os botões de controle de volume para reduzir o erro de predição nos exemplos rotulados. É muito simples: nenhuma mágica, nenhum algoritmo especialmente criativo. Descobrir para onde girar os botões e diminuir o erro é uma aplicação fácil de cálculo para computar como é que a mudança de cada peso mudaria o erro na camada de output. Isso leva a uma fórmula simples para propagar o erro de trás para a frente, partindo da camada de output para a camada de input, ajustando botões durante o processo.

Milagrosamente, o processo funciona. Para a tarefa de reconhecer objetos em fotografias, algoritmos de aprendizado profundo têm demonstrado desempenho notável. O primeiro sinal disso veio na competição ImageNet de 2012, que oferece dados de treinamento consistindo em 1,2 milhão de imagens e mil categorias, e exige que o algoritmo rotule 100 mil novas imagens.[4] Geoff

Hinton, psicólogo computacional britânico que esteve na vanguarda da primeira revolução de rede neural nos anos 1980, vinha fazendo experiências com uma rede convolucional profunda muito grande: 650 mil nós e 60 milhões de parâmetros. Ele e seu grupo na Universidade de Toronto conseguiram um índice de erro em ImageNet de 15%, avanço espetacular sobre o melhor desempenho anterior, de 26%.[5] Em 2015, dezenas de equipes usavam métodos de aprendizado profundo e o índice de erros tinha caído para 5%, comparável ao de um humano que passara semanas aprendendo a reconhecer os milhares de categorias do teste.[6] Em 2017, o índice de erro das máquinas era de 2%.

Mais ou menos no mesmo período, houve avanços comparáveis em reconhecimento de fala e tradução automática com base em métodos similares. Juntando tudo, são três das mais importantes áreas de aplicação de IA. O aprendizado profundo também desempenhou papel importante em aplicações de aprendizado por reforço — por exemplo, para aprender a função avaliação usada por AlphaGo para estimar a desejabilidade de possíveis posições futuras, e para aprender controladores para complexos comportamentos robóticos.

Até agora, não entendemos muito por que o aprendizado profundo funciona tão bem. Possivelmente, a melhor explicação é que redes profundas são profundas: como elas têm muitas camadas, cada camada pode aprender uma transformação relativamente simples de seus inputs para seus outputs, enquanto muitas dessas transformações simples formam a transformação complexa exigida para ir de uma fotografia ao rótulo de uma categoria. Além disso, redes profundas para visão têm uma estrutura embutida que impõe invariância a translação e invariância a escala — o que significa que um cão é um cão onde quer que apareça na imagem e por maior que pareça na imagem.

Outra propriedade importante das redes profundas é que elas com frequência parecem descobrir representações internas que capturam características elementares de imagens, como olhos, listras e formas simples. Nenhuma dessas características está embutida. Sabemos que elas estão lá porque podemos realizar experimentos com a rede treinada e ver que tipos de dado fazem os nós internos (em geral os mais próximos da camada de output) acender. Na verdade, é possível rodar o algoritmo de aprendizado de uma maneira diferente, a fim de que ele ajuste a própria imagem para produzir uma resposta mais forte em nós internos escolhidos. A repetição desse processo produz o que agora é conhecido como *sonho profundo* ou imagens de *incepcionismo*, como as da figura 24.[7] O incepcionismo tornou-se uma forma de arte em si, produzindo imagens diferentes de qualquer arte humana.

Apesar de suas notáveis conquistas, os sistemas de aprendizado profundo, tal como hoje os compreendemos, estão longe de fornecer uma base para sistemas inteligentes de uso geral. Sua maior fraqueza é serem *circuitos*; são primos da lógica proposicional e das redes bayesianas, que, apesar de suas propriedades maravilhosas, também carecem da capacidade de expressar formas complexas de conhecimento de maneira concisa. Isso significa que redes profundas que operam em "modo nativo" exigem vastas quantidades de circuitos para representar tipos de conhecimento relativamente simples. E isso, por sua vez, implica vastos números de pesos para serem aprendidos e em consequência a necessidade de números despropositados de exemplos — mais do que o universo jamais poderia fornecer.

Há quem argumente que o cérebro também é feito de circuitos, com neurônios como elementos do circuito; e que, portanto, circuitos podem suportar inteligência de nível humano. É verdade, mas só no sentido de que cérebros são feitos de átomos: átomos podem, de fato, suportar inteligência de nível humano, mas isso não quer dizer que se possa produzir inteligência ape-

Figura 24: *Imagem gerada pelo software DeepDream do Google.*

nas juntando montes de átomos. Os átomos precisam ser arranjados de determinadas maneiras. Pelo mesmo motivo, os circuitos precisam ser arranjados de determinadas maneiras. Computadores também são feitos de circuitos, tanto na memória como nas unidades de processamento; mas esses circuitos precisam ser arranjados de determinadas maneiras e camadas de software precisam ser acrescentadas, antes que o computador tenha condições de suportar a operação de linguagens de programação de alto nível e sistemas de raciocínio lógico. No momento, porém, não há sinal de que sistemas de aprendizado profundo possam desenvolver essas aptidões sozinhos — nem faz sentido, cientificamente, exigir que o façam.

Há outras razões para pensar que o aprendizado profundo não chegará a atingir o platô da inteligência de uso geral, mas não é meu objetivo aqui diagnosticar todos os problemas: outros, tanto dentro[8] como fora[9] da comunidade de aprendizado profundo, já assinalaram muitos deles. A questão é que simplesmente criar redes maiores e mais profundas e conjuntos mais vastos de dados e máquinas maiores não basta para criar IA de nível humano. Já vimos (no Apêndice B) a opinião de Demis Hassabis, CEO de DeepMind, de que "nível mais alto de pensamento e raciocínio simbólico" é essencial para IA. Outro conceituado expert em aprendizado profundo, François Chollet, disse o seguinte:[10] "Muitas outras aplicações estão completamente fora do alcance das técnicas atuais de aprendizado profundo — mesmo fornecendo vastas quantidades de dados anotados por humanos… Precisamos deixar para trás mapeamentos diretos de input-para-output e seguir na direção do raciocínio e da abstração".

Aprender com o pensamento

Sempre que você se põe a pensar em alguma coisa é porque ainda não sabe a resposta. Quando alguém lhe pergunta o número de seu celular novo, é provável que você não saiba. E pensa: "O.k., não sei, e como é que descubro?". Não sendo escravo de seu celular, você não sabe como. Pensa: "Como descubro um jeito de achar o número?". Você tem uma resposta genérica: "Provavelmente eles o puseram num lugar fácil de achar". (Claro, nisso você pode estar enganado.) Lugares óbvios seriam no alto da tela inicial (não está), dentro do aplicativo Telefone ou nos ajustes desse aplicativo. Você tenta Ajustes > Telefone, e lá está ele.

Na próxima vez que lhe perguntarem o número de seu celular, você já sabe, ou sabe exatamente onde encontrar. Lembra-se do procedimento, não só para *esse* celular, *nessa* ocasião, mas para *todos* os celulares semelhantes em *qualquer* ocasião — ou seja, você armazena e reutiliza uma solução *generaliza-da* para o problema. A generalização é justificada, pois você entende que o que é específico desse celular particular e dessa ocasião particular é irrelevante. Ficaria chocado se o método só funcionasse às terças-feiras com celulares cujo número termina em dezessete.

Go oferece um belo exemplo do mesmo tipo de aprendizado. Na figura 25(a), vemos uma situação comum em que as Pretas ameaçam capturar uma pedra das Brancas cercando-a. As Brancas tentam escapar acrescentando pedras conectadas à pedra original, mas as Pretas continuam a interceptar todas as rotas de fuga. Esse padrão de movimentos forma uma *escada* de pedras através do tabuleiro, na diagonal, até a borda; as Brancas acabam ficando sem saída. Se você estiver com as Brancas, provavelmente não voltará a cometer esse erro: perceberá que a técnica da escada *sempre* resulta em captura, *qualquer que seja* o lugar inicial e *em qualquer* direção, *em qualquer* fase do jogo, o que serve tanto para as Brancas como para as Pretas. A única exceção é quando a escada leva a outras pedras pertencentes ao fujão. A generalidade da técnica da escada é consequência direta das regras do go.

O caso do número de celular desconhecido e o da escada no go ilustram a possibilidade de se aprenderem regras efetivas, gerais, a partir de um único exemplo — o que está muito longe dos milhões de exemplos necessários para

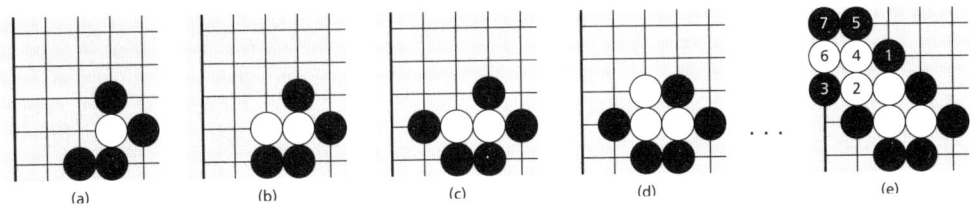

Figura 25: *O conceito de escada no go.* (a) *Pretas ameaçam capturar uma peça das Brancas.* (b) *Brancas tentam escapar.* (c) *Pretas bloqueiam a fuga nessa direção.* (d) *Brancas tentam a outra direção.* (e) *O jogo continua na sequência indicada pelos números. A escada acaba atingindo a borda do tabuleiro, onde as Brancas ficam sem saída. O golpe de misericórdia é administrado pelo movimento 7; o grupo das Brancas está completamente cercado e morre.*

o aprendizado profundo. Em IA, esse tipo de aprendizado é chamado de *apren-dizado com base em explicação*: ao ver um exemplo, o agente pode explicar a si mesmo por que aconteceu assim e extrair um princípio geral ao identificar os fatores essenciais para a explicação.

Estritamente falando, o processo não acrescenta novos conhecimentos por si só — por exemplo, as Brancas poderiam simplesmente deduzir a exis-tência e o resultado da técnica geral da escada a partir das regras do go, sem nunca verem um exemplo.[11] É provável, no entanto, que as Brancas nunca des-cobrissem o conceito de escada sem ver um exemplo; portanto, podemos en-tender o aprendizado com base em explicação como um método poderoso de salvar resultados de computação numa forma generalizada, a fim de evitar ter que recapitular o mesmo processo de raciocínio (ou cometer o mesmo erro com um processo de raciocínio imperfeito) no futuro.

A pesquisa em ciência cognitiva dá ênfase à importância desse tipo de aprendizagem na cognição humana. Com o nome de *chunking* [dividir em pedaços], é o pilar central da altamente influente teoria da cognição de Allen Newell.[12] (Newell foi um dos participantes do workshop de 1956 em Dar-mouth e dividiu com Herbert Simon o prêmio Turing de 1975.) Ela explica co-mo os humanos se tornam mais fluentes em tarefas cognitivas com a prática, quando várias subtarefas que de início obrigavam a pensar se tornam automá-ticas. Sem isso, as conversas humanas ficariam limitadas a respostas de uma ou duas palavras e os matemáticos ainda estariam contando nos dedos.

Agradecimentos

Muitas pessoas ajudaram na criação deste livro. Elas incluem meus excelentes editores da Viking (Paul Slovak) e da Penguin (Laura Stickney); meu agente, John Brockman, que me incentivou a escrever alguma coisa; Jill Leovy e Rob Reid, que ofereceram montes de feedback; e outros leitores dos primeiros rascunhos, especialmente Ziyad Marar, Nick Hay, Toby Ord, David Duvenaud, Max Tegmark e Grace Cassy. Caroline Jeanmaire foi imensamente prestativa ao colecionar as inúmeras sugestões de melhorias feitas pelos primeiros leitores, e Martin Fukui cuidou das licenças para uso de imagens.

As principais ideias técnicas do livro foram desenvolvidas em colaboração com os integrantes do Centro para IA Compatível com Humanos de Berkeley, especialmente Tom Griffiths, Anca Dragan, Andrew Critch, Dylan Hadfield-Menell, Rohin Shah e Smitha Milli. O Centro tem sido pilotado admiravelmente pelo diretor-executivo Mark Nitzberg e pela diretora assistente Rosie Campbell, e generosamente financiado pela Open Philanthropy Foundation.

Ramona Alvarez e Carine Verdeau ajudaram a manter as coisas funcionando durante todo o processo, e minha incrível mulher, Loy, e nossos filhos — Gordon, Lucy, George e Isaac — forneceram abundantes e necessárias porções de amor, paciência e estímulo para ir até o fim, nem sempre nessa ordem.

Notas

1. SE CONSEGUIRMOS [pp. 11-21]

1. A primeira edição do meu compêndio sobre IA, escrito a quatro mãos com Peter Norvig, atualmente diretor de pesquisa do Google: Stuart Russell e Peter Norvig, *Artificial Intelligence: A Modern Approach*. 1. ed. Prentice Hall, 1995.

2. Robinson desenvolveu um algoritmo de resolução, que pode, se tiver tempo suficiente, demonstrar qualquer consequência lógica de um conjunto de afirmações em lógica de primeira ordem. Diferentemente de algoritmos anteriores, não requer conversão para lógica proposicional. J. Alan Robinson, "A machine-oriented logic based on the resolution principle". *Journal of the ACM*, v. 12, pp. 23-41, 1965.

3. Arthur Samuel, pioneiro americano da era do computador, trabalhou inicialmente na IBM. O artigo em que descreve seu trabalho sobre jogo de damas foi o primeiro a usar o termo *aprendizado de máquina*, embora Alan Turing já tivesse falado em "máquina que pode aprender com a experiência", em 1947. Arthur Samuel, "Some studies in machine learning using the game of checkers". *IBM Journal of Research and Development*, v. 3, pp. 210-29, 1959.

4. O "Lighthill Report", como ficou conhecido, levou ao término do financiamento de pesquisa em IA, exceto nas universidades de Edimburgo e Sussex: Michael James Lighthill, "Artificial intelligence: A general survey". *Artificial Intelligence: A Paper Symposium*, Science Research Council of Great Britain, 1973.

5. O CDC 6600 ocupou uma sala inteira e custava o equivalente a 20 milhões de dólares. Para sua época, era incrivelmente possante, apesar de ter um milionésimo da potência de um iPhone.

6. Depois da vitória de Deep Blue contra Kasparov, pelo menos um comentarista previu que

levaria cem anos para que a mesma coisa acontecesse em go: George Johnson, "To test a powerful computer, play an ancient game". *The New York Times*, 29 jul. 1997.

7. Para uma história altamente legível do desenvolvimento da tecnologia nuclear, ver Richard Rhodes, *The Making of the Atomic Bomb*. Simon & Schuster, 1987.

8. Um simples algoritmo de aprendizado supervisionado pode não ter esse efeito, a não ser que esteja envolvido por uma estrutura de teste A/B (como é comum em ambientes de marketing on-line). Algoritmos bandits e algoritmos de aprendizado por reforço terão esse efeito, se operarem com uma representação explícita de estado de usuário ou com uma representação implícita em relação à história de interações com o usuário.

9. Há quem argumente que corporações que maximizam lucros já são entidades artificiais fora de controle. Ver, por exemplo, Charles Stross, "Dude, you broke the future!". Discurso de abertura, 34th Chaos Communications Congress, 2017. Ver também Ted Chiang, "Silicon Valley is turning into its own worst fear". *Buzzfeed*, 18 dez. 2017. A ideia é explorada por Daniel Hillis, "The first machine intelligences". In: John Brockman (org.), *Possible Minds: Twenty-Five Ways of Looking at AI*. Penguin Press, 2019.

10. Em sua época, o artigo de Wiener foi uma rara exceção à opinião dominante de que todo progresso tecnológico era bom: Norbert Wiener, "Some moral and technical consequences of automation". *Science*, v. 131, pp. 1355-8, 1960.

2. INTELIGÊNCIA EM HUMANOS E EM MÁQUINAS [pp. 22-65]

1. Santiago Ramón y Cajal propôs as mudanças sinápticas como o lugar onde se dá o aprendizado em 1894, mas só no fim dos anos 1960 a hipótese foi confirmada experimentalmente. Ver Timothy Bliss e Terje Lomo, "Long-lasting potentiation of synaptic transmission in the dentate area of the anaesthetized rabbit following stimulation of the perforant path". *Journal of Physiology*, v. 232, pp. 331-56, 1973.

2. Para uma breve introdução, ver James Gorman, "Learning how little we know about the brain". *The New York Times*, 10 nov. 2014. Ver também Tom Siegfried, "There's a long way to go in understanding the brain". *ScienceNews*, 25 jul. 2017. Uma edição especial de 2017 da revista *Neuron* (v. 94, pp. 933-1040) oferece uma boa visão panorâmica das muitas abordagens diferentes para entender o cérebro.

3. A presença ou a ausência de consciência — experiência subjetiva real — certamente faz diferença em nossa consideração moral sobre máquinas. Se algum dia obtivermos uma compreensão suficiente para projetar máquinas conscientes ou para detectar que o fizemos, teremos que resolver muitas questões morais importantes para as quais estamos pouco preparados.

4. Este artigo foi um dos primeiros a estabelecer uma ligação clara entre algoritmos de aprendizado por reforço e gravações neurofisiológicas: Wolfram Schultz, Peter Dayan e P. Read Montague, "A neural substrate of prediction and reward". *Science*, v. 275, pp. 1 593-9, 1997.

5. Estudos de simulação intracranial foram realizados na esperança de encontrar a cura para várias doenças mentais. Ver, por exemplo, Robert Heath, "Electrical self-stimulation of the brain in man". *American Journal of Psychiatry*, v. 120, pp. 571-7, 1963.

6. Exemplo de uma espécie que pode estar condenada à autoextinção por vício: Bryson Voirin, "Biology and conservation of the pygmy sloth, *Bradypus pygmaeus*". *Journal of Mammalogy*, v. 96, pp. 703-7, 2015.

7. O efeito Baldwin na evolução costuma ser atribuído ao seguinte artigo: James Baldwin, "A new factor in evolution". *American Naturalist*, v. 30, pp. 441-51, 1896.

8. A ideia central do efeito Baldwin também aparece na seguinte obra: Conwy Lloyd Morgan, *Habit and Instinct*. Edward Arnold, 1896.

9. Uma análise moderna e implementação por computador demonstrando o efeito Baldwin: Geoffrey Hinton e Steven Nowlan, "How learning can guide evolution". *Complex Systems*, v. 1, pp. 495-502, 1987.

10. Mais elucidação do efeito Baldwin por um modelo de computador que inclui a evolução do circuito interno de sinalização de recompensa: David Ackley e Michael Littman, "Interactions between learning and evolution". In: Christopher Langton (org.). *Artificial Life* ii. Addison--Wesley, 1991.

11. Aqui aponto para as raízes de nosso conceito atual de inteligência, em vez de descrever o conceito dos gregos antigos de *nous*, que tinha uma variedade de significados relacionados.

12. A citação é tirada de Aristóteles, *Nicomachean Ethics*, liv. iii, p. 3, 1112b.

13. Cardano, um dos primeiros matemáticos europeus a considerarem números negativos, desenvolveu um tratamento inicial da probabilidade em jogos. Morreu em 1576, 87 anos antes que seu trabalho fosse publicado: Gerolamo Cardano, *Liber de ludo aleae*. Lyons, 1663.

14. O texto de Arnauld, de início publicado anonimamente, é muitas vezes chamado de *The Port-Royal Logic*: Antoine Arnauld, *La logique, ou l'art de penser*. Chez Charles Savreux, 1662. Ver também Blaise Pascal, *Pensées*. Chez Guillaume Desprez, 1670.

15. O conceito de utilidade: Daniel Bernoulli, "Specimen theoriae novae de mensura sortis". *Proceedings of the St. Petersburg Imperial Academy of Sciences*, v. 5, pp. 175-92, 1738. A ideia de utilidade, de Bernoulli, surge da reflexão sobre um comerciante, Semprônio, ao decidir se transporta uma carga valiosa num navio ou se a divide em dois, supondo que cada navio tem 50% de probabilidade de afundar numa viagem. O valor monetário esperado das duas soluções é o mesmo, mas Semprônio claramente prefere a solução dos dois navios.

16. Pelo que se sabe, Von Neumann não inventou essa arquitetura, mas seu nome constava de uma das primeiríssimas versões de um influente relato descrevendo o computador de programa armazenado EDVAC.

17. A obra de Von Neumann e Morgenstern é em muitos sentidos a fundação da moderna teoria econômica: John von Neumann e Oskar Morgenstern, *Theory of Games and Economic Behavior*. Princeton: Princeton University Press, 1944.

18. A proposta de que utilidade é a soma de recompensas descontadas foi proposta como uma hipótese matematicamente conveniente por Paul Samuelson, "A note on measurement of utility". *Review of Economic Studies*, v. 4, pp. 155-61, 1937. Se $s_0, s_1,...$ é a sequência de estados, então sua utilidade nesse modelo é $U(s_0, s_1,...) = \sum_t \gamma^t R(s_t)$, em que γ é um fator desconto e R é uma função recompensa descrevendo a desejabilidade de um estado. Aplicações ingênuas desse modelo raramente concordam com o julgamento de indivíduos reais sobre a desejabilidade de recompensas atuais e futuras. Para uma análise minuciosa, ver Shane Frederick, George Loewens-

tein e Ted O'Donoghue, "Time discounting and time preference: A critical review". *Journal of Economic Literature*, v. 40, pp. 351-401, 2002.

19. Maurice Allais, economista francês, propôs um cenário de decisão em que humanos parecem violar de forma consistente os axiomas de Von Neumann-Morgenstern: Maurice Allais, "Le comportement de l'homme rationnel devant le risque: Critique des postulats et axiomes de l'école américaine". *Econometrica*, v. 21, pp. 503-46, 1953.

20. Para uma introdução à análise não quantitativa de decisão, ver Michael Wellman, "Fundamental concepts of qualitative probabilistic networks". *Artificial Intelligence*, v. 44, pp. 257-303, 1990.

21. Discutirei as provas de irracionalidade humana com mais profundidade no capítulo 9. As referências-padrão incluem o seguinte: Allais, "Le Comportement", op. cit.; Daniel Ellsberg, *Risk, Ambiguity, and Decision*. Tese (Doutorado), Universidade Harvard, 1962; Amos Tversky e Daniel Kahneman, "Judgment under uncertainty: Heuristics and biases". *Science*, v. 185, pp. 1 124-31, 1974.

22. Deveria estar claro que se trata de um experimento mental impossível de ser realizado na prática. As escolhas sobre diferentes futuros nunca são apresentadas com todos os detalhes, e os humanos nunca contam com o luxo de poderem examinar e saborear minuciosamente esses futuros antes de escolher. Em vez disso, o que recebem são apenas curtos sumários, como "bibliotecária" ou "mineira". Para fazer essa escolha, o que se pede de fato é que alguém compare duas distribuições de probabilidade ao longo de futuros completos, uma delas começando com a escolha "bibliotecária" e a outra com a de "mineira", e que cada distribuição presume ações ótimas da parte desse alguém dentro de cada futuro. Nem é preciso dizer que não é fácil.

23. A primeira menção a uma estratégia aleatória para jogos aparece em Pierre Rémond de Montmort, *Essay d'analyse sur les jeux de hazard*. 2. ed. Chez Jacques Quillau, 1713. O livro identifica certo Monsieur de Waldegrave como a fonte de uma solução aleatória ótima para o jogo de cartas Le Her. Detalhes da identidade de Waldegrave são revelados por David Bellhouse, "The problem of Waldegrave". *Electronic Journal for History of Probability and Statistics*, v. 3, 2007.

24. O problema é completamente definido especificando-se a probabilidade de que Alice pontue em cada um dos quatro casos: quando chuta para a direita de Bob e ele se joga para a direita ou para a esquerda, e quando chuta para a esquerda e ele se joga para a direita ou para a esquerda. Nesse caso, as probabilidades são de 25%, 70%, 65% e 10%, respectivamente. Suponha-se agora que a estratégia de Alice seja chutar para a direita de Bob, com probabilidade p e para a esquerda com probabilidade de $1 - p$, enquanto Bob se joga para a direita com probabilidade q e para a esquerda com probabilidade $1 - q$. A recompensa de Alice é $U_A = 0{,}25pq + 0{,}70p(1 - q) + 0{,}65 (1 - p)q + 0{,}10(1 - p)(1 - q)$, enquanto a recompensa de Bob é $U_B = -U_A$. No equilíbrio, $\partial U_A / \partial p = 0$ e $\partial U_B / \partial q = 0$, o que dá $p = 0{,}55$ e $q = 0{,}60$.

25. O problema original de teoria dos jogos foi introduzido por Merrill Flood e Melvin Dresher na RAND Corporation; Tucker viu a matriz de *payoff* numa visita a seus escritórios e propôs uma "história" para acompanhar.

26. Os teóricos da teoria dos jogos costumam dizer que Alice e Bob cooperam um com o outro (recusam-se a falar) ou desertam e delatam seu cúmplice. Acho essa linguagem confusa, porque "cooperar um com o outro" não é uma escolha que cada agente possa fazer separada-

mente, e porque na linguagem comum em geral se fala em cooperar com a polícia, recebendo em troca uma sentença mais leve, e assim por diante.

27. Para uma interessante solução, com base na confiança, do dilema do prisioneiro e outros jogos, ver Joshua Letchford, Vincent Conitzer e Kamal Jain, "An 'ethical' game-theoretic solution concept for two-player perfect-information games". *Proceedings of the 4th International Workshop on Web and Internet Economics*. Ed. Christos Papadimitriou e Shuzhong Zhang. Springer, 2008.

28. Origem da tragédia dos bens comuns: William Forster Lloyd, *Two Lectures on the Checks to Population*. Oxford: Oxford University, 1833.

29. Retomada moderna do assunto no contexto da ecologia global: Garrett Hardin, "The tragedy of the commons". *Science*, v. 162, pp. 1243-8, 1968.

30. É bem possível que, mesmo que tentássemos construir máquinas inteligentes a partir de reações químicas ou de células biológicas, essas montagens acabariam sendo aperfeiçoamentos das máquinas de Turing com materiais não tradicionais. O fato de um objeto ser um computador de uso geral nada tem a ver com o material de que é feito.

31. O artigo pioneiro de Turing definia o que agora se conhece como a máquina de Turing, base da moderna ciência da computação. O *Entscheidungsproblem,* ou problema de decisão, no título é o problema de decidir a implicação na lógica de primeira ordem: Alan Turing, "On computable numbers, with an application to the *Entscheidungsproblem*". *Proceedings of the London Mathematical Society*, 2. ser., v. 42, pp. 230-65, 1936.

32. Um bom exame da pesquisa sobre capacitância negativa por um de seus inventores: Sayeef Salahuddin, "Review of negative capacitance transistors". *International Symposium on VLSI Technology, Systems and Application*, IEEE Press, 2016.

33. Para uma explicação muito melhor de computação quântica, ver Scott Aaronson, *Quantum Computing since Democritus*. Cambridge: Cambridge University Press, 2013.

34. O artigo que estabeleceu uma clara distinção, nos termos da teoria da complexidade, entre computação clássica e computação quântica: Ethan Bernstein e Umesh Vazirani, "Quantum complexity theory". *SIAM Journal on Computing*, v. 26, pp. 1 411-73, 1997.

35. O seguinte artigo, de autoria de um físico renomado, é uma boa introdução ao estado atual de compreensão e tecnologia: John Preskill, "Quantum computing in the NISQ era and beyond", arXiv:1801.00862, 2018.

36. Sobre a máxima capacidade computacional de um objeto de um quilo: Seth Lloyd, "Ultimate physical limits to computation". *Nature*, v. 406, pp. 1 047-54, 2000.

37. Para um exemplo da sugestão de que os humanos seriam o pináculo da inteligência fisicamente atingível, ver Kevin Kelly, "The myth of a superhuman AI", *Wired*, 25 abr. 2017: "Tendemos a achar que o limite está muito além de nós, muito 'acima' de nós, da mesma maneira que estamos 'acima' da formiga… Que prova temos de que o limite não somos nós?".

38. Caso você esteja pensando num simples truque para resolver o problema da parada: o método óbvio de rodar o programa para ver se ele termina não funciona, porque esse método não termina, necessariamente. Você pode esperar 1 milhão de anos e ainda assim continuar sem saber se o programa está de fato preso num ciclo infinito ou é só porque demora mesmo.

39. A prova de que o problema da parada é impossível de decidir é um truque elegante. A pergunta: existe um programa LoopChecker (*P, X*) que, para *qualquer* programa *P* e *qualquer*

input X, decida corretamente, em tempo finito, se P aplicado ao input X terá fim e produzirá um resultado ou rodará para sempre? Suponhamos que LoopChecker existe. Agora escreva um programa Q que use LoopChecker como sub-rotina, com o próprio Q e X como inputs, e então faça o *oposto* do que LoopChecker (Q,X) prevê. Ou seja, se LoopChecker diz que Q para, Q não para, e vice-versa. Então, a suposição de que LoopChecker existe leva a uma contradição, donde se conclui que LoopChecker não pode existir.

40. Digo "parecem" porque, até agora, a afirmação de que a classe de problemas NP-completos requer tempo superpolinomial (em geral referido como P ≠ NP) ainda é uma conjetura não provada. Depois de quase cinquenta anos de pesquisas, no entanto, quase todos os matemáticos e cientistas da computação estão convencidos de que a afirmação é verdadeira.

41. Os escritos de Lovelace sobre computação aparecem, basicamente, em notas a sua tradução do comentário de um engenheiro italiano sobre a máquina de Babbage: L. F. Menabrea, "Sketch of the Analytical Engine invented by Charles Babbage". Trad. de Ada, Comdessa de Lovelace. Ed. R. Taylor. *Scientific Memoirs*, v. III. R. and J. E. Taylor, 1843. O artigo original de Menabrea, escrito em francês e baseado em palestras dadas por Babbage em 1840, aparece em *Bibliothèque Universelle de Genève*, v. 82, 1842.

42. Um dos primeiros artigos seminais sobre a possibilidade de inteligência artificial: Alan Turing, "Computing machinery and intelligence". *Mind*, v. 59, pp. 433-60, 1950.

43. O projeto Shakey no SRI é sintetizado numa retrospectiva feita por um de seus líderes: Nils Nilsson, "Shakey the robot", nota técnica 323. SRI International, 1984. Um filme de 24 minutos, *SHAKEY: Experimentation in Robot Learning and Planning*, foi feito em 1969 e conquistou atenção nacional.

44. O livro que marcou o início da IA moderna, baseada na teoria da probabilidade: *Judea Pearl, Probabilistic Reasoning in Intelligent Systems: Networks of Plausible Inference*. Morgan Kaufmann, 1988.

45. Tecnicamente, o xadrez não é completamente observável. Um programa precisa lembrar uma pequena quantidade de informações para determinar a legalidade dos movimentos *roque* e *en passant* e para definir empates por repetição ou pela regra dos cinquenta movimentos.

46. Para uma exposição completa, ver capítulo 2 de Stuart Russell e Peter Norvig, *Artificial Intelligence: A Modern Approach*. 3. ed. Pearson, 2010.

47. O tamanho do espaço de estado para StarCraft é discutido por Santiago Ontañon et al., "A survey of real-time strategy game AI research and competition in StarCraft". *IEEE Transactions on Computational Intelligence and AI in Games*, v. 5, pp. 293-311, 2013. Numerosos movimentos são possíveis, porque o jogador pode mexer todas as unidades simultaneamente. Os números decrescem com as restrições impostas a quantas unidades ou quantos grupos podem ser movimentados de uma vez.

48. Sobre a competição homem-máquina em StarCraft: Tom Simonite, "DeepMind beats pros at StarCraft in another triumph for bots". *Wired*, 25 jan. 2019.

49. AlphaZero é descrito por David Silver et al., "Mastering chess and shogi by self-play with a general reinforcement learning algorithm". arXiv:1712.01815, 2017.

50. Rotas ótimas em gráficos são encontradas usando-se o algoritmo A* e seus muitos descendentes: Peter Hart, Nils Nilsson e Bertram Raphael, "A formal basis for the heuristic determi-

nation of minimum cost paths". *IEEE Transactions on Systems Science and Cybernetics*, ssc-4, pp. 100-7, 1968.

51. O artigo que introduziu o programa Advice Taker e sistemas de conhecimento de base lógica: John McCarthy, "Programs with common sense". In: *Proceedings of the Symposium on Mechanisation of Thought Processes*. Her Majesty's Stationery Office, 1958.

52. Para termos alguma ideia do significado dos sistemas baseados em conhecimento, vejamos o caso dos sistemas de bancos de dados. Um banco de dados contém fatos concretos, individuais, como a localização de minhas chaves e a identidade de amigos no Facebook. Os sistemas de banco de dados não podem armazenar regras gerais, como as do xadrez, ou a definição legal de cidadania britânica. Podem contar quantas pessoas chamadas Alice têm amigos chamados Bob, mas não podem determinar se uma Alice em particular preenche os requisitos de cidadania britânica ou se determinada sequência de movimentos num tabuleiro de xadrez resultará em xeque-mate. Os sistemas de banco de dados não podem combinar dois fragmentos de conhecimento para produzir um terceiro; podem suportar memória, mas não raciocínio. (É verdade que muitos sistemas modernos de banco de dados oferecem a possibilidade de acrescentar regras e a possibilidade de usar essas regras para obter novos fatos; na medida em que o fazem, são de fato sistemas baseados em conhecimento.) Apesar de serem versões altamente comprimidas de sistemas baseados em conhecimento, os sistemas de banco de dados servem de alicerce à maior parte das atividades comerciais de hoje, e geram centenas de bilhões de dólares em valores todos os anos.

53. O artigo original que descreve o teorema da completude para a lógica de primeira ordem: Kurt Gödel, "Die Vollständigkeit der Axiome des logischen Funktionenkalküls". *Monatshefte für Mathematik*, v. 37, pp. 349-60, 1930.

54. Os algoritmos de raciocínio para lógica de primeira ordem têm uma lacuna: se não houver resposta — ou seja, se o conhecimento disponível for insuficiente para dar uma resposta entre duas alternativas — então o algoritmo pode não terminar nunca. Isso é inevitável: é matematicamente impossível, para um algoritmo correto, sempre terminar com "não sei", essencialmente pela mesma razão de que nenhum algoritmo é capaz de resolver o problema da parada (p. 44).

55. O primeiro algoritmo para demonstração de teorema em lógica de primeira ordem funcionou reduzindo sentenças de primeira ordem a (números muitos grandes) de sentenças proposicionais: Martin Davis e Hilary Putnam, "A computing procedure for quantification theory". *Journal of the ACM*, v. 7, pp. 201-15, 1960. O algoritmo de resolução de Robinson operava diretamente com sentenças em lógica de primeira ordem, usando "unificação" para combinar expressões complexas contendo variáveis lógicas: J. Alan Robinson, "A machine-oriented logic based on the resolution principle". *Journal of the ACM*, v. 12, pp. 23-41, 1965.

56. Pode-se indagar como é que Shakey, o robô lógico, chegava a qualquer conclusão definitiva sobre o que fazer. A resposta é simples: a base de conhecimento de Shakey continha afirmações falsas. Por exemplo, Shakey achava que, ao executar a ordem de "empurre o objeto A pela porta D para a sala B", o objeto A ia acabar na sala B. Essa crença era falsa porque Shakey podia ficar preso na porta ou errar completamente a porta, ou alguém poderia remover sorrateiramente o objeto A do alcance de Shakey. O módulo do plano de execução de Shakey era capaz de

detectar o fracasso do plano e replanejar, de modo que, estritamente falando, Shakey não era um sistema puramente lógico.

57. Um comentário inicial sobre o papel da probabilidade no pensamento humano: Pierre-Simon Laplace, *Essai philosophique sur les probabilités*. Mme. Ve. Courcier, 1814.

58. A lógica bayesiana descrita de maneira razoavelmente não técnica: Stuart Russell, "Unifying logic and probability". *Communications of the ACM*, v. 58, pp. 88-97, 2015. O artigo baseia-se amplamente na pesquisa para a tese de doutorado de meu ex-aluno Brian Milch.

59. A fonte original do teorema de Bayes: Thomas Bayes e Richard Price, "An essay towards solving a problem in the doctrine of chances". *Philosophical Transactions of the Royal Society of London*, v. 53, pp. 370-418, 1763.

60. Tecnicamente, o programa de Samuel não trata a vitória e a derrota como recompensas absolutas: ao fixar o valor do material como positivo, porém, o programa tende, em geral, a trabalhar no sentido da vitória.

61. A aplicação de aprendizado por reforço para produzir um programa de gamão de primeira linha: Gerald Tesauro, "Temporal difference learning and TD-Gammon", *Communications of the ACM*, v. 38, pp. 58-68, 1995.

62. O sistema DQN que aprende a jogar uma grande diversidade de jogos de video game usando aprendizado por reforço profundo: Volodymyr Mnih et al., "Human-level control through deep reinforcement learning". *Nature*, v. 518, p. 529-33, 2015.

63. Os comentários de Bill Gates sobre IA do Dota 2: Catherine Clifford, "Bill Gates says gamer bots from Elon Musk-backed nonprofit are 'huge milestone' in A.I.". CNBC, 28 jun. 2018.

64. Um relato da vitória de OpenAI Five contra o campeão mundial de Dota 2: Kelsey Piper, "AI triumphs against the world's top pro team in strategy game Dota 2". *Vox*, 13 abr. 2019.

65. Um compêndio de casos na literatura nos quais especificações erradas de funções de recompensa levaram a comportamento inesperado: Victoria Krakovna, "Specification gaming examples in AI". Deep Safet (blog), 2 abr. 2018.

66. Um caso em que a função de aptidão evolutiva definida em relação à máxima velocidade levou a resultados bastante inesperados: Karl Sims, "Evolving virtual creatures". *Proceedings of the 21st Annual Conference on Computer Graphics and Interactive Techniques*. ACM, 1994.

67. Para uma exposição fascinante das possibilidades de agentes de reflexo, ver Valentino Braitenberg, *Vehicles: Experiments in Synthetic Psychology*. Cambridge, MA: MIT Press, 1984).

68. Artigo de imprensa sobre um acidente fatal envolvendo um veículo no modo automático que atingiu um pedestre: Devin Coldewey, "Uber in fatal crash detected pedestrian but had emergency braking disabled". *TechCrunch*, 24 maio 2018.

69. Sobre algoritmos de controle de direção, ver, por exemplo, Jarrod Snider, "Automatic steering methods for autonomous automobile path tracking". Relatório técnico CMU-RI-TR09-08, Robotics Institute, Universidade Carnegie Mellon, 2009.

70. Norfolk terrier e Norwich terrier são duas categorias no banco de dados na ImageNet. São, notoriamente, difíceis de distinguir e eram considerados uma única raça até 1964.

71. Um incidente bastante infeliz com rotulagem de imagens: Daniel Howley, "Google Photos mislabels 2 black Americans as gorillas". *Yahoo Tech,* 29 jun. 2015.

72. Outro artigo sobre Google e gorilas: Tom Simonite, "When it comes to gorillas, Google Photos remains blind". *Wired*, 11 jan. 2018.

1. O plano básico para algoritmos que jogam foi traçado por Claude Shannon, "Programming a computer for playing chess". *Philosophical Magazine*, 7. ser., v. 41, pp. 256-75, 1950.

2. Ver figura 5.12 de Stuart Russell e Peter Norvig, *Artificial Intelligence: A Modern Approach*. Prentice Hall, 1995. Note que a classificação de jogadores de xadrez e de programas de xadrez não é uma ciência exata. A mais alta pontuação de Kasparov no ranking Elo foi 2851, alcançada em 1999, mas a de programas de xadrez atuais, como Stockfish, é de 3300 ou mais.

3. O primeiro veículo autônomo que apareceu numa via pública: Ernst Dickmanns e Alfred Zapp, "Autonomous high speed road vehicle guidance by computer vision". *IFAC Proceedings Volumes*, 20, pp. 221-6, 1987.

4. O histórico de segurança dos veículos Google (posteriormente Waymo): "Waymo safety report: On the road to fully self- driving", 2018.

5. Até agora houve pelo menos dois acidentes fatais com motorista e um acidente fatal com pedestre. Seguem-se algumas referências, junto com breves citações descrevendo o que houve. Danny Yadron e Dan Tynan, "Tesla driver dies in first fatal crash while using autopilot mode" [Motorista de Tesla morre na primeira colisão fatal usando piloto automático]. *Guardian*, 30 jun. 2016: "Os sensores do piloto automático do Modelo S não distinguiram enorme caminhão branco atravessando a rua contra um céu claro". Megan Rose Dickey, "Tesla Model x sped up in Autopilot mode seconds before fatal crash, according to NTSB" [Modelo x da Tesla acelerou no piloto automático segundos antes de colisão fatal, de acordo com NTSB]. *TechCrunch*, 7 jun. 2018: "Três segundos antes de bater e até o momento da colisão com o atenuador de impacto, a velocidade do Tesla subiu de 99,2 para 113,9 quilômetros por hora, sem freada preventiva ou golpe de direção defensiva detectados". Devin Coldewey, "Uber in fatal crash detected pedestrian but had emergency braking disabled" [Uber detectou pedestre mas estava com freios de emergência desativados em acidente fatal]. *TechCrunch*, 24 maio 2018: "Emergency braking maneuvers are not enabled while the vehicle is under computer control, to reduce the potential for erratic vehicle behavior" [Manobras de freio de emergência não ficam ativadas com o veículo sob controle do computador para reduzir o potencial de comportamento imprevisível do veículo].

6. A Sociedade de Engenheiros Automotivos (SAE) define seis níveis de automação, em que o Nível 0 equivale a nível nenhum e o Nível 5 a automação total: "O desempenho em tempo integral por um sistema de direção automática em todos os aspectos da tarefa de direção dinâmica em qualquer condição de estrada ou ambiente que possam ser executados por um motorista humano".

7. Prognóstico dos efeitos econômicos da automação nos custos de transporte: Adele Peters, "It could be 10 times cheaper to take electric robo-taxis than to own a car by 2030" [Tomar robôs-táxis elétricos pode custar um décimo do preço de ter um carro próprio por volta de 2030]. *Fast Company*, 30 maio 2017.

8. O impacto de acidentes nas perspectivas de ação reguladora para veículos autônomos: Richard Waters, "Self-driving car death poses dilemma for regulators", *Financial Times*, 20 mar. 2018.

9. O impacto de acidentes na percepção pública dos veículos autônomos: Cox Automotive, "Autonomous vehicle awareness rising, acceptance declining, according to Cox Automotive mobility study", 16 ago. 2018.

10. O robô falante original: Joseph Weizenbaum, "ELIZA — a computer program for the study of natural language communication between man and machine". *Communications of the ACM*, v. 9, pp. 36-45, 1966.

11. Ver physiome.org para atividades atuais em modelagem fisiológica. Trabalho em modelos dos anos 1960 com milhares de equações diferenciais: Arthur Guyton, Thomas Coleman e Harris Granger, "Circulation: Overall regulation". *Annual Review of Physiology*, v. 34, pp. 13-44, 1972.

12. Alguns dos primeiros trabalhos sobre sistemas de tutoria foram feitos por Pat Suppes e colegas em Stanford: Patrick Suppes e Mona Morningstar, "Computer-assisted instruction". *Science*, v. 166, pp. 343-50, 1969.

13. Michael Yudelson, Kenneth Koedinger e Geoffrey Gordon, "Individualized Bayesian knowledge tracing models". In: H. Chad Lane et al., *Artificial Intelligence in Education: 16th International Conference*. Springer, 2013.

14. Para um exemplo de aprendizado de máquina com dados criptografados, ver Reza Shokri e Vitaly Shmatikov, "Privacy-preserving deep learning". *Proceedings of the 22nd ACM SIGSAC Conference on Computer and Communications Security*, ACM, 2015.

15. Uma retrospectiva da primeira casa inteligente, com base numa palestra do seu inventor, James Sutherland: James E. Tomayko, "Electronic Computer for Home Operation (Echo): The first home computer". *IEEE Annals of the History of Computing*, v. 16, pp. 59-61, 1994.

16. Resumo de um projeto de casa inteligente com base em aprendizado de máquina e decisões automáticas: Diane Cook et al., "MavHome: An agent-based smart home". *Proceedings of the 1st IEEE International Conference on Pervasive Computing and Communications*, IEEE, 2003.

17. Para os primórdios de uma análise de experiências de usuário em casas inteligentes, ver Scott Davidoff et al., "Principles of smart home control". In: Paul Dourish e Adrian Friday (org.), *Ubicomp 2006: Ubiquitous Computing*. Springer, 2006.

18. Anúncio comercial de casas inteligentes com base em IA: "The Wolff Company unveils revolutionary smart home technology at new Annadel Apartments in Santa Rosa, California". *Business Insider*, 12 mar. 2018.

19. Artigo sobre robôs-chefs como produtos comerciais: Eustacia Huen, "The world's first home robotic chef can cook over 100 meals". *Forbes*, 31 out. 2016.

20. Relatório de meus colegas de Berkeley sobre aprendizado por reforço profundo para controle motor robótico: Sergey Levine et al., "End-to-end training of deep visuomotor policies". *Journal of Machine Learning Research*, v. 17, pp. 1-40, 2016.

21. Sobre as possibilidades de automação do trabalho de centenas de milhares de pessoas que trabalham em armazéns: Tom Simonite, "Grasping robots compete to rule Amazon's warehouses". *Wired*, 26 jul. 2017.

22. Estou supondo um generoso um minuto de laptop-CPU por página, ou cerca de 1011 operações. Uma unidade de processamento de tensor de terceira geração da Google executa 1017 operações por segundo, o que significa que pode ler 1 milhão de páginas por segundo, ou cinco horas para 80 milhões de livros de duzentas páginas.

23. Um estudo de 2003 sobre o volume global de produção de informações por todos os canais: Peter Lyman e Hal Varian, "How much information?". Disponível em: <sims.berkeley.edu/research/projects/how-much-info-2003>.

24. Para detalhes sobre o uso de reconhecimento de fala por agências de inteligência, ver Dan Froomkin, "How the NSA converts spoken words into searchable text". *The Intercept*, 5 maio 2015.

25. A análise de imagens visuais de satélites é uma tarefa gigantesca: Mike Kim, "Mapping poverty from space with the World Bank". Medium.com, 4 jan. 2017. Kim calcula 8 milhões de pessoas trabalhando 24 horas por dia, sete dias por semana, que se convertem em mais de 30 milhões de pessoas trabalhando quarenta horas por semana. Desconfio que esse número é exagerado na prática, porque a vasta maioria das imagens apresentaria mudanças desprezíveis ao longo de um dia. Por outro lado, a comunidade de inteligência americana emprega dezenas de milhares de pessoas, sentadas em salões enormes, olhando imagens de satélite, só para acompanhar o que se passa em pequenas regiões de interesse; assim, 1 milhão de pessoas provavelmente é o correto para o mundo inteiro.

26. Há progresso substancial no sentido de um observatório global baseado em dados de imagem de satélite em tempo real: David Jensen e Jillian Campbell, "Digital earth: Building, financing and governing a digital ecosystem for planetary data". Relatório branco para o Fórum de Ciência-Política-Negócios da ONU sobre Meio Ambiente, 2018.

27. Luke Muehlhauser escreveu amplamente sobre previsões em IA, e sou-lhe grato por encontrar as fontes originais das citações que se seguem. Ver Luke Muehlhauser, "What should we learn from past AI forecasts?". Relatório do Open Philanthropy Project, 2016.

28. Um prognóstico sobre a chegada de IA de nível humano dentro de vinte anos: Herbert Simon, *The New Science of Management Decision*. Harper & Row, 1960.

29. Um prognóstico sobre a chegada de IA de nível humano dentro de uma geração: Marvin Minsky, *Computation: Finite and Infinite Machines*. Prentice Hall, 1967.

30. O prognóstico de John McCarthy sobre a chegada da IA de nível humano dentro de "cinco a quinhentos anos": Ian Shenker, "Brainy robots in our future, experts think". *Detroit Free Press*, 30 set. 1977.

31. Para um resumo das estimativas de pesquisadores de IA sobre a chegada da IA de nível humano, ver aiimpacts.org. Uma ampla discussão de resultados de pesquisas sobre IA de nível humano é apresentada por Katja Grace et al., "When will AI exceed human performance? Evidence from AI experts". arXiv:1705.08807v3, 2018.

32. Para um gráfico sobre poder bruto do computador contra o poder do cérebro, ver Ray Kurzweil, "The law of accelerating returns". Kurzweilai.net, 7 mar. 2001.

33. O Projeto Aristo, do Instituto Allen: allenai.org/aristo.

34. Para uma análise do conhecimento exigido para se sair bem em provas de compreensão e senso comum do quinto ano do fundamental, ver Peter Clark et al., "Automatic construction of inference-supporting knowledge bases". *Proceedings of the Workshop on Automated Knowledge Base Construction*, akbc.ws/2014.

35. O projeto NELL de leitura de máquina é descrito por Tom Mitchell et al., "Never-ending learning". *Communications of the ACM*, v. 61, pp. 103-15, 2018.

36. A ideia de inferências *bootstrapping* a partir de textos se deve a Sergey Brin, "Extracting patterns and relations from the World Wide Web". In: Paolo Atzeni, Alberto Mendelzon e Giansalvatore Mecca (org.), *The World Wide Web and Databases*. Springer, 1998.

37. Para uma visualização da colisão de buracos negros detectada por LIGO, ver LIGO Lab Caltech, "Warped space and time around colliding black holes", 11 fev. 2016. Disponível em: youtube.com/watch?v=1agm33iEAuo.

38. A primeira publicação a descrever a observação de ondas gravitacionais: Ben Abbott et al., "Observation of gravitational waves from a binary black hole merger". *Physical Review Letters*, v. 116, 2016. 061102.

39. Sobre bebês como cientistas: Alison Gopnik, Andrew Meltzoff e Patricia Kuhl, *The Scientist in the Crib: Minds, Brains, and How Children Learn*. William Morrow, 1999.

40. Um resumo de vários projetos sobre análise científica automatizada de dados experimentais para descobrir leis: Patrick Langley et al., *Scientific Discovery: Computational Explorations of the Creative Processes*. Cambridge, MA: MIT Press, 1987.

41. Alguns trabalhos pioneiros sobre aprendizado de máquina com base em conhecimento prévio: Stuart Russell, *The Use of Knowledge in Analogy and Induction*. Pitman, 1989.

42. A análise filosófica da indução, de autoria de Goodman, continua a ser uma fonte de inspiração: Nelson Goodman, *Fact, Fiction, and Forecast*. Londres: University of London Press, 1954.

43. Um veterano pesquisador de IA reclama do misticismo na filosofia da ciência: Herbert Simon, "Explaining the ineffable: AI on the topics of intuition, insight and inspiration". *Proceedings of the 14th International Conference on Artificial Intelligence*. Ed. Chris Mellish. Morgan Kaufmann, 1995.

44. Uma análise da programação em lógica indutiva feita por dois pioneiros desse campo: Stephen Muggleton e Luc de Raedt, "Inductive logic programming: Theory and methods". *Journal of Logic Programming*, v. 19-20, pp. 629-79, 1994.

45. Para uma menção inicial da importância de encapsular operações complexas como novas ações primitivas, ver Alfred North Whitehead, *An Introduction to Mathematics*. Henry Holt, 1911.

46. Trabalho demonstrando que um robô simulado pode aprender sozinho a ficar em pé: John Schulman et al., "High-dimensional continuous control using generalized advantage estimation". arXiv:1506.02438, 2015. Um vídeo de demonstração está disponível em: <youtube.com/watch?v=SHLuf2ZBQSw>.

47. Uma descrição do sistema de aprendizado por reforço que aprende a jogar o jogo de vídeo game *Capture a Bandeira*: Max Jaderberg et al., "Human-level performance in first-person multiplayer games with population- based deep reinforcement learning". arXiv:1807.01281, 2018.

48. Uma visão do progresso da IA nos próximos anos: Peter Stone et al., "Artificial intelligence and life in 2030". *One Hundred Year Study on Artificial Intelligence*, relatório do 2015 Study Panel, 2016.

49. A discussão fomentada pela mídia entre Elon Musk e Mark Zuckerberg: Peter Holley, "Billionaire burn: Musk says Zuckerberg's understanding of AI threat 'is limited'". *The Washington Post*, 25 jul. 2017.

50. Sobre o valor dos mecanismos de busca para os usuários individuais: Erik Brynjolfsson, Felix Eggers e Avinash Gannamaneni, "Using massive online choice experiments to measure changes in well-being". Documento de trabalho n. 24 514, National Bureau of Economic Research, 2018.

51. A penicilina foi descoberta várias vezes e seus poderes de cura foram descritos em publicações médicas, mas ninguém parece ter notado. Ver en.wikipedia.org/wiki/History_of_penicillin.

52. Para uma discussão de alguns dos riscos mais esotéricos representados por sistemas de IA oniscientes, clarividentes, ver David Auerbach, "The most terrifying thought experiment of all time". *Slate*, 17 jul. 2014.

53. Uma análise de potenciais ciladas quando se pensa em IA avançada: Kevin Kelly, "The myth of a superhuman AI". *Wired*, 25 abr. 2017.

54. Máquinas podem compartilhar alguns aspectos da estrutura cognitiva com humanos, especialmente os aspectos relacionados à percepção e à manipulação do mundo físico e às estruturas conceituais envolvidas na compreensão natural da linguagem. Seus processos deliberativos tendem a ser muito diferentes, devido às enormes disparidades em hardware.

55. De acordo com dados de pesquisa de 2016, 88% correspondem a 100 mil dólares por ano: American Community Survey, US Census Bureau, www.census.gov/programs-surveys/acs. Para o mesmo ano, o PIB global per capita foi de 10 133 dólares: National Accounts Main Aggregates Database, UN Statistics Division, unstats.un.org/unsd/snaama.

56. Se o crescimento do PIB cair gradualmente ao longo de dez ou vinte anos, seu valor será de 9400 trilhões de dólares ou 6800 trilhões de dólares, respectivamente — o que não é pouca coisa. Numa interessante nota histórica, I. J. Good, popularizador da ideia de uma explosão de inteligência (p. 139), estimou o valor da IA de nível humano em pelo menos "um mega-Keynes", numa referência ao célebre economista John Maynard Keynes. O valor das contribuições de Keynes era de 100 bilhões de libras esterlinas, segundo cálculo de 1963, portanto um mega-Keynes seria de cerca de 2,2 trilhões de dólares de 2016. Good atribuiu o valor da IA em primeiro lugar à sua capacidade potencial de assegurar que a raça humana sobreviva indefinidamente. Mais tarde, ele se perguntou se não deveria ter acrescentado um sinal de menos.

57. A União Europeia anunciou planos para 24 bilhões de dólares de gastos em pesquisas e desenvolvimento no período 2019-20. Ver Comissão Europeia, "Artificial intelligence: Commission outlines a European approach to boost investment and set ethical guidelines". Comunicado à imprensa, 25 abr. 2018. O plano de investimento da China em IA a longo prazo, anunciado em 2017, prevê uma indústria-chave gerando 150 bilhões de dólares por ano em 2030. Ver, por exemplo, Paul Mozur, "Beijing wants A.I. to be made in China by 2030". *The New York Times*, 20 jul. 2017.

58. Ver, por exemplo, o programa Mina do Futuro da Rio Tinto em riotinto.com/australia/pilbara/mine-of-the-future-9603.aspx.

59. Uma análise retrospectiva do crescimento econômico: Jan Luiten van Zanden et al., *How Was Life? Global Well-Being since 1820*. OECD Publishing, 2014.

60. O desejo de vantagem relativa sobre os outros, mais do que o de uma qualidade de vida absoluta, é um *bem posicional*; ver capítulo 9.

4. MAU USO DA IA [pp. 103-29]

1. O artigo da Wikipedia sobre a Stasi tem várias referências úteis sobre seu quadro de funcionários e seu impacto geral na vida na Alemanha Oriental.

2. Para detalhes sobre os arquivos da Stasi, ver Cullen Murphy, *God's Jury: The Inquisition and the Making of the Modern World.* Houghton Mifflin Harcourt, 2012.

3. Para uma análise exaustiva dos sistemas de vigilância de IA, ver Jay Stanley, *The Dawn of Robot Surveillance.* American Civil Liberties Union, 2019.

4. Livros recentes sobre vigilância e controle incluem Shoshana Zuboff, *The Age of Surveillance Capitalism: The Fight for a Human Future at the New Frontier of Power* (PublicAffairs, 2019) e Roger McNamee, *Zucked: Waking Up to the Facebook Catastrophe* (Penguin Press, 2019).

5. Artigos de imprensa sobre o robô de chantagem: Avivah Litan, "Meet Delilah — the first insider threat Trojan". Gartner Blog Network, 14 jul. 2016.

6. Para uma versão low-tech da suscetibilidade humana à desinformação, na qual um indivíduo que de nada suspeita se convence de que o mundo está sendo destruído por ataques de meteoro, ver *Derren Brown: Apocalypse.* Parte um. Dir. Simon Dinsell, 2012. Disponível em: <youtube.com/watch?v=o_CUrMJOxqs>.

7. Uma análise econômica de sistemas de reputação e sua corrupção é oferecida por Steven Tadelis, "Reputation and feedback systems in online platform markets". *Annual Review of Economics,* v. 8, pp. 321-40, 2016.

8. Lei de Goodhart: "Toda regularidade estatística tende a desaparecer se for colocada sob pressão para fins de controle". Por exemplo, antigamente pode ter havido uma correlação entre qualidade do corpo docente e qualidade dos salários, por isso o *US News & World Report,* em seu ranking das faculdades, avalia a qualidade dos corpos docentes pela qualidade dos salários. Isso estimulou uma corrida armamentista salarial que beneficia professores mas não os alunos, que pagam esses salários. A corrida armamentista muda os salários dos professores de forma que não depende da qualidade do corpo docente, por isso a correlação tende a desaparecer.

9. Um artigo que descreve os esforços alemães para policiar o discurso público: Bernhard Rohleder, "Germany set out to delete hate speech online. Instead, it made things worse". *WorldPost,* 20 fev. 2018.

10. Sobre o "infoapocalipse": Aviv Ovadya, "What's worse than fake news? The distortion of reality itself". *WorldPost,* 22 fev. 2018.

11. Sobre a corrupção nas avaliações de hotéis on-line: Dina Mayzlin, Yaniv Dover e Judith Chevalier, "Promotional reviews: An empirical investigation of online review manipulation". *American Economic Review,* v. 104, pp. 2 421-55, 2014.

12. Declaração da Alemanha na Reunião do Grupo de Especialistas Governamentais, Convenção sobre Algumas Armas Convencionais, Genebra, 10 abr. 2018.

13. O filme *Slaughterbots,* financiado pelo Future of Life Institute, apareceu em novembro de 2017 e está disponível em: <youtube.com/watch?v=9CO6M2Hso1A>.

14. Para um relato sobre uma das maiores gafes em relações públicas das Forças Armadas, ver Dan Lamothe, "Pentagon agency wants drones to hunt in packs, like wolves". *The Washington Post,* 22 jan. 2015.

15. Anúncio de um experimento de enxames de drone em larga escala: US Department of Defense, "Department of Defense announces successful micro-drone demonstration". Comunicado à imprensa n. NR-008-17, 9 jan. 2017.

16. Exemplos de centros de pesquisa que estudam o impacto da tecnologia sobre os empre-

gos são o grupo Work ant Intelligent Tools and Systems, de Berkeley, o projeto Future of Work and Workers, no Centro de Estudos Avançados nas Ciências Comportamentais em Stanford, e a Future of Work Initiative, na Carnegie Mellon University.

17. Uma visão pessimista sobre o futuro desemprego tecnológico: Martin Ford, *Rise of the Robots: Technology and the Threat of a Jobless Future*. Basic Books, 2015.

18. Calum Chace, *The Economic Singularity: Artificial Intelligence and the Death of Capitalism*. Three Cs, 2016.

19. Para uma excelente coleção de ensaios, ver Ajay Agrawal, Joshua Gans e Avi Goldfarb (org.), *The Economics of Artificial Intelligence: An Agenda*. National Bureau of Economic Research, 2019.

20. A análise matemática por trás dessa curva de emprego em "u invertido" é oferecida por James Bessen, "Artificial intelligence and jobs: The role of demand". In: Agrawal, Gans e Goldfarb (org.), *The Economics of Artificial Intelligence*.

21. Para uma discussão de deslocalização econômica em consequência da automação, ver Eduardo Porter, "Tech is splitting the us work force in two". *The New York Times*, 4 fev. 2019. O artigo cita o seguinte relatório que serviu de base a essa conclusão: David Autor e Anna Salomons, "Is automation labor-displacing? Productivity growth, employment, and the labor share". *Brookings Papers on Economic Activity*, 2018.

22. Para dados sobre o crescimento do negócio bancário no século xx, ver "The evolution of the us financial industry from 1860 to 2007: Theory and evidence". Documento de trabalho, 2008.

23. A bíblia para dados de empregos e crescimento e declínio dos empregos: us Bureau of Labor Statistics, *Occupational Outlook Handbook: 2018-2019 Edition*. Bernan Press, 2018.

24. Um relato sobre automação de caminhões: Lora Kolodny, "Amazon is hauling cargo in self-driving trucks developed by Embark". cnbc, 30 jan. 2019.

25. O progresso da automação em análise jurídica, descrevendo os resultados de uma competição: Jason Tashea, "ai software is more accurate, faster than attorneys when assessing ndas". *ABA Journal*, 26 fev. 2018.

26. Comentário de autoria de um economista conceituado, com um título que evoca explicitamente o artigo escrito por Keynes em 1930: Lawrence Summers, "Economic possibilities for our children". *NBER Reporter*, 2013.

27. A analogia entre empregos na ciência de dados e um pequeno barco salva-vidas perto de um gigantesco transatlântico vem de uma discussão com Yong Ying-I, chefe de uma Divisão de Serviços Públicos de Cingapura. Ela reconheceu que era correta na escala global, mas notou que "Cingapura é pequena o suficiente para caber no barco salva-vidas".

28. Apoio à Renda Universal Básica (rub) de um ponto de vista conservador: Sam Bowman, "The ideal welfare system is a basic income". Adam Smith Institute, 25 nov. 2013.

29. Apoio para a rub de um ponto de vista progressista: Jonathan Bartley, "The Greens endorse a universal basic income. Others need to follow". *The Guardian*, 2 jun. 2017.

30. Chace, em *The Economic Singularity*, chama a versão "paraíso" da rub de *economia Star Trek*, notando que, nas séries mais recentes de episódio de *Star Trek*, o dinheiro foi abolido porque a tecnologia criou bens materiais e energia ilimitados. Chama a atenção, ainda, para as

enormes mudanças de organização econômica e social que serão necessárias para garantir o êxito desse sistema.

31. O economista Richard Baldwin também prevê um futuro de serviços pessoais em seu livro *The Globotics Upheaval: Globalization, Robotics, and the Future of Work*. Oxford: Oxford University Press, 2019.

32. O livro visto como tendo exposto o fracasso da alfabetização "para o mundo inteiro" e que lançou décadas de lutas entre as duas principais escolas de pensamento sobre leitura: Rudolf Flesch, *Why Johnny Can't Read: And What You Can Do about It*. Harper & Bros., 1955.

33. Sobre métodos educacionais que habilitam o recipiente a adaptar-se ao rápido ritmo de mudança tecnológica e econômica nas próximas décadas: Joseph Aoun, *Robot-Proof: Higher Education in the Age of Artificial Intelligence*. Cambridge, MA: MIT Press, 2017.

34. Uma palestra radiofônica na qual Turing previu que humanos seriam suplantados por máquinas: Alan Turing, "Can digital machines think?", *BBC Third Programme*, 15 maio 1951, transmissão de rádio. Transcrição disponível em turingarchive.org.

35. Artigos de imprensa descrevendo a "naturalização" de Sofia como cidadã da Arábia Saudita: Dave Gershgorn, "Inside the mechanical brain of the world's first robot citizen". *Quartz*, 12 nov. 2017.

36. Sobre o que Yann LeCun pensa de Sofia: Shona Ghosh, "Facebook's AI boss described Sophia the robot as 'complete b— — t' and 'Wizard-of-Oz AI'". *Business Insider*, 6 jan. 2018.

37. Uma proposta da União Europeia sobre direitos legais de robôs: Comitê de Assuntos Legais do Parlamento Europeu, "Report with recommendations to the Commission on Civil Law Rules on Robotics (2015/2103 (INL))", 2017.

38. A cláusula do RGDP sobre "direito a uma explicação" não é, na verdade, nova: é muito semelhante ao artigo 15(1) da Diretiva de Proteção de Dados, que ela substitui.

39. Aqui estão três artigos recentes com argutas análises matemáticas de imparcialidade: Moritz Hardt, Eric Price e Nati Srebro, "Equality of opportunity in supervised learning". In: Daniel Lee et al., *Advances in Neural Information Processing Systems 29*, 2016; Matt Kusner et al., "Counterfactual fairness". In: Isabelle Guyon et al., *Advances in Neural Information Processing Systems 30*, 2017; Jon Kleinberg, Sendhil Mullainathan e Manish Raghavan, "Inherent trade-offs in the fair determination of risk scores". In: Christos Papadimitriou (org.), *8th Innovations in Theoretical Computer Science Conference*. Dagstuhl Publishing, 2017.

40. Artigos de imprensa descrevendo as consequências de falhas de software para o controle de tráfego aéreo: Simon Calder, "Thousands stranded by flight cancellations after systems failure at Europe's air-traffic coordinator". *The Independent*, 3 abr. 2018.

5. IA INTELIGENTE DEMAIS [pp. 130-41]

1. Lovelace escreveu: "A Máquina Analítica não tem pretensão alguma de inventar nada. Ela pode fazer qualquer coisa que saibamos mandar fazer. Pode acompanhar análise; mas não tem capacidade de antever quaisquer relações ou verdades analíticas". Esse foi um dos argumentos contra a IA que Alan Turing refutou, "Computing machinery and intelligence". *Mind*, v. 59, pp. 433-60, 1950.

2. O mais antigo artigo que se conhece sobre o risco existencial apresentado por IA foi escrito por Richard Thornton, "The age of machinery". *Primitive Expounder*, IV, p. 281, 1847.

3. "The Book of the Machines" baseava-se num artigo anterior de Samuel Butler, "Darwin among the machines". *The Press*, Christchurch, Nova Zelândia, 13 jun. 1863.

4. Outra palestra na qual Turing previu a subjugação da humanidade: Alan Turing, "Intelligent machinery, a heretical theory". Palestra na 51 Society, Manchester, 1951. Transcrição disponível em: turingarchive.org.

5. A profética discussão de Wiener sobre controle tecnológico da humanidade e um apelo para reter a autonomia humana: Norbert Wiener, *The Human Use of Human Beings*. Riverside Press, 1950.

6. A propaganda na capa do livro de 1950 de Wiener é notavelmente parecida com o lema do Future of Life Institute, organização dedicada a estudar os riscos existenciais que a humanidade enfrenta: "A tecnologia está dando à vida o potencial de florescer como em nenhuma outra época... ou de destruir a si mesma".

7. Uma atualização das opiniões de Wiener decorrente de sua consciência cada vez maior da possibilidade de máquinas inteligentes: Norbert Wiener, *God and Golem, Inc.: A Comment on Certain Points Where Cybernetics Impinges on Religion*. Cambridge, MA: MIT Press, 1964.

8. As Três Leis da Robótica de Asimov apareceram pela primeira vez em Isaac Asimov, "Runaround". *Astounding Science Fiction*, mar. 1942. As leis são estas:

1. Um robô não pode fazer mal a um ser humano ou, por inação, permitir que um ser humano seja ferido.
2. Um robô deve obedecer às ordens dadas por seres humanos, salvo quando essas ordens entrem em conflito com a Primeira Lei.
3. Um robô precisa proteger a própria existência, desde que essa proteção não entre em conflito com a Primeira ou a Segunda Lei.

É importante compreender que Asimov propôs essas leis como uma forma de gerar enredos interessantes, não como uma orientação séria para futuros roboticistas. Várias histórias suas, incluindo "Runaround" [Brincando de pegar], ilustram as consequências problemáticas de interpretar as leis literalmente. Do ponto de vista da IA moderna, as leis não reconhecem nenhum elemento de probabilidade e risco: a legalidade de ações robóticas que expõem um humano à probabilidade de sofrer dano — por mais infinitesimal que seja — é, portanto, pouco clara.

9. A noção de objetivos que contribuem para um fim é devida a Stephen Omohundro, "The nature of selfimproving artificial intelligence". Manuscrito inédito, 2008. Ver também Stephen Omohundro, "The basic AI drives". In: Pei Wang, Ben Goertzel e Stan Franklin (org.), *Artificial General Intelligence 2008: Proceedings of the First AGI Conference*. IOS Press, 2008.

10. O objetivo do personagem de Johnny Depp, Will Caster, parece que é resolver o problema da reencarnação física, para se juntar à mulher, Wvelyn. Isso serve apenas para mostrar que a natureza do objetivo geral é indiferente — os objetivos auxiliares são idênticos.

11. A fonte original da ideia de uma explosão de inteligência: I. J. Good, "Speculations concerning the first ultraintelligent machine". In: Franz Alt e Morris Rubinoff (org.), *Advances in Computers*. Academic Press, 1965. v. 6.

12. Um exemplo do impacto da ideia de explosão de inteligência: Luke Muehlhauser, em *Facing the Intelligence Explosion* (intelligenceexplosion.com), escreve, "o parágrafo de Good me atropelou como um trem".

13. A diminuição de resultados pode ser ilustrada assim: suponhamos que um aumento de 16% em inteligência crie uma máquina capaz de produzir um aumento de 8%, que por sua vez cria um aumento de 4%, e assim por diante. Esse processo atinge um limite a mais ou menos 36% acima do nível original. Para mais discussão desses assuntos, ver Eliezer Yudkowsky, "Intelligence explosion microeconomics". Relatório técnico 2013-1, Machine Intelligence Research Institute, 2013.

14. Para uma visão de IA na qual humanos se tornam irrelevantes, ver Hans Moravec, *Mind Children: The Future of Robot and Human Intelligence.* Harvard University Press, 1988. Ver também Hans Moravec, *Robot: Mere Machine to Transcendent Mind.* Oxford: Oxford University Press, 2000.

6. UM DEBATE NÃO MUITO BOM [pp. 142-64]

1. Uma publicação séria traz uma séria resenha de Bostrom *Superintelligence: Paths, Dangers, Strategies:* "Clever cogs". *Economist*, 9 ago. 2014.

2. Uma discussão dos mitos e dos mal-entendidos sobre os riscos da IA: Scott Alexander, "AI researchers on AI risk". Slate Star Codex (blog), 22 maio 2015.

3. A obra clássica sobre as múltiplas dimensões da inteligência: Howard Gardner, *Frames of Mind: The Theory of Multiple Intelligences.* Basic Books, 1983.

4. Sobre as implicações das múltiplas dimensões da inteligência para a possibilidade de IA super-humana: Kevin Kelly, "The myth of a superhuman AI". *Wired*, 25 abr. 2017.

5. Evidências de que os chimpanzés têm memória de curto prazo melhor do que os humanos: Sana Inoue e Tetsuro Matsuzawa, "Working memory of numerals in chimpanzees". *Current Biology*, v. 17, pp. R1 004-5, 2007.

6. Um importante trabalho pioneiro questionando as perspectivas de sistemas de IA baseados em regras: Hubert Dreyfus, *What Computers Can't Do.* Cambridge, MA: MIT Press, 1972.

7. O primeiro de uma série de livros que buscam explicações físicas para a consciência e levantam dúvidas sobre a capacidade de sistemas de IA adquirirem inteligência real: Roger Penrose, *The Emperor's New Mind: Concerning Computers, Minds, and the Laws of Physics.* Oxford: Oxford University Press, 1989.

8. Uma retomada da crítica de IA com base no teorema da incompletude: Luciano Floridi, "Should we be afraid of AI?". *Aeon*, 9 maio 2016. Uma retomada da crítica de IA com base no argumento do quarto chinês: John Searle, "What your computer can't know". *The New York Review of Books*, 9 out. 2014.

9. Um relatório de conceituados pesquisadores de IA afirmando que a IA super-humana talvez seja impossível: Peter Stone et al., "Artificial intelligence and life in 2030". *One Hundred Year Study on Artificial Intelligence*, relatório do 2015 Study Panel, 2016.

10. Artigo de imprensa com base na rejeição por Andrew Ng dos riscos da IA: Chris Williams, "AI guru Ng: Fearing a rise of killer robots is like worrying about overpopulation on Mars". *Register*, 19 mar. 2015.

11. Um exemplo do argumento de que os "especialistas é que sabem": Oren Etzioni, "It's time to intelligently discuss artificial intelligence". *Backchannel*, 8 dez. 2014.

12. Artigo de imprensa afirmando que os pesquisadores sérios de IA rejeitam a ideia de que haja riscos: Erik Sofge, "Bill Gates fears AI, but AI researchers know better". *Popular Science*, 30 jan. 2015.

13. Outra afirmação de que pesquisadores sérios de IA rejeitam a ideia de que IA representa um risco: David Kenny, "IBM's open letter to Congress on artificial intelligence", 27 jun. 2017. Disponível em: ibm.com/blogs/policy/kenny-artificial-intelligence-letter.

14. Relatório do workshop que propôs restrições voluntárias sobre engenharia genética: Paul Berg et al., "Summary statement of the Asilomar Conference on Recombinant DNA Molecules". *Proceedings of the National Academy of Sciences*, v. 72, pp. 1 981-4, 1975.

15. Declaração de Política decorrente da invenção do CRISPR-Cas9 para edição de genoma: Comitê de Organização para a Cúpula Internacional sobre Edição do Genoma Humano, "On human gene editing: International Summit statement", 3 dez. 2015.

16. A última declaração de política de destacados biólogos: Eric Lander et al., "Adopt a moratorium on heritable genome editing". *Nature*, v. 567, pp. 165-8, 2019.

17. O comentário de Etzioni, de que não se devem mencionar os riscos se não se mencionam também os benefícios, aparece junto com sua análise de dados de pesquisa de pesquisadores de IA: Oren Etzioni, "No, the experts don't think superintelligent AI is a threat to humanity". *MIT Technology Review*, 20 set. 2016. Em sua análise, ele afirma que qualquer um que espere que a IA super-humana vai demorar mais de 25 anos, — o que inclui este autor, bem como Nick Bostrom — não está preocupado com os riscos da IA.

18. Um artigo de imprensa com citações do "debate" Musk-Zuckerberg: Alanna Petroff, "Elon Musk says Mark Zuckerberg's understanding of AI is 'limited'". *CNN Money*, 25 jul. 2017.

19. Em 2015, a Fundação de Tecnologia de Informação e Inovação organizou um debate intitulado "Computadores superinteligentes são de fato uma ameaça à humanidade?". Robert Atkinson, diretor da fundação, sugere que mencionar riscos pode resultar na redução de financiamentos para IA. Vídeo disponível em: itif.org/events/2015/06/30/are-super-intelligent-computers-really-threat-humanity. A discussão que de fato importa começa aos 41min30.

20. Uma afirmação de que nossa cultura de segurança resolverá o problema do controle de IA sem nunca mencioná-lo: Steven Pinker, "Tech prophecy and the underappreciated causal power of ideas". In: John Brockman (org.), *Possible Minds: Twenty-Five Ways of Looking at AI*. Penguin Press, 2019.

21. Para uma interessante análise de Oracle Artificial Intelligence, ver Stuart Armstrong, Anders Sandberg e Nick Bostrom, "Thinking inside the box: Controlling and using an Oracle AI", *Minds and Machines*, 22, pp. 299-324, 2012.

22. Opiniões sobre por que IA não vai tirar empregos: Kenny, "IBM's open letter".

23. Um exemplo das opiniões positivas de Kurzweil sobre a fusão de cérebros humanos com IA: Ray Kurzweil, entrevista a Bob Pisani. *Exponential Finance Summit*, Nova York, NY, 5 jun. 2015.

24. Artigo citando Elon Musk sobre laço neural: Tim Urban, "Neuralink and the brain's magical future". Wait But Why, 20 abr. 2017.

25. Para o que há de mais recente sobre o projeto de areia neural de Berkeley, ver David Piech et al., "StimDust: A 1.7 mm³, implantable wireless precision neural stimulator with ultrasonic power and communication". arXiv: 1807.07590, 2018.

26. Susan Schneider, em *Artificial You: AI and the Future of Your Mind* (Princeton University Press, 2019), chama a atenção para os riscos da ignorância em tecnologias propostas como *uploading* e prótese neural: para o fato de que, se continuarmos sem saber se dispositivos eletrônicos podem ser conscientes, e levando em conta a confusão filosófica sobre persistente identidade pessoal, podemos, inadvertidamente, acabar com nossa existência consciente ou infligir sofrimento a máquinas conscientes sem nos darmos conta de que elas são conscientes.

27. Uma entrevista com Yann LeCun sobre riscos da IA: Guia Marie Del Prado, "Here's what Facebook's artificial intelligence expert thinks about the future". *Business Insider*, 23 set. 2015.

28. Um diagnóstico dos problemas de controle de IA decorrentes de um excesso de testosterona: Steven Pinker, "Thinking does not imply subjugating". In: John Brockman (org.), *What to Think About Machines That Think*. Harper Perennial, 2015.

29. Uma obra fundamental sobre muitos tópicos filosóficos, incluindo a questão de saber se obrigações morais podem ser percebidas no mundo natural: David Hume, *A Treatise of Human Nature*. John Noon, 1738.

30. Um argumento de que uma máquina inteligente o bastante não pode fazer outra coisa que não seja perseguir objetivos humanos: Rodney Brooks, "The seven deadly sins of AI predictions". *MIT Technology Review*, 6 out. 2017.

31. Steven Pinker, "Thinking does not imply subjugating", op. cit.

32. Para uma visão otimista que afirma que os problemas de segurança de IA serão inevitavelmente resolvidos em nosso favor: Steven Pinker, "Tech prophecy", op. cit.

33. Sobre a insuspeitada aliança entre "céticos" e "crentes" sobre os riscos da IA: Alexander, "AI researchers on AI risk", op. cit.

7. IA: UMA ABORDAGEM DIFERENTE [pp. 165-76]

1. Para um guia de um detalhado modelo de cérebro, agora um pouco desatualizado, ver Anders Sandberg e Nick Bostrom, "Whole brain emulation: A roadmap". Relatório técnico 2008-3, Future of Humanity Institute, Oxford University, 2008.

2. Para uma introdução à programação genérica de um dos principais expoentes, ver John Koza, *Genetic Programming: On the Programming of Computers by Means of Natural Selection*. Cambridge. MA: MIT Press, 1992.

3. O paralelo com as Três Leis da Robótica de Asimov é puramente acidental.

4. O mesmo argumento é utilizado por Eliezer Yudkowsky, "Coherent extrapolated volition". Relatório técnico, Singularity Institute, 2004. Yudkowsky sustenta que incluir diretamente "Quatro Grandes Princípios Morais que São Tudo de que Precisamos para Programar AIS" é uma rota segura para a ruína da humanidade. Sua noção da "volição coerente extrapolada de humanidade" tem a mesma atmosfera geral do primeiro princípio; a ideia é que um sistema de IA superinteligente poderia descobrir o que os humanos, coletivamente, querem.

5. Você pode, decerto, ter preferências sobre se uma máquina o está ajudando a alcançar suas preferências ou se você as está alcançando com seus próprios esforços. Por exemplo, suponhamos que você prefira o resultado A ao resultado B, sendo tudo o mais igual. Você é incapaz de alcançar o resultado A sem ajuda, e apesar disso prefere B a alcançar A com ajuda da máquina. Nesse caso, a máquina deveria decidir não ajudá-lo — a não ser, talvez, que o faça de maneira que você não possa detectar. Você pode, claro, ter preferências por ajuda não detectável bem como por ajuda detectável.

6. A frase "a maior felicidade para o maior número" tem sua origem na obra de Francis Hutcheson, *An Inquiry into the Original of Our Ideas of Beauty and Virtue, In Two Treatises* (D. Midwinter et al., 1725). Alguns atribuem a formulação a um comentário anterior de Wilhelm Leibniz; ver Joachim Hruschka, "The greatest happiness principle and other early German anticipations of utilitarian theory". *Utilitas*, v. 3, pp. 165-77, 1991.

7. Pode-se propor que a máquina inclua termos para animais, assim como para humanos, em sua própria função objetivo. Se esses termos têm pesos que correspondem a quantas pessoas dão importância a animais, então o resultado final será o mesmo que se a máquina só der importância a animais dando importância a pessoas que dão importância a animais. Dar a cada animal peso igual na função objetivo da máquina certamente seria catastrófico — por exemplo, o krill antártico é 50 mil vezes mais numeroso do que nós e as bactérias são 1 bilhão de trilhões mais numerosas.

8. O filósofo moral Toby Ord usou o mesmo argumento comigo em seus comentários sobre uma versão inicial deste livro: "Curiosamente, o mesmo é verdade no estudo da filosofia moral. A incerteza sobre valores morais de resultados foi quase completamente negligenciada pela filosofia moral até bem recentemente. Apesar do fato de ser nossa incerteza em questões morais que leva pessoas a pedirem conselhos morais a outras e, na verdade, a fazerem pesquisa em filosofia moral!".

9. Um pretexto para não prestarmos atenção à incerteza sobre preferências é que ela é formalmente equivalente à incerteza ordinária, no seguinte sentido: não ter certeza do que eu gosto é a mesma coisa que ter certeza de que eu gosto de coisas aprazíveis ao mesmo tempo que não tenho certeza sobre que coisas são aprazíveis. Isso é apenas um truque que parece mover a incerteza para o mundo, tornando "aprazibilidade por mim" uma propriedade de objetos, e não uma propriedade de mim. Na teoria dos jogos, esse truque foi completamente institucionalizado a partir dos anos 1960, depois de uma série de artigos de autoria de meu falecido colega e ganhador do prêmio Nobel John Harsanyi: "Games with incomplete information played by 'Bayesian' players, Parts i-iii". *Management Science*, v. 14, pp. 159-82, 320-34, 486-502, 1967-8. Em teoria da decisão, a referência-padrão é esta: Richard Cyert e Morris de Groot, "Adaptive utility". In: Maurice Allais e Ole Hagen (org.), *Expected Utility Hypotheses and the Allais Paradox*. D. Reidel, 1979.

10. Pesquisadores de ia que trabalham na área de elicitação de preferências são uma exceção óbvia. Ver, por exemplo, Craig Boutilier, "On the foundations of expected expected utility". *Proceedings of the 18th International Joint Conference on Artificial Intelligence*. Morgan Kaufmann, 2003). Também Alan Fern et al., "A decision-heoretic model of assistance". *Journal of Artificial Intelligence Research*, v. 50, pp. 71-104, 2014.

11. Uma crítica de IA benéfica baseada em interpretação equivocada de uma breve entrevista dada pelo autor a um jornalista num artigo de revista: Adam Elkus, "How to be good: Why you can't teach human values to artificial intelligence". *Slate*, 20 abr. 2016.

12. A origem de dilemas do bonde: Frank Sharp, "A study of the influence of custom on the moral judgment". *Bulletin of the University of Wisconsin*, v. 236, 1908.

13. O movimento "antinatalista" acredita que é moralmente errado que humanos se reproduzam porque viver é sofrer e porque o impacto dos humanos na Terra é profundamente negativo. Se você considerar a existência da humanidade um dilema moral, então eu acho que quero que máquinas resolvam esse dilema moral do jeito certo.

14. Declaração sobre política de IA da China de autoria de Fu Ying, vice-presidente do Comitê de Relações Exteriores do Congresso Nacional do Povo. Numa carta para a Conferência Mundial sobre IA de 2018 em Xangai, o presidente chinês Xi Jinping escreveu: "A cooperação internacional mais aprofundada faz-se necessária para lidar com novos problemas em campos que incluem direito, segurança, emprego, ética e governança". Agradeço a Brian Tse por chamar minha atenção para essas declarações.

15. Um artigo muito interessante sobre não falácia não naturalista mostrando como as preferências podem ser deduzidas do estado do mundo tal como arranjado por humanos: Rohin Shah et al., "The implicit preference information in an initial state". *Proceedings of the 7th International Conference on Learning Representations*, 2019. iclr.cc/Conferences/2019/Schedule.

16. Retrospectiva de Asilomar: Paul Berg, "Asilomar 1975: DNA modification secured". *Nature*, v. 455, pp. 290-1, 2008.

17. Notícia na imprensa sobre o discurso de Putin a respeito de IA: "Putin: Leader in artificial intelligence will rule world". *Associated Press*, 4 set. 2017.

8. IA COMPROVADAMENTE BENÉFICA [pp. 177-201]

1. O último teorema de Fermat afirma que a equação $a^n = b^n + c^n$ não tem solução se a, b e c forem números inteiros e n for um número inteiro maior do que 2. À margem do seu exemplar da *Aritmética* de Diofanto, Fermat escreveu: "Tenho uma prova verdadeiramente maravilhosa desta proposição que esta margem é estreita demais para conter". Verdade ou não, isso bastou para que os matemáticos buscassem vigorosamente uma prova nos séculos seguintes. É fácil checarmos casos particulares — por exemplo, 7^3 é igual a $6^3 + 5^3$? (Quase, porque 7^3 é 343 e $6^3 + 5^3$ é 341, mas "quase" não vale.) Há, claro, casos infinitos para checar, e é por isso que precisamos de matemáticos, não apenas de programadores de computador.

2. Um artigo do Machine Intelligence Research Institute postula muitos problemas relacionados: Scott Garrabrant e Abram Demski, "Embedded agency". *AI Alignment Forum*, 15 nov. 2018.

3. A obra clássica sobre a teoria da utilidade multiatributo: Ralph Keeney e Howard Raiffa, *Decisions with Multiple Objectives: Preferences and Value Tradeoffs*. Wiley, 1976.

4. Artigo que introduz a ideia de aprendizado por reforço invertido: Stuart Russell, "Learning agents for uncertain environments". *Proceedings of the 11th Annual Conference on Computational Learning Theory*. ACM, 1998.

5. O artigo original sobre estimação estrutural de processos de decisão de Markov: Thomas Sargent, "Estimation of dynamic labor demand schedules under rational expectations". *Journal of Political Economy*, v. 86, pp. 1009-44, 1978.

6. Os primeiros algoritmos para aprendizado por reforço invertido: Andrew Ng e Stuart Russell, "Algorithms for inverse reinforcement learning". *Proceedings of the 17th International Conference on Machine Learning*. Ed. Pat Langley. Morgan Kaufmann, 2000.

7. Melhores algoritmos para aprendizado por reforço invertido: Pieter Abbeel e Andrew Ng, "Apprenticeship learning via inverse reinforcement learning". *Proceedings of the 21st International Conference on Machine Learning*. Ed. Russ Greiner e Dale Schuurmans. ACM Press, 2004.

8. Entendimento do aprendizado por reforço invertido como atualização bayesiana: Deepak Ramachandran e Eyal Amir, "Bayesian inverse reinforcement learning". *Proceedings of the 20th International Joint Conference on Artificial Intelligence*. Ed. Manuela Veloso. AAAI Press, 2007.

9. Como ensinar helicópteros a voar e fazer manobras acrobáticas: Adam Coates, Pieter Abbeel e Andrew Ng, "Apprenticeship learning for helicopter control", *Communications of the ACM*, v. 52, pp. 97-105, 2009.

10. O nome original proposto para um jogo de assistência foi *jogo cooperativo de aprendizado por reforço invertido*, ou jogo CIRL. Ver Dylan Hadfield-Menell et al., "Cooperative inverse reinforcement learning". In: Daniel Lee et al., *Advances in Neural Information Processing Systems 29*, 2016.

11. Esses números são escolhidos apenas para tornar o jogo interessante.

12. A solução de equilíbrio para o jogo pode ser encontrada mediante um processo chamado *melhor resposta iterativa*: pegue qualquer estratégia para Harriet; pegue a melhor estratégia para Robbie, em face da estratégia de Harriet; pegue a melhor estratégia para Harriet, em face da estratégia de Robbie; e assim por diante. Se esse processo atingir um ponto fixo, em que nenhuma das estratégias muda, então teremos uma solução. O processo se desenrola assim:

1. Comecemos com a estratégia gananciosa de Harriet: fazer dois clipes para papel, se ela preferir clipes para papel; fazer um de cada se ele for indiferente; fazer dois grampos se ela preferir grampos.

2. Há três possibilidades que Robbie precisa examinar, em face dessa estratégia para Harriet:

   a. Se vê Harriet fazer dois clipes para papel, Robbie deduz que ela prefere clipes para papel. Por isso, ele agora acredita que o valor de um clipe para papel está uniformemente distribuído entre cinquenta centavos de dólar e um dólar, com uma média de 75 centavos de dólar. Nesse caso, seu melhor plano é fazer noventa clipes para papel com um valor esperado de 67,50 dólares para Harriet.

   b. Se Robbie vê Harriet fazer um de cada, deduz que ela dá a clipes para papel e grampos o valor de cinquenta centavos. Por isso a melhor escolha é fazer cinquenta de cada.

   c. Se vê Harriet fazer dois grampos, então, pelo mesmo argumento de 2(a), Robbie deveria fazer noventa grampos.

3. Se essa é a estratégia para Robbie, a melhor estratégia para Harriet agora é um pouco diferente da estratégia gananciosa do passo 1: se Robbie responderá ao fato de ela fazer

um de cada fazendo cinquenta de cada, então para ela é mais vantagem fazer um de cada não apenas se ela for *exatamente* indiferente, mas se estiver de *alguma forma* perto de indiferente. Na verdade, a política ótima agora é fazer um de cada se ela der a clipes de papel um valor entre 0,44 centavos e 0,55 centavos.

4. Em face dessa nova estratégia para Harriet, a estratégia de Robbie continua imutável. Por exemplo, se ela escolher um de cada, ele deduz que o valor de um clipe de papel está uniformemente distribuído entre 0,44 centavos e 0,55 centavos, com uma média de cinquenta centavos, portanto a melhor opção é fazer cinquenta de cada. Como a estratégia de Robbie é a mesma do passo 2, a melhor resposta de Harriet será a mesma do passo 3, e teremos o equilíbrio.

13. Para uma análise mais completa do jogo de desligar, ver Dylan Hadfield-Menell et al., "The off-switch game". *Proceedings of the 26th International Joint Conference on Artificial Intelligence.* Ed. Carles Sierra. IJCAI, 2017.

14. A prova do resultado geral é bem simples, se você não se importa com a linguagem das integrais. Seja $P(u)$ a densidade de probabilidade a priori de Robbie sobre a utilidade de Harriet para a ação proposta a. Então o valor de seguir em frente com a é

$$EU(a) = \int_{-\infty}^{\infty} P(u) \cdot u \, du = \int_{-\infty}^{0} P(u) \cdot u \, du + \int_{0}^{\infty} P(u) \cdot u \, du$$

(Veremos em breve por que a integral é dividida dessa maneira.) Por outro lado, o valor da ação d, ceder a Harriet, é composto de duas partes: se $u > 0$, então Harriet deixa Robbie seguir em frente, portanto o valor é u, mas se $u < 0$, então Harriet desliga Robbie, portanto o valor é 0:

$$EU(d) = \int_{-\infty}^{0} P(u) \cdot 0 \, du + \int_{0}^{\infty} P(u) \cdot u \, du$$

Comparando as expressões para $EU(a)$ e $EU(d)$, logo vemos que $EU(d) \geq EU(a)$ porque a expressão para $EU(d)$ tem a região utilidade negativa reduzida a zero. As duas opções só têm valor igual quando a região negativa tem probabilidade zero — ou seja, quando Robbie já está certo de que Harriet gosta da ação proposta. O teorema é análogo direto ao conhecido teorema relativo a valor esperado não negativo de informação.

15. Talvez a formulação seguinte, para o caso de um humano-um robô, seja considerar uma Harriet que ainda não sabe quais sãos as próprias preferências a respeito de alguns aspectos do mundo, ou cujas preferências ainda não estão formadas.

16. Para ver como, exatamente, Robbie se aproxima de uma crença incorreta, considere um modelo no qual Harriet seja levemente irracional, cometendo erros com uma probabilidade que diminui de forma exponencial à medida que o tamanho do erro aumenta. Robbie oferece a Harriet quatro clipes para papel em troca de um grampo; ela recusa. De acordo com as crenças de Robbie, isso é irracional: mesmo a 25 centavos de dólar por clipe e a 75 centavos de dólar por grampo, ela deveria aceitar quatro por um. Portanto, ela deve ter cometido um erro — mas esse erro é muito mais provável se o verdadeiro valor dado por ela for 25 centavos de dólar do que se for, digamos, trinta centavos de dólar, porque o erro lhe custa muito mais se seu valor por clipe de papel for trinta centavos de dólar. Agora a distribuição de probabilidade de Robbie tem 25 centavos de dólar como o valor mais provável, porque representa o menor erro da parte de Harriet, com probabilidades exponencialmente menores para valores acima de 25 centavos de dólar. Se ele insistir no mesmo experimento, a distribuição de probabilidade torna-se mais e mais

concentrada na vizinhança de 25 centavos de dólar. No limite, Robbie acaba tendo certeza de que o valor dado por Harriet a clipes para papel é de 25 centavos de dólar.

17. Robbie poderia, por exemplo, ter uma distribuição normal (gaussiana) para sua crença a priori sobre a taxa de câmbio, que vai de $-\infty$ a $+\infty$.

18. Para um exemplo do tipo de análise matemática que talvez seja necessária, ver Avrim Blum, Lisa Hellerstein e Nick Littlestone, "Learning in the presence of finitely or infinitely many irrelevant attributes". *Journal of Computer and System Sciences*, v. 50, pp. 32-40, 1995. Também Lori Dalton, "Optimal Bayesian feature selection". *Proceedings of the 2013 IEEE Global Conference on Signal and Information Processing*. Ed. Charles Bouman, Robert Nowak e Anna Scaglione. IEEE, 2013.

19. Aqui eu reformulo ligeiramente uma questão de Moshe Vardi na Conferência de Asilomar sobre Inteligência Artificial Benéfica, 2017.

20. Michael Wellman e Jon Doyle, "Preferential semantics for goals". *Proceedings of the 9th National Conference on Artificial Intelligence*. AAAI Press, 1991. Esse artigo se baseia numa proposta bem anterior de Georg von Wright, "The logic of preference reconsidered". *Theory and Decision*, v. 3, pp. 140-67, 1972.

21. Meu falecido colega de Berkeley tem a distinção de tornar-se adjetivo. Ver Paul Grice, *Studies in the Way of Words*. Harvard University Press, 1989.

22. O artigo original sobre estimulação direta de centros de prazer no cérebro: James Olds e Peter Milner, "Positive reinforcement produced by electrical stimulation of septal area and other regions of rat brain". *Journal of Comparative and Physiological Psychology*, v. 47, pp. 419-27, 1954.

23. Deixar ratos apertarem o botão: James Olds, "Self-stimulation of the brain; its use to study local effects of hunger, sex, and drugs". *Science*, v. 127, pp. 315-24, 1958.

24. Deixar humanos apertarem o botão: Robert Heath, "Electrical self-stimulation of the brain in man". *American Journal of Psychiatry*, v. 120, pp. 571-7, 1963.

25. Um primeiro tratamento matemático de *wireheading*, mostrando como ocorre em agentes de aprendizado por reforço: Mark Ring e Laurent Orseau, "Delusion, survival, and intelligent agents". *Artificial General Intelligence: 4th International Conference*. Ed. Jürgen Schmidhuber, Kristinn Thórisson e Moshe Looks. Springer, 2011. Uma possível solução para o problema de *wireheading*: Tom Everitt e Marcus Hutter, "Avoiding wireheading with value reinforcement learning". arXiv:1605.03143, 2016.

26. Como talvez seja possível que uma explosão de inteligência ocorra com segurança: Benja Fallenstein e Nate Soares, "Vingean reflection: Reliable reasoning for self-improving agents". Relatório técnico 2015-2, Machine Intelligence Research Institute, 2015.

27. A dificuldade enfrentada pelos agentes quando raciocinam sobre si mesmos e seus sucessores: Benja Fallenstein e Nate Soares, "Problems of self-reference in self-improving space-time embedded intelligence". *Artificial General Intelligence: 7th International Conference*. Ed. Ben Goertzel, Laurent Orseau e Javier Snaider. Springer, 2014.

28. Mostrando por que um agente pode perseguir um objetivo diferente de seu verdadeiro objetivo se suas capacidades computacionais forem limitadas: Jonathan Sorg, Satinder Singh e Richard Lewis, "Internal rewards mitigate agent boundedness". *Proceedings of the 27th International Conference on Machine Learning*. Ed. Johannes Fürnkranz e Thorsten Joachims, 2010. icml.cc/Conferences/2010/papers/icml2010proceedings.zip.

1. Há quem afirme que a biologia e a neurociência também são diretamente relevantes. Ver, por exemplo, Gopal Sarma, Adam Safron e Nick Hay, "Integrative biological simulation, neuropsychology, and AI safety". arxiv.org/abs/1811.03493, 2018.

2. Sobre a possibilidade de responsabilizar computadores por danos: Paulius Cerka, Jurgita Grigiene e Gintare Sirbikyte, "Liability for damages caused by artificial intelligence". *Computer Law and Security Review*, v. 31, pp. 376-89, 2015.

3. Para uma excelente introdução a teorias éticas convencionais e suas implicações na concepção de sistemas de IA, ver Wendell Wallach e Colin Allen, *Moral Machines: Teaching Robots Right from Wrong*. Oxford: Oxford University Press, 2008.

4. A introdução básica ao pensamento utilitarista: Jeremy Bentham, *An Introduction to the Principles of Morals and Legislation*. T. Payne & Son, 1789.

5. O refinamento por Mill das ideias de seu preceptor Bentham teve influência extraordinária no pensamento liberal: John Stuart Mill, *Utilitarianism*. Parker, Son & Bourn, 1863.

6. O artigo apresentando o utilitarismo de preferência e a autonomia das preferências: John Harsanyi, "Morality and the theory of rational behavior". *Social Research*, v. 44, pp. 623-56, 1977.

7. Um argumento a favor da agregação social via somas ponderadas de utilidades quando se decide em nome de múltiplos indivíduos: John Harsanyi, "Cardinal welfare, individualistic ethics, and interpersonal comparisons of utility". *Journal of Political Economy*, v. 63, pp. 309-21, 1955.

8. Uma generalização do teorema de agregação social de Harsanyi ao caso de crenças a priori desiguais: Andrew Critch, Nishant Desai e Stuart Russell, "Negotiable reinforcement learning for Pareto optimal sequential decision-making". Ed. Samy Bengio et al., *Advances in Neural Information Processing Systems*, v. 31, 2018.

9. A introdução básica para o utilitarismo ideal: G. E. Moore, *Ethics*. Williams & Norgate, 1912.

10. Artigo de imprensa citando o pitoresco exemplo dado por Stuart Armstrong de maximização de utilidade equivocada: Chris Matyszczyk, "Professor warns robots could keep us in coffins on heroin drips". CNET, 29 jun. 2015.

11. A teoria de utilitarismo negativo de Popper (nome dado mais tarde por Smart): Karl Popper, *The Open Society and Its Enemies*. Routledge, 1945.

12. Uma refutação do utilitarismo negativo: R. Ninian Smart, "Negative utilitarianism". *Mind*, v. 67, pp. 542-3, 1958.

13. Para um argumento típico sobre os riscos decorrentes de comandos para "acabar com o sofrimento humano", ver "Why do we think AI will destroy us?". Reddit. reddit.com/r/Futurology/comments/38fp6o/why_do_we_think_ai_will_destroy_us.

14. Uma boa fonte para incentivos de autoilusão em IA: Ring e Orseau, "Delusion, survival, and intelligent agents", op. cit.

15. Sobre a impossibilidade de comparações interpessoais de utilidade: W. Stanley Jevons, *The Theory of Political Economy*. Macmillan, 1871.

16. O monstro utilitário aparece em Robert Nozick, *Anarchy, State, and Utopia*. Basic Books, 1974.

17. Por exemplo, podemos arranjar para que a morte imediata tenha uma utilidade de 0 e uma vida maximamente feliz tenha uma utilidade de 1: Ver John Isbell, "Absolute games". In: Albert Tucker e R. Duncan Luce, *Contributions to the Theory of Games*. Princeton University Press, 1959. v. 4.

18. A natureza exageradamente simplificada da política de Thanos de reduzir a população pela metade é discutida por Tim Harford, "Thanos shows us how not to be an economist". *Financial Times*, 20 abr. 2019. Mesmo antes do lançamento do filme, defensores de Thanos começaram a se juntar no subreddit r/thanosdidnothingwrong/. Condizente com o lema do subreddit, 350 mil dos 700 mil membros foram expurgados depois.

19. Sobre utilidades para populações de tamanhos diferentes: Henry Sidgwick, *The Methods of Ethics*. Macmillan, 1874.

20. A Conclusão Repugnante e outros problemas espinhosos do pensamento utilitarista: Derek Parfit, *Reasons and Persons*. Oxford: Oxford University Press, 1984.

21. Para um resumo conciso das abordagens axiomáticas a éticas da população, ver Peter Eckersley, "Impossibility and uncertainty theorems in AI value alignment". Ed. Huáscar Espinoza et al., *Proceedings of the AAAI Workshop on Artificial Intelligence Safety*, 2019.

22. Calcular a capacidade de carga da Terra a longo prazo: Daniel O'Neill et al., "A good life for all within planetary boundaries". *Nature Sustainability*, v. 1, pp. 88-95, 2018.

23. Para uma aplicação de incerteza moral na ética da população, ver Hilary Greaves e Toby Ord, "Moral uncertainty about population axiology". *Journal of Ethics and Social Philosophy*, v. 12, pp. 135-67, 2017. Uma análise mais abrangente é apresentada em Will MacAskill, Krister Bykvist e Toby Ord, *Moral Uncertainty*. Oxford University Press, prestes a ser publicado.

24. Citação mostrando que Smith não era tão obcecado por egoísmo como geralmente se imagina: Adam Smith, *The Theory of Moral Sentiments*. Andrew Millar; Alexander Kincaid and J. Bell, 1759.

25. Para uma introdução à economia do altruísmo, ver Serge-Christophe Kolm e Jean Ythier (org.), *Handbook of the Economics of Giving, Altruism and Reciprocity*. North-Holland, 2006. 2 v.

26. Sobre caridade como egoísmo: James Andreoni, "Impure altruism and donations to public goods: A theory of warm-glow giving". *Economic Journal*, v. 100, pp. 464-77, 1990.

27. Para aqueles que gostam de equações: que o bem-estar intrínseco de Alice seja medido por w_A e o de Bob por w_B. Então, as utilidades para Alice e Bob são definidas desta maneira:

$$U_A = w_A + C_{AB} w_B$$
$$U_B = w_B + C_{BA} w_A.$$

Alguns autores sugerem que Alice se importa com a utilidade geral de Bob U_B e não apenas com seu bem-estar intrínseco w_B, mas isso leva a uma espécie de circularidade no sentido de que a utilidade de Alice depende da utilidade de Bob que depende da utilidade de Alice: às vezes soluções estáveis são encontradas, mas o modelo subjacente pode ser questionado. Ver, por exemplo, Hajime Hori, "Nonpaternalistic altruism and functional interdependence of social preferences". *Social Choice and Welfare*, v. 32, pp. 59-77, 2009.

28. Modelos nos quais a utilidade de cada indivíduo é uma combinação linear do bem-estar de todos são apenas uma possibilidade. Modelos muito mais gerais são possíveis — por exemplo, modelos nos quais alguns indivíduos preferem evitar severas desigualdades na distribuição

de bem-estar, mesmo que isso signifique reduzir o total, enquanto outros indivíduos preferem de fato que ninguém tenha qualquer preferência sobre desigualdade. Dessa maneira, a abordagem geral que proponho acomoda múltiplas teorias morais adotadas por indivíduos; ao mesmo tempo, não afirma que qualquer uma dessas teorias morais seja correta, ou que deva ter muita influência sobre resultados para aqueles que adotem uma teoria diferente. Sou grato a Toby Ord por ressaltar essa característica da abordagem.

29. Argumentos desse tipo são usados contra políticas destinadas a garantir a igualdade de resultado, notavelmente pelo teórico do direito Ronald Dworkin. Ver, por exemplo, Ronald Dworkin, "What is equality? Part 1: Equality of welfare". *Philosophy and Public Affairs*, v. 10, pp. 185-246, 1981. Sou grato a Iason Gabriel por essa referência.

30. A maldade na forma de castigo movido por vingança para transgressões é certamente uma tendência comum. Embora desempenhe um papel social por manter na linha membros de uma comunidade, ela pode ser substituída por uma política igualmente eficaz movida por dissuasão e prevenção — ou seja, pesando o dano intrínseco causado ao punir o transgressor contra os benefícios para a sociedade em geral.

31. Sejam E_{AB} e P_{AB} os coeficientes de inveja e orgulho de Alice, respectivamente, e supondo que se apliquem à diferença em bem-estar. Então uma fórmula (um pouco simplificada demais) para a utilidade de Alice pode ser assim:

$$U_A = w_A + C_{AB} w_B - E_{AB}(w_B - w_A) + P_{AB}(w_A - w_B)$$
$$= (1 + E_{AB} + P_{AB})w_A + (C_{AB} - E_{AB} - P_{AB})w_B$$

Dessa maneira, se Alice tem coeficientes positivos de orgulho e inveja, eles atuam no bem-estar de Bob exatamente como coeficientes de sadismo e maldade: Alice fica mais feliz se o bem-estar de Bob for diminuído, tudo o mais permanecendo igual. Na realidade, o orgulho e a inveja costumam ser aplicados não a diferenças em bem-estar, mas a diferenças em aspectos visíveis disso, como status e bens. O trabalho duro de Bob para adquirir seus bens (o que reduz seu bem-estar geral) talvez não seja visível para Alice. Isso pode levar a comportamentos autodestrutivos do tipo "não deixar os vizinhos passarem na nossa frente".

32. Sobre a sociologia do consumo conspícuo: Thorstein Veblen, *The Theory of the Leisure Class: An Economic Study of Institutions*. Macmillan, 1899.

33. Fred Hirsch, *The Social Limits to Growth*. Routledge & Kegan Paul, 1977.

34. Sou grato a Ziyad Marar por chamar minha atenção para a teoria da identidade social e sua importância na compreensão da motivação e do comportamento humanos. Ver, por exemplo, Dominic Abrams e Michael Hogg (org.), *Social Identity Theory: Constructive and Critical Advances*. Springer, 1990. Para um resumo bem mais sucinto das ideias principais, ver Ziyad Marar, "Social identity". In: John Brockman (org.), *This Idea Is Brilliant: Lost, Overlooked, and Underappreciated Scientific Concepts Everyone Should Know*. Harper Perennial, 2018.

35. Não estou sugerindo que precisamos, inevitavelmente, de uma compreensão minuciosa da implementação neural da cognição; o que precisamos é de um modelo no nível "software" de como as preferências, tanto explícitas como implícitas, geram comportamento. Esse modelo teria que incorporar o que se sabe sobre o sistema de recompensa.

36. Ralph Adolphs e David Anderson, *The Neuroscience of Emotion: A New Synthesis*. Princeton University Press, 2018.

37. Ver, por exemplo, Rosalind Picard, *Affective Computing*. 2. ed. Cambridge: MIT Press, 1998.

38. Falando com entusiasmo sobre as delícias da fruta durião: Alfred Russel Wallace, *The Malay Archipelago: The Land of the Orang-Utan, and the Bird of Paradise*. Macmillan, 1869.

39. Uma visão menos favorável da fruta durião: Alan Davidson, *The Oxford Companion to Food*. Oxford: Oxford University Press, 1999. Prédios foram evacuados e aviões deram meia-volta na metade do voo por causa do poder avassalador da fruta durião.

40. Descobri, depois de escrever este capítulo, que o durião foi usado exatamente com o mesmo objetivo filosófico por Laurie Paul, *Transformative Experience*. Oxford: Oxford University Press, 2014. Paul sugere que a incerteza sobre nossas preferências apresenta problemas fatais para a teoria da decisão, opinião refutada por Richard Pettigrew, "Transformative experience and decision theory", *Philosophy and Phenomenological Research*, v. 91, pp. 766-74, 2015. Nenhum dos autores se refere a uma obra anterior de Harsanyi, "Games with incomplete information, Parts I-III", ou de Cyert e de Groot, "Adaptive utility".

41. Um artigo inicial sobre ajudar humanos que não sabem quais são suas próprias preferências e estão aprendendo a conhecê-las: Lawrence Chan et al., "The assistive multi-armed bandit". David Sirkin et al., *Proceedings of the 14th ACM/ IEEE International Conference on Human–Robot Interaction (HRI)*. IEEE, 2019.

42. Eliezer Yudkowsky, em *Coherent Extrapolated Volition* (Singularity Institute, 2004), junta todos esses aspectos, assim como pura e simples inconsistência, sob o título de *muddle* [barafunda] — termo que infelizmente não pegou.

43. Sobre os dois eus que avaliam experiências: Daniel Kahneman, *Thinking, Fast and Slow*. Farrar, Straus & Giroux, 2011. [Ed. bras.: *Rápido e devagar: Duas formas de pensar*. Rio de Janeiro: Objetiva, 2012.]

44. O hedonímetro de Edgeworth, dispositivo imaginário para medir a felicidade, momento a momento: Francis Edgeworth, *Mathematical Psychics: An Essay on the Application of Mathematics to the Moral Sciences*. Kegan Paul, 1881.

45. Um texto-padrão a respeito de decisões sequenciais sob incerteza: Martin Puterman, *Markov Decision Processes: Discrete Stochastic Dynamic Programming*. Wiley, 1994.

46. Sobre suposições axiomáticas que justificam representações aditivas de utilidade ao longo do tempo: Tjalling Koopmans, "Representation of preference orderings over time". In: C. Bartlett McGuire, Roy Radner e Kenneth Arrow (org.), *Decision and Organization*. North-Holland, 1972.

47. Os humanos de 2019 (que podem, em 2099, estar mortos há muito tempo ou podem ser os primeiros eus de humanos de 2099) talvez queiram construir máquinas de uma forma que respeite as preferências de 2019 de humanos de 2019, em vez de satisfazer as preferências incontestavelmente vazias e irrefletidas dos humanos em 2099. Seria como elaborar uma constituição que rejeitasse qualquer emenda. Se os humanos de 2099, depois das deliberações apropriadas, decidirem que querem ignorar as preferências instaladas pelos humanos de 2019, parece razoável que devam ser capazes de fazê-lo. Afinal, eles e seus descendentes é que viverão com as consequências.

48. Sou grato a Wendell Wallach por esta observação.

49. Um artigo anterior que trata de mudança de preferências ao longo do tempo: John Harsanyi, "Welfare economics of variable tastes". *Review of Economic Studies*, v. 21, pp. 204-13, 1953. Um exame mais recente (e um tanto técnico) é oferecido por Franz Dietrich e Christian List, "Where do preferences come from?". *International Journal of Game Theory*, v. 42, pp. 613-37, 2013. Ver também Laurie Paul, *Transformative Experience*. Oxford: Oxford University Press, 2014, e Richard Pettigrew, "Choosing for Changing Selves". philpapers.org/archive/PETCFC.pdf.

50. Para uma análise racional da irracionalidade, ver Jon Elster, *Ulysses and the Sirens: Studies in Rationality and Irrationality*. Cambridge University Press, 1979.

51. Para ideias promissoras sobre prótese cognitiva para humanos, ver Falk Lieder, "Beyond bounded rationality: Reverse-engineering and enhancing human intelligence". Tese (Doutorado) — University of California, Berkeley, 2018.

10. PROBLEMA RESOLVIDO? [pp. 233-42]

1. Sobre a aplicação de jogos de assistência à condução de veículos: Dorsa Sadigh et al., "Planning for cars that coordinate with people". *Autonomous Robots*, v. 42, pp. 1405-26, 2018.

2. A Apple está curiosamente ausente dessa lista. Ela tem um grupo de pesquisa de IA e está investindo esforços rapidamente. Sua cultura tradicional de guardar segredo significa que seu impacto no mercado de ideias tem sido, até agora, muito limitado.

3. Max Tegmark, entrevista, *Do You Trust This Computer?*, conduzida por Chris Paine e escrita por Mark Monroe, 2018.

4. Sobre estimativa do impacto do crime cibernético: "Cybercrime cost \$600 billion and targets banks first". *Security Magazine*, 21 fev. 2018.

APÊNDICE A: EM BUSCA DE SOLUÇÕES [pp. 243-51]

1. O plano básico para programas de xadrez dos próximos sessenta anos: Claude Shannon, "Programming a computer for playing chess". *Philosophical Magazine*, 7. ser., v. 41, pp. 256-75, 1950. A proposta de Shannon baseia-se numa tradição secular de avaliar posições de xadrez somando valores atribuídos a peças; ver, por exemplo, Pietro Carrera, *Il gioco degli scacchi*. Giovanni de Rossi, 1617.

2. Um relatório descrevendo a heroica pesquisa de Samuel sobre um algoritmo inicial de aprendizado por reforço para jogo de damas: Arthur Samuel, "Some studies in machine learning using the game of checkers". *IBM Journal of Research and Development*, v. 3, pp. 210-29, 1959.

3. O conceito de metarraciocínio racional e sua aplicação à pesquisa e a jogos surgiu da pesquisa para a tese de meu aluno Eric Wefald, que morreu de forma trágica num acidente automobilístico antes de terminar de escrever sua obra; o que vem a seguir apareceu postumamente: Stuart Russell e Eric Wefald, *Do the Right Thing: Studies in Limited Rationality*. Cambridge, MA: MIT Press, 1991. Ver também Eric Horvitz, "Rational metareasoning and compilation for

optimizing decisions under bounded resources". In: Francesco Gardin e Giancarlo Mauri (org.), *Computational Intelligence, II: Proceedings of the International Symposium*. North-Holland, 1990; e Stuart Russell e Eric Wefald, "On optimal game-tree search using rational meta-reasoning". In: Natesa Sridharan. *Proceedings of the 11th International Joint Conference on Artificial Intelligence*. Morgan Kaufmann, 1989.

4. Talvez o primeiro artigo mostrando que a organização hierárquica reduz a complexidade combinatória do planejamento: Herbert Simon, "The architecture of complexity". *Proceedings of the American Philosophical Society*, v. 106, pp. 467-82, 1962.

5. A referência canônica para planejamento hierárquico é Earl Sacerdoti, "Planning in a hierarchy of abstraction spaces". *Artificial Intelligence*, v. 5, pp. 115-35, 1974. Ver também Austin Tate, "Generating project networks". In: Raj Reddy (org.), *Proceedings of the 5th International Joint Conference on Artificial Intelligence*. Morgan Kaufmann, 1977.

6. Uma definição formal do que ações de alto nível fazem: Bhaskara Marthi, Stuart Russell e Jason Wolfe, "Angelic semantics for high-level actions". In: Mark Boddy, Maria Fox e Sylvie Thiébaux (org.), *Proceedings of the 17th International Conference on Automated Planning and Scheduling*. AAAI Press, 2007.

APÊNDICE B: CONHECIMENTO E LÓGICA [pp. 252-7]

1. É improvável que este exemplo seja de Aristóteles, mas pode ter surgido com Sexto Empírico, que viveu provavelmente no século II ou III d.C.

2. O primeiro algoritmo para provar teoremas em lógica de primeira ordem reduzindo sentenças de primeira ordem a (números muito altos de) sentenças proposicionais: Martin Davis e Hilary Putnam, "A computing procedure for quantification theory". *Journal of the ACM*, v. 7, pp. 201-15, 1960.

3. Um algoritmo aprimorado para inferência proposicional: Martin Davis, George Logemann e Donald Loveland, "A machine program for theorem- proving". *Communications of the ACM*, v. 5, pp. 394-7, 1962.

4. O problema da satisfazibilidade — decidir se uma coleção de frases é verdadeira em algum mundo — é NP-completo. O problema do raciocínio — decidir se uma frase é consequência de frases conhecidas — é co-NP-completo, uma categoria tida como mais difícil do que a dos problemas NP-completos.

5. Há duas exceções a esta regra: não pode repetir (não se pode jogar uma pedra que faça o tabuleiro retornar a uma situação anterior) e não pode cometer suicídio (uma pedra não pode ser colocada de maneira que possibilite sua captura imediata — por exemplo, se já estiver cercada).

6. A obra que introduziu a lógica de primeira ordem tal como a entendemos hoje (*Begriffsschrift* significa "escrever conceito"): *Gottlob Frege, Begriffsschrift, eine der arithmetischen nachgebildete Formelsprache des reinen Denkens*. Halle, 1879. A notação de Frege para a lógica de primeira ordem era tão excêntrica e difícil de manejar que logo foi substituída pela notação apresentada por Giuseppe Peano, até hoje em uso.

7. Um resumo da tentativa japonesa de supremacia através de sistemas baseados em conhecimento: Edward Feigenbaum e Pamela McCorduck, *The Fifth Generation: Artificial Intelligence and Japan's Computer Challenge to the World*. Addison-Wesley, 1983.

8. Os esforços dos Estados Unidos incluíam a Iniciativa de Computação Estratégica e a formação da Empresa de Tecnologia de Microeletrônica e Computação (MCC). Ver Alex Roland e Philip Shiman, *Strategic Computing: DARPA and the Quest for Machine Intelligence, 1983-1993*. Cambridge, MA: MIT Press, 2002.

9. Uma história da resposta da Grã-Bretanha à reemergência de IA nos anos 1980: Brian Oakley e Kenneth Owen, Alvey: *Britain's Strategic Computing Initiative*. Cambridge, MA: MIT Press, 1990.

10. A origem do termo *GOFAI*: John Haugeland, *Artificial Intelligence: The Very Idea*. Cambridge, MA: MIT Press, 1985.

11. Entrevista com Demis Hassabis sobre o futuro da IA e do aprendizado profundo: Nick Heath, "Google DeepMind founder Demis Hassabis: Three truths about AI". *TechRepublic*, 24 set. 2018.

APÊNDICE C: INCERTEZA E PROBABILIDADE [pp. 258-68]

1. A obra de Pearl foi reconhecida pelo prêmio Turing em 2011.

2. Redes bayesianas em mais detalhes: cada nó da rede é anotado com a probabilidade de cada valor possível, levando em conta cada combinação possível de valores para os *pais* do nó (ou seja, os nós que apontam para ele). Por exemplo, a probabilidade de que $Duplo_{12}$ tenha valor *verdadeiro* é de 1,0 quando D_1 e D_2 têm o mesmo valor, e 0,0 em caso contrário. Um mundo possível é uma atribuição de valores a todos os nós. A probabilidade desse mundo é produto das probabilidades apropriadas de cada um dos nós.

3. Um compêndio de aplicações de redes bayesianas: Olivier Pourret, Patrick Naïm e Bruce Marcot (org.), *Bayesian Networks: A Practical Guide to Applications*. Wiley, 2008. Para muitas referências adicionais, ver probabilistic-programming.org.

4. Artigo básico sobre programação probabilística: Daphne Koller, David McAllester e Avi Pfeffer, "Effective Bayesian inference for stochastic programs". *Proceedings of the 14th National Conference on Artificial Intelligence*. AAAI Press, 1997. Para mais referências adicionais, ver probabilistic-programming.org.

5. Uso de programas probabilísticos para moldar aprendizado de conceitos humanos: Brenden Lake, Ruslan Salakhutdinov e Joshua Tenenbaum, "Human-level concept learning through probabilistic program induction". *Science*, v. 350, pp. 1332-8, 2015.

6. Para uma descrição minuciosa da aplicação ao monitoramento sísmico e modelo de probabilidade associado, ver Nimar Arora, Stuart Russell e Erik Sudderth, "NET-VISA: Network processing vertically integrated seismic analysis". *Bulletin of the Seismological Society of America*, v. 103, pp. 709-29, 2013.

7. Artigo de imprensa descrevendo um dos primeiros acidentes graves envolvendo carro sem motorista: Ryan Randazzo, "Who was at fault in self-driving Uber crash? Accounts in Tempe police report disagree". *Republic* (azcentral.com), 29 mar. 2017.

1. A discussão fundamental sobre aprendizado indutivo: David Hume, *Philosophical Essays Concerning Human Understanding*. A. Millar, 1748.

2. Leslie Valiant, "A theory of the learnable". *Communications of the ACM*, v. 27, pp. 1134-42, 1984. Ver também Vladimir Vapnik, *Statistical Learning Theory*. Wiley, 1998. A abordagem de Valian concentrava-se na complexidade computacional, a de Vapnik, na análise estatística da capacidade de aprendizado de várias categorias de hipóteses, mas ambos compartilhavam um núcleo teorético ligando dados a exatidão preditiva.

3. Por exemplo, para aprender a diferença entre as regras "situational superko" e "natural situational superko", o algoritmo de aprendizado teria que procurar repetir uma posição no tabuleiro criada por ele anteriormente passando a vez e não colocando com uma pedra. Os resultados seriam diferentes em diferentes países.

4. Para uma descrição da competição ImageNet, ver Olga Russakovsky et al., "ImageNet large scale visual recognition challenge". *International Journal of Computer Vision*, v. 115, pp. 211--52, 2015.

5. A primeira demonstração de redes profundas para visão: Alex Krizhevsky, Ilya Sutskever e Geoffrey Hinton, "ImageNet classification with deep convolutional neural networks". In: Fernando Pereira et al., *Advances in Neural Information Processing Systems* 25, 2012.

6. A dificuldade de distinguir entre uma centena de raças caninas: Andrej Karpathy, "What I learned from competing against a ConvNet on ImageNet". Andrej Karpathy Blog, 2 set. 2014.

7. Post de blog sobre pesquisa de incepcionismo no Google: Alexander Mordvintsev, Christopher Olah e Mike Tyka, "Inceptionism: Going deeper into neural networks". Google AI Blog, 17 jun. 2015. A ideia parece ter começado com J. P. Lewis, "Creation by refinement: A creativity paradigm for gradient descent learning networks". *Proceedings of the IEEE International Conference on Neural Networks*. IEEE, 1988.

8. Artigo de imprensa sobre Geoff Hinton pensando melhor sobre redes profundas: Steve LeVine, "Artificial intelligence pioneer says we need to start over". *Axios*, 15 set. 2017.

9. Um catálogo de defeitos do aprendizado profundo: Gary Marcus, "Deep learning: A critical appraisal". arXiv:1801.00631, 2018.

10. Um manual popular sobre aprendizado profundo, com uma avaliação sincera de suas fraquezas: François Chollet, *Deep Learning with Python*. Manning Publications, 2017.

11. Uma explicação do aprendizado baseado em explicação: Thomas Dietterich, "Learning at the knowledge level". *Machine Learning*, v. 1, pp. 287-315, 1986.

12. Uma explicação superficialmente bem diferente do aprendizado baseado em explicação: John Laird, Paul Rosenbloom e Allen Newell, "Chunking in Soar: The anatomy of a general learning mechanism". *Machine Learning*, v. 1, pp. 11-46, 1986.

Créditos das imagens

p. 17: Figura 2 — (b) © The Sun/News Licensing; (c) Cortesia de Smithsonian Institution Archives.

p. 57: Figura 4 — © SRI International.creativecommons.org/licenses/by/3.0/legalcode.

p. 75: Figura 5 — (à esquerda) © Berkeley AI Research Lab; (à direita) © Boston Dynamics.

p. 90: Figura 6 — © The Saul Steinberg Foundation/ Artists Rights Society (ARS), Nova York.

p. 110: Figura 7 — (à esquerda) © Noam Eshel, Defense Update; (à direita) © Future of Life Institute/ Stuart Russell.

p. 123: Figura 10 — (à esquerda) © AFP; (à direita) Cortesia de Henrik Sorensen.

p. 125: Figura 11 — Elysium © 2013 MRC II Distribution Company L.P. All Rights Reserved. Cortesia de Columbia Pictures.

p. 244: Figura 14 — © OpenStreetMap contributors. OpenStreetMap.org.creativecommons.org/licenses/by/2.0/legalcode.

p. 264: Figura 19 — Foto da área: DigitalGlobe via Getty Images.

p. 265: Figura 20 — (à direita) Cortesia do Departamento de Polícia de Tempe.

p. 275: Figura 24 — © Jessica Mullen/ Deep Dreamscope.creativecommons.org/licenses/by/2.0/legalcode.

Índice remissivo

2001: Uma odisseia no espaço (filme), 138

Abbeel, Pieter, 76, 184
ações abstratas, hierarquia de, 88-91
ações, descoberta de, 89-91
acusação de ludismo, 150
Ada, condessa de Lovelace *ver* Lovelace, Ada
Agência Internacional de Energia Atômica, 236
agências de inteligência, 104
agente *ver* agente inteligente
agente inteligente, 48-49, 52-4; ações geradas por, 54; de reflexo, 61-2; definido, 48; design de, e tipos de problema, 49-51; inputs para, 48-9; meio ambiente e, 49-51; objetivos e, 49-50, 63; plano de cooperação de múltiplos agentes, 95; programas agentes e, 54 -63
agentes de reflexo, 61-3
águas-vivas, 24
"AI Researchers on AI Risk" (Alexander), 150
Alciné, Jacky, 64
Alexander, Scott, 143, 150, 164
algoritmos, 40-1; aprendizado por reforço, 60-1, 105; aprendizado profundo, 63, 271-6; aprendizado supervisionado, 27-6, 63, 269; atualização bayesiana, 267; busca *lookahead*, 55, 59-60, 70, 92, 201, 246, 250, 269; codificação de, 41; complexidade exponencial de problemas e, 44-5; exemplos de, comuns, 40-1; hardware de computador e, 41-2; jogo de xadrez, 66-7; lógica proposicional e, 253, 255; preconceitos e, 126-8; problema da parada e, 44-5; programação dinâmica, 59-60; redes bayesianas e, 260, 267-8; seleção de conteúdo, 18, 105; sub-rotinas dentro de, 41; teorema da completude e, 56-7
algoritmos de programação dinâmica, 59-60
algoritmos de seleção de conteúdo, 18, 105
"Algumas consequências morais e técnicas da automação" (Wiener), 10, 19
Alibaba, 236
alinhamento de valores, 135-6
Almo (programa shogi), 53
AlphaGo, 16, 52-5, 60, 92-3, 144, 197-201, 221, 247-50, 269, 274
AlphaZero, 52-3

alteração da linhagem germinativa humana (proibição), 151-2

altruísmo, 216, 218

altruísmo negativo, 217-8

Amazon, 106, 117, 236; "Picking Challenge" para acelerar desenvolvimento robótico, 76, 68

análise *griceana*, 196

Aoun, Joseph, 122

Apple, HomePod da, 68

aprendizado, 24; abordagem do, orientada por dados do, 84-5

aprendizado baseado em explicação, 274, 278

a partir da experiência, 269-71

aprendizado cultural, 27

aprendizado por reforço, 26, 52, 58, 60, 105, 183

aprendizado por reforço invertido, 183-5

aprendizado profundo, 15, 63, 86-8, 269, 271-3, 275-6, 278

aprendizagem cumulativa de conceitos e teorias, 84-8

aproveitamento dos meios disponíveis, processo de, 83-4; com base em explicação, 274, 278; com base no pensamento, 276-8; como acelerador evolutivo, 27-8; comportamentos, descobrir preferências a partir de, 182-4; engenharia de features e, 86, 88; profundo, 15, 63, 87, 269, 271, 273-5; supervisionado, 63, 269-76

aptidões de leitura, 77-8

aptidões de reconhecimento de fala, 77

Architecture of Complexity, The [A arquitetura da complexidade] (Simon), 251*n*

argumento *botar dentro da caixa*, 156-8

argumento *é cedo demais para nos preocuparmos com isso*, 147

argumento *é complicado*, 144-5

argumento *é impossível*, 145-6

argumento *fundir-se com máquinas*, 158

argumento *não dá para controlar a pesquisa*, 150, 153

argumento *os especialistas somos nós*, 148-9

argumento *simplesmente desligá-la*, 156

argumento *sobre evitar colocar objetivos humanos*, 160-3

argumento *tipo mudar de assunto*, 148-52

Aristóteles, 28-9, 46, 55-8, 113, 232

armas autônomas escaláveis, 112

Armstrong, Stuart, 211

Arnauld, Antoine, 30

Arrow, Kenneth, 212

Asimov, Isaac, 138

assistentes pessoais inteligentes, 71-2, 74, 101; considerações de privacidade, 74; defeitos dos primeiros sistemas, 71; modelos de senso comum e, 71-2; molde de design para, 72; moldes de estímulo-resposta e, 71; melhorias na compreensão de conteúdo, 71; sistemas de educação, 73; sistemas de finanças pessoais, 73; sistemas de saúde, 73

Associação para o Avanço da Inteligência Artificial (AAAI), 236

ataques de canal lateral, 180-1

Atkinson, Robert, 153

atuadores, 75

autoaperfeiçoamento recursivo, 199-200

Autor, David, 115

autoria de realidade virtual, 101

avanços conceptuais exigidos para a IA superinteligente, 82-102; ações, descoberta de, 88-91; aprendizagem cumulativa de conceitos e teorias, 84-8; atividade mental, administrar, 91-3; problema linguagem/ senso comum, 81-4

avanços na saúde, 101

axiomas, 178

Babbage, Charles, 46, 130

Baidu, 236

Baldwin, James, 27

Banks, Iain, 159

base axiomática da teoria da utilidade, 31-2

Bayes, Thomas, 59

bens posicionais, 219

Bentham, Jeremy, 32, 209

Berg, Paul, 175

Berkeley Robot for the Elimination of Tedious Tasks (BRETT), 76

Bernoulli, Daniel, 30-1

"Bill Gates teme IA, mas pesquisadores de IA não pensam assim" [Bill Gates Fears AI, but AI Researchers Know Better] (*Popular Science*), 149

blockchain, 156

Boole, George, 253

Boston Dynamics, 75

Bostrom, Nick, 102, 141-2, 147, 161-2, 175, 240

Brin, Sergey, 83

Brooks, Rodney, 162

Brynjolfsson, Erik, 116

busca de soluções, 243-6, 248, 251; administrar atividade computacional, 247; comandos de controle motor e, 248; complexidade combinatória e, 244; navegação por mapa e, 243-4; planejamento abstrato e, 250-1; quebra-cabeça de quinze peças e, 244; quebra-cabeça de 24 peças e, 244; soluções comandos de controle motor e, 249; soluções go e, 245-7

busca *lookahead*, 55, 59-60, 70, 92, 201, 246, 250, 269

Butler, Samuel, 131-2, 154

caixas de banco, 116

caixas de loja, 116

calculadora mecânica, 46

Cardano, Gerolamo, 30

caminhoneiros, 118

carros sem motorista, 69-70, 172, 174, 234; benefícios potenciais de, 69; programação probabilística e, 265, 267; requisitos de desempenho, 69

casas inteligentes, 74-5

Cem Anos de Estudos sobre Inteligência Artificial (AI100), 146-7

cérebros, 25, 28

Chace, Calum, 113

Changing Places [A Troca] (Lodge), 121

chantagem, 104-5

checagem de fatos, 108-9

Chollet, François, 276

chunking [dividir em pedaços], 278

cibersegurança, 179

ciência da computação, 40

circuitos, 275

CNN, 108

CODE (Operações Colaborativas em Ambientes Negados), 111

Comitê Consultivo de DNA Recombinante, 151

complexidade combinatória, 244

complexidade de problemas, 44-5

comportamento, descobrir preferências a partir do, 182-3

computação quântica, 42-3

computadores, 32-61, 39; algoritmos e, *ver também* algoritmos; complexidade de problemas e, 44-5; dispositivos para objetivos especiais, construir, 42-3; hardware, 41-2; inteligente *ver* inteligência artificial (IA); limites da computação, 43-5; limites de software, 44; problema da parada e, 44-5; universalidade, 40

computadores inteligentes *ver* inteligência artificial (IA)

Conclusão Repugnante, 214

conhecimento, 82-4, 252-5

conjuntos, 40

consciência, 25

consequencialismo, 207-8, 213

Convenção de Budapeste sobre Crimes Cibernéticos, 239-40

Credibility Coalition, 108

CRISPR-Cas9, 152

Daily Telegraph, 80

Declaração Universal dos Direitos Humanos (1948), 107

decoerência, 43

Deep Blue, 66-7, 247

deepfakes, 105

DeepMind, 91

defeitos de conteúdo de assistentes pessoais inteligentes, 71

Delilah (robô de chantagem), 105

demonstrações para IA benéfica: autoaperfeiçoamento recursivo e, 199-201; descobrir preferências a partir do comportamento, 182, 184; garantias matemáticas, 178-81; jogos de assistência, 185-199; problema de *wireheading* e, 197-8; solicitações e ordens, interpretação de, 195

desemprego tecnológico *ver* trabalho, eliminação do

detecção tátil em escala global, 78

Dickinson, Michael, 183

Dickmanns, Ernst, 69

DigitalGlobe, 78

dilema do prisioneiro, 38

dispositivos de qubit, 42-3

dopamina, 25, 197, 213

Dota 2, 61

Duna (Herbert), 133

eBay, 106

Echo (primeira casa inteligente), 74

E. coli, 23-4

Economist, The, 142

Economic Singularity: Artificial Intelligence and the Death of Capitalism, The [A singularidade econômica: Inteligência Artificial e a morte do capitalismo] (Chace), 113

Edgeworth, Francis, 226

efeito Baldwin, 27-8

efeitos de compensação, 113-5

Eisenhower, Dwight, 236

elevações do padrão de vida e IA, 99, 101

Eliza (primeiro *"chatbot"*, robô falante), 71

Elster, Jon, 230

Elysium (filme), 125

empregos de colarinho-branco, 118

emulação total do cérebro, 165

engenharia de features, 86

Epicuro, 209

equilíbrio de Nash, 37-8, 187

Erewhon (Butler), 131-2

erro de suposição, 179-80

especificações de programas, 234

"Especulações a respeito da primeira máquina ultrainteligente" (Good), 139-40

estacionariedade, 32

estado de crença, 266-7

estatística, 15, 169

estratégia aleatória, 37

ética da virtude, 207

ética deontológica, 207

Etzioni, Oren, 148, 150, 153

evolução simulada de programas, 165

experiência, aprender com a, 269-77

explosões de inteligência, 139-40, 143

Facebook, 108, 236

factcheck.org, 108

Fact, Fiction, and Forecast [Fato, ficção e previsão] (Goodman), 87

falhas de acesso de assistentes pessoais inteligentes, 71

Fermat, Pierre de, 178

Fermat, Último Teorema, 178

ferramenta, inteligência artificial estreita, 52-3, 128

Ferranti Mark I, 41

física nuclear, 16-7

Ford, Martin, 113

formigas, 33

Forster, E. M., 240-2

Fórum Econômico Mundial, 236, 237

Fox News, 108

Frege, Gottlob, 255

freio de emergência, 62

Full, Bob, 183

função custo para avaliar soluções e objetivos, 54

função de onda, 42-3

função recompensa, 58-61

função utilidade, 58

funções humanas, usurpação de, 122-7

G7, 236

Galileu Galilei, 84, 87

gamão, 60

ganância (como objetivo auxiliar), 138

Gates, Bill, 61, 149

GDPR (proteção de dados), 126

Geminoide DK (robô), 123*n*

Glamour, 127

Global Learning XPRIZE (competição), 73

go, 16, 52-6, 60; algoritmo de aprendizado supervisionado e, 270-1; aprender com o pensamento, 276-7; complexidade combinatória e, 244-5; lógica proposicional e, 252

God and Golem (Wiener), 134

Gödel, Kurt, 56, 57

Goethe, Johann Wolfgang von, 135

Good Old-Fashioned AI (GOFAI), 256

Good, I. J., 139-40, 149, 199-200

Goodman, Nelson, 87

Google, 108, 111; classificação errônea de pessoas como gorilas em Google Photo, 64; Home, 68; unidades de processamento de tensor (TPUS), 42

governança de IA, 236

Grande Dissociação, 116

Grice, H. Paul, 196

Grupo de Especialistas de Alto Nível em Inteligência Artificial da União Europeia, 237

Hardin, Garrett, 38

Harop (míssil), 110

Harsanyi, John, 210, 218

Hassabis, Demis, 256, 276

Hawking, Stephen, 14, 149

He Jiankui, 152

Herbert, Frank, 133

hierarquia de ações abstratas, 88-91, 251

Hillarp, Nils-Åke, 26

Hinton, Geoff, 273

hipótese da decolagem rápida, 144

Hirsch, Fred, 219

Hobbes, Thomas, 233

Howard's End (Forster), 240

Huffington Post, 14

Human Use of Human Beings, The, [O uso humano de seres humanos] (Wiener), 134

Hume, David, 161, 271

IA altruísta, 167-8

IA benéfica, 165-194, 233-235; aprender a prever preferências humanas, 169-70; cautela com o desenvolvimento da, razões para, 174; demonstrações para *ver* demonstrações para IA benéfica; dados disponíveis para descobrir preferências humanas, 170; dilemas morais e, 171; incentivos econômicos para, 172-3; incerteza quanto o que são preferências humanas, 166; mau comportamento, 172; objetivo da IA, 166-7; princípios para, 166-72; valores, definir, 171

IA humilde, 169

IA inteligente demais, 130-142; explosões de inteligência e, 139-40, 199; medo e ganância, 138-9; problema do gorila, 130, 134, 145; problema do rei Midas, 134

IA leal, 205-7

IA utilitária, 207, 210, 213

IBM, 66, 82, 236

IEEE (Instituto de Engenheiros Eletricistas e Eletrônicos), 236

ignorância, 58

imagens de incepcionismo, 275

imagens de sonho profundo, 275

imprevisibilidade, 134

incerteza: incerteza da IA sobre preferências humanas, princípio da, 58, 169; incerteza dos humanos sobre as próprias preferências, 223-5; teoria da probabilidade e, 258, 262-3

indústria nuclear, 151, 153

inputs para agentes inteligentes, 48-9

inteligente *ver* inteligência artificial

Instituto Nacional de Saúde (NIH), 151

inteligência, 22-4, 28, 31-3, 39, 46-7, 51-6, 61, 65; aprendizado e, 24, 27-8; cérebros e, 24-5, 28; computadores e, 45-7, 51, 56, 62; consciência e, 25; *E. coli* e, 23-4; modelo-padrão de, 18-20, 22, 54, 63-65, 234; origens evolutivas de, 23-6; potenciais de ação e, 24; raciocínio eficiente e, 28; raciocínio prático e, 28; racionalidade e, 29, 33-35; redes nervosas e, 24

inteligência artificial (IA), 11-22; agente *ver* programas agentes; ampliação de inputs sensoriais e de capacidade de ação, 95; aprendizado profundo e, 15; aptidões de leitura e, 77-8; aptidões de reconhecimento de fala e, 77; assistentes pessoais inteligentes e, 71-2; aulas particulares por, 101; aumentos de padrão de vida e, 99-100; autoria para realidade virtual por, 101; avanços conceituais exigidos para *ver* avanços conceituais exigidos para a IA superinteligente; avanços na saúde e, 101; benefícios da, para humanos, 98-2; carros sem motorista e, 69-70, 174, 234; casas inteligentes e, 74-5; celulares e, 68; como o maior acontecimento da história humana, 12-4; de uso geral, 51-4, 100, 133; detecção tátil em escala global, capacidade de, 78; efeito multiplicador, 99; escala e, 94-6; escala global, capacidade de detecção tátil e tomar decisões em, 77-8; governança de, 236-9; história da, 14-5, 46, 48

IA inteligente demais, 130-1; imaginar o que máquinas superinteligentes poderiam fazer, 94, 97; limites da superinteligência, 97-8; inteligência, definição, 46-65; lógica e, 46; mau uso de *ver* mau uso de IA; modelo-padrão de, 19, 22, 54-63, 65, 234; objetivos e, 48, 54, 56-8, 134-9, 160-3; percepção

da mídia e do público sobre avanços em, 66-7; preferências humanas e *ver* preferências humanas; prever a chegada da IA superinteligente, 79-80; princípios para, benéfica *ver* IA benéfica; programas agentes, 54-61; risco representado por *ver* risco representado pela IA; ritmo do progresso científico na criação de, 15, 17-19; robôs domésticos e, 74-5; Softbots, 68; teste de Turing e, 46-7; tomada de decisões em escala global, capacidade para, 78; World Wide Web, 68

inteligência artificial de uso geral, 51-4, 100, 133

inteligência artificial estreita (ferramenta), 52-3, 134

"Inteligência Artificial e a vida em 2030" (Cem Anos de Estudos sobre Inteligência Artificial), 146

Internet das Coisas (IoT), 68

inveja, 216-20

Ishiguro, Hiroshi, 123n

Jeopardy! (programa de TV), 82

Jevons, William Stanley, 213

JiaJia (robô), 123n

jian ai, 209

jogo, 29-31

jogo da imitação, 47

jogo de desligar, 188-94

jogo dos clipe para papel, 186, 188

jogos de assistência, 192-3; descobrir preferências com exatidão a longo prazo, 192-3; incerteza sobre objetivos humanos, 192-4; jogo de desligar, 188-91; jogo do clipe para papel, 186-88; proibições, 194

jogos de tabuleiro, 51

Kahneman, Daniel, 226-7

Kasparov, Garry, 66

Ke Jie, 16

Kelly, Kevin, 97, 145

Kenny, David, 149, 158

Keynes, John Maynard, 113, 119

Kitkit School (sistema de software), 73

Krugman, Paul, 116

Kurzweil, Ray, 158-9

laço neural, 159

lacrar sistemas de IA em barreiras (*firewalling*), 156-7

Laplace, Pierre-Simon, 59

LeCun, Yann, 53, 160

lei de Goodhart, 106

lei de Moore, 41-2

lei para as redes sociais [*Netzwerkdurchsetzungsgesetz — NetzDG*] (Alemanha), 107-9

Lethal Autonomous Weapons Systems (AWS), 109-12

Life 3.0 (Tegmark), 113, 136

LIGO (Observatório de Ondas Gravitacionais por Interferômetro Laser), 86

linguagem de programação, 41

Lloyd, Seth, 44

Lloyd, William, 38

Llull, Ramon, 46

Lodge, David, 11

lógica, 46, 56, 252-6; bayesiana, 59; de primeira ordem, 56-7, 255-7; definida, 252; ignorância e, 57-8; programação, desenvolvimento da, 255; proposicional (booleana), 56, 253-5; requisitos de linguagem formal, 252

lógica de primeira ordem, 56, 253-5; linguagem probabilísticas e, 258-60; lógica proposicional (como lógica distinta), 253

lógica proposicional, 56, 253-5

Lovelace, Ada, 46, 130

lutar e desfrutar, relação entre, 120

Machine Stops, The [A máquina parou] (Forster), 240-1

maldade, 218-9

malware, 239

Máquina Analítica, 46

"Máquinas de computação e inteligência" (Turing), 47, 145

máquina Summit, 41-44

máquina Summit comparada com, 41

máquina universal de Turing, 40, 47

máquinas, 40

matemática, 40

Matrix, The (filme), 211, 223

matrizes, 40

mau uso da IA, 103-31, 239-40; agências de inteligência e, 104; chantagem, 105; *deepfakes*, 105; eliminação do trabalho, 112; Lethal Autonomous Weapons (AWS — sistemas de armas autônomas letais), 109-12; modificação comportamental, 106; segurança mental e, 107, 108; sistemas governamentais de recompensas e castigos, 106-7; usurpação de serviços interpessoais, 120, 122, 124-6

McAfee, Andrew, 116

McCarthy, John, 14, 55, 57-9, 69, 79

medo da morte (como objetivo auxiliar), 138

metarraciocínio, 247

metarraciocínio racional, 248

Methods of Ethics, The (Sidgwick), 214n

Microsoft, 236

Sistema TrueSkill, 263

Mill, John Stuart, 208-9

Minsky, Marvin, 14, 79, 149

modelo-padrão de inteligência, 18-20, 22, 54-65, 234

modificação de comportamento, 104-6

moldes de estímulo-resposta, 71

monotonicidade e, 32

monstro utilitário, 213

Moore, G. E., 209, 211

Moravec, Hans, 141

Morgan, Conwy Lloyd, 27

Morgenstern, Oskar, 31
movimento eugenista, 151-2
Mozi, 209
Mudanças em preferências humanas ao longo do tempo, 227-31
mundo é pequeno, O (Lodge), 11
Musk, Elon, 149, 159
"myth of a superhuman AI, The" [O mito da IA sobre-humana] (Kelly), 145

Nash, John, 38, 187
navegação por mapa, 243-4
negação dos riscos representados pela IA, 142-3, 145, 147-8, 150; argumento de que "é cedo demais para nos preocuparmos", 147-8; argumento de que "é complicado", 144-5; argumento de que "é impossível", 145-6; argumento de que "os especialistas somos nós", 148-9; acusação de ludismo e, 148-50
NET-VISA, 264
Neumann, John von, 31
Neuralink Corporation, 159
neurônios, 24, 28
Never-Ending Language Learning (NELL), projeto, 83
New Yorker, The, 89
Newell, Allen, 278
Newton, Isaac, 87
Ng, Andrew, 148
Norvig, Peter, 12, 66
Nozick, Robert, 212
Nudge (Thaler & Sunstein), 231

objetivo auxiliar, 138, 188
objetivos, 20-1, 48-9, 54-63, 134-9, 156-61
objetos geométricos, 40
Observatório de Ondas Gravitacionais por Interferômetro Laser (LIGO), 84-5
O exterminador do futuro (filme), 110, 112
onebillion (sistema de software), 73
OpenAI, 61

o problema da complexidade da decisão no mundo real e, 46
organismos adaptativos, 27
organismos instintivos, 27
Organização das Nações Unidas (ONU), 237
orgulho, 219
Ovadya, Aviv, 108

Parfit, Derek, 214
Partnership on AI, 173, 237
Pascal, Blaise, 30, 46
Passagem para a Índia (Forster), 240
Pearl, Judea, 59, 260
pensamento, aprendizagem pelo, 276-8
Perdix (drone), 111
Pesquisa de operações, 19, 59, 169
pesquisa sobre DNA recombinante, 151-2
Pinker, Steven, 154, 160, 162
planejamento abstrato, 250-1
Planet (empresa de satélite), 78
Plano de cooperação de múltiplos agentes, 95
poeira neural, 159
Política (Aristóteles), 113
Popper, Karl, 211
Popular Science, 149
"Possibilidades econômicas para nossos netos" (Keynes), 113, 119
potenciais de ação, 24
potenciais de ação elétrica, 24
pragmática, 196
preferências *ver* preferências humanas
preferências humanas, 203, 210-3, 216, 220-35; atualizações de, 228-9; comportamento, aprender preferências a partir do, 182-3; de humanos legais, maus e invejosos, 216-9; do eu que se lembra, 226-8; do eu que vivencia as, 225-8, 231; emoções e, 220; erros sobre, 223, 274; estupidez e, 220; heterogeneidade das, 202, 203; IA benéfica e, 166-7; IA leal, 205-6; IA utilitária *ver* utilitarismo/IA utilitária; incerteza e, 223; modificação

de, 229-31; mudanças de, ao longo do tempo, 228-9; pessoas diferentes, aprender a fazer *trade-offs* entre preferências de, 204-10, 213-6; teoria da utilidade e, 31-34; transitividade de, 31-34

Price, Richard, 59

Primitive Expounder, 131

princípio da autonomia das preferências, 210, 226, 229

princípio das brechas, 194, 206

privacidade, 74

problema da detecção tátil, robôs, 76

problema da parada, 44-5, 285n, 287n

problema de construção de mão, robôs, 76

problema de destreza dos robôs, 76-7

problema de enfraquecimento de humanos, 240-2

problema de perda de autonomia, 241-2

problema do gorila, 130, 134

problema de linguagem e senso comum, 81-4

problema do rei Midas, 134, 156, 163

Problema ser/ dever ser, 161

problemas intratáveis, 45

processo de aproveitamento de meios disponíveis, 83-4

profissões assistenciais, 121

profissões jurídicas, 118

programa agente, 54

programa de jogo de damas, 60, 245

programação de computador, 118

programação em lógica indutiva, 88

programas, 40

programas de xadrez, 66

proibições, 194

Projeto Aristo, 82

projeto de Quinta Geração, 256

projeto MavHome, 74

projeto NELL (Never-Ending Language Learning), 83

projeto Shakey, 57

Prolog, 256

provas matemáticas da IA benéfica, 177-9, 181

Putin, Vladimir, 175

QI, 53

quadro operacional comum, 72

quebra-cabeças, 51

raciocínio indutivo, 271

raciocínio prático, 28

racionalidade: bayesiana, 59; críticas da, 32-3; equilíbrio de Nash e, 37-8; estratégia aleatória e, 37; formulação da racionalidade, por Aristóteles, 28-9; incerteza e, 29; inconsistências nas preferências humanas, e o desenvolvimento da teoria da IA benéfica, 34-5; jogo e, 30-1; lógica e, 46; monotonicidade e, 32; para agente único, 31-3, 35; para dois agentes, 35, 37-8; preferências e, 31-2, 34; probabilidade e, 29-30; regra do valor esperado e, 30-31; teoria da utilidade e, 30-34; teoria dos jogos e, 36-8; transitividade e, 31-2; racionalidade bayesiana, 59

Reasons and Persons [Razões e Pessoas] (Parfit), 214

RBU (renda básica universal), 119

reconhecimento de fala, 15

reconhecimento visual de objetos, 15

rede convolucional profunda, 272, 274

redes bayesianas, 59, 260

redes nervosas, 24

redes neurais, 272, 274

redes neurais convolucionais, 53

redes sociais e algoritmos de seleção de conteúdo, 18

redlining (negação de serviços etc.), 126

reflexo de piscar, 62

regra contra suicídio, 271

regra do valor esperado, 30, 31

renda básica universal (RBU), 120

respostas do tipo "será que não podemos [...]": "[...] aos riscos representados por IA",

150-9; "[...] botar dentro de uma caixa", 156-7; "[...] fundir-se com máquinas", 158-9; "[...] trabalhar em equipes de humanos e máquinas", 158; "[...] botar dentro de uma caixa", 156; "[...] desligá-la", 156; "[...] evitar colocar objetivos humanos", 160-2

Risco representado por IA, 142-8, 150-1, 153-63; argumentos "vamos mudar de assunto", 150-4; negação do problema, 143, 145-50

Rise of the Robots: Technology and the Threat of a Jobless Future [Uma visão pessimista sobre o futuro desemprego tecnológico] (Ford), 113

Robinson, Alan, 14

robô humanoide Atlas, 76

robôs domésticos, 74, 76

Rochester, Nathaniel, 14

Rutherford, Ernest, 16, 79, 86-7, 146

Sachs, Jeffrey, 218

sadismo, 218

Salomons, Anna, 115

Samuel, Arthur, 15, 19, 60, 247

Sargent, Tom, 183

Schwab, Klaus, 116

Second Machine Age, The [A segunda era das máquinas] (Brynjolfsson & McAfee), 116

Sedol, Lee, 16, 53, 91-2, 245

segurança mental, 107-8, 112; serviços interpessoais como o futuro do emprego, 120, 122; decisões que afetam pessoas, uso de máquinas em, 125-6; robôs construídos em forma humanoide e, 123-4; viés algorítmico e, 126-8

Shannon, Claude, 14, 66

Shiller, Robert, 116

Sidgwick, Henry, 214

silêncio a respeito dos riscos da IA, 153-4

simbiose homem-máquina, 158-9

Simon, Herbert, 79, 87, 251

sinapse, 24-5

sistema de monitoramento sísmico (NET-VISA), 263-4

sistema de recompensa e, 25, 26

sistema DQN, 60

sistema TrueSkill, 263

sistemas com base em conhecimento, 56

sistemas de armas autônomas letais (LAWS), 109-112

sistema de Oráculo IA, 156-8

sistemas de reputação, 108-9

sistemas de software, 238

sistemas de tutoria, 73

sistemas governamentais de recompensas e castigos, 106

SLAM (*simultaneous localization and mapping* — localização e mapeamento simultâneos), 267

Slaughterbots, 110

Slate Star Codex (blog), 143, 164

Smart, R. N., 211

Smith, Adam, 216

snopes.com, 108

Social Limits to Growth, The (Hirsch), 219

Sofia (robô), 124

Softbots, 68

soluções de equilíbrio, 37-8, 187-8

Spence, Mike, 116

SpotMini, 75

SRI, 48

StarCraft, 51

Stasi, 103-4

Steinberg, Saul, 89

Stockfish (programa de xadrez), 53

sub-rotinas, 41, 222

subscritores de seguros, 118

Summers, Larry, 116, 118

Sunstein, Cass, 231

super-hipótese (*overhypothesis*), 87

Superintelligence (Bostrom), 102, 142, 147, 161, 175

Sutherland, James, 74
Szilard, Leo, 17, 80, 146

Taobao, 106
Tegmark, Max, 14, 113, 136
telefones celulares, 68-9
Tellex, Stefanie, 76
Tencent, 237
teorema da agregação social, 210
teorema da completude (Gödel), 56-7
teorema de Bayes, 59
teoria da probabilidade, 30, 258; acompanhar
fenômenos que não podem ser observados
diretamente, 263, 265-6; independência e,
259; linguagens probabilísticas de primeira
ordem, 262-3; programação probabilística,
59, 86, 263; redes bayesianas e, 260; teoria
da utilidade, 30-4; base axiomática da, 32;
objeções a, 32-4
teoria de controle, 19, 50, 59, 169
teoria dos jogos, 35-8; *ver* também jogos de
assistência
Tesauro, Gerry, 60
tese da ortogonalidade, 161-2
teste de Turing, 47
Thaler, Richard, 231
Theory of the Leisure Class, The [A teoria da
classe ociosa] (Veblen), 219
Thinking, Fast and Slow [Rápido e devagar:
duas formas de pensar] (Kahneman), 226
Thornton, Richard, 131
Times, 16, 17
tomada de decisões em escala global, 78
TPUS (unidades de processamento de tensor),
42
trabalho, eliminação do, 113-21; advertências
históricas sobre, 112-3; argumento "trabalhar em equipes de humanos e máquinas",
158; distribuição de renda e, 121; efeitos de
compensação e, 116; empregos em risco
com a adoção da tecnologia de IA, 117-8;
estagnação salarial e aumentos de produtividade desde 1973, 116; lutar e desfrutar,
relação entre, 120; profissões assistenciais
e, 121; propostas de renda básica universal
(RBU) e, 119; repensar instituições de educação e pesquisa para dar mais atenção ao
mundo humano, 122; trabalho, eliminação
dos efeitos de compensação e, 115
tradução automática, 15
tragédia dos bens comuns, 38
Transcendence — A revolução (filme), 13-4,
138-9
transitividade das preferências, 31-2
Tratado da natureza humana (Hume), 161
Tratado de Proibição Total de Testes Nucleares
(CTBT) monitoramento sísmico, 263-4
tribalismo, 146, 155
Tucker, Albert, 38
Turing, Alan, 40, 44-7, 123, 132, 138-9, 141,
145, 149-50, 156
tutoria, 101

Uber, 62, 175
unidades de processamento de tensor (TPUS),
42
universalidade, 40
Utilitarismo (Mill), 208, 209
utilitarismo/ IA utilitária, 207; consequencialista, 209; comparação de utilidades em
populações de tamanhões diferentes, debate sobre, 212; comparação interpessoal
de utilidades, debate sobre, 212; desafios
ao, 211-4, 216; muitas pessoas, maximizar
soma de utilidades de, 212, 217; problema
da Somália e, 215-6; teorema da agregação
social e, 210; utilitarismo de preferências,
207-8, 210, 218; utilitarismo ideal, 209

Vardi, Moshe, 194
Veblen, Thorstein, 219
video games, 51
vigilância, 103

Vingadores: Guerra infinita (filme), 214

W3C Credible Web Group, 108
WALL-E (filme), 241
Watson, 82
whataboutery [falácia da privação relativa], 152
Whitehead, Alfred North, 89

Wiener, Norbert, 19, 134, 139, 149-50, 195
Wilczek, Frank, 14
Wiles, Andrew, 178
wireheading, 197
World Wide Web, 68
Worshipful Company of Scriveners, 108

Zuckerberg, Mark, 153

ESTA OBRA FOI COMPOSTA EM MINION PELO ACQUA ESTÚDIO E IMPRESSA
PELA LIS GRÁFICA EM OFSETE SOBRE PAPEL PÓLEN SOFT DA SUZANO S.A.
PARA A EDITORA SCHWARCZ EM NOVEMBRO DE 2021